高等职业学校"十四五"规划土建类专业立体化新形态教材

工程测量技术与应用

主　编　胡德承

副主编　沈培涛　刘汉清

参　编　陈玉娜　费小睿　黄燕虹　陈嫚娜

庄　严　葛子杰　张　纯

华中科技大学出版社

中国·武汉

内 容 提 要

本书以工程测量基本理论和概念为基础，以基本技能技术和应用方法为主要内容，并以突出工程测量技术在实际工程中的应用为核心，加强了实践环节的教学内容。本书共13个项目，主要内容包括工程测量基本知识、工程测量的基本工作、高程控制测量、平面控制测量、工程建设数字地形图的测绘、施工测量的基本方法、建筑施工测量、道路工程测量、建筑变形观测、城市建设工程规划核实测量、房地产测量与地籍测量、摄影测量与遥感在工程测量中的应用、测绘成果质量管理等。每个项目都有与知识点相对应的思考与练习题，一些项目还有与知识点相对应的技能实训项目或应用案例，具有较强的实用性和针对性。

本书可作为普通高等院校和高等职业院校土木工程类（建设工程管理、建筑工程技术、工程造价等）、环境工程技术等专业的教学用书，也可供测绘及相关专业技术和管理人员参考使用。

图书在版编目(CIP)数据

工程测量技术与应用 / 胡德承主编. -- 武汉 ：华中科技大学出版社，2024. 12. -- ISBN 978-7-5772-1279-1

Ⅰ. TB22

中国国家版本馆 CIP 数据核字第 2024GR0691 号

工程测量技术与应用
Gongcheng Celiang Jishu yu Yingyong

胡德承　主编

策划编辑：胡天金
责任编辑：段亚萍
封面设计：金　刚
责任监印：朱　玢
出版发行：华中科技大学出版社（中国·武汉）　　电话：(027)81321913
　　　　　武汉市东湖新技术开发区华工科技园　　邮编：430223
录　　排：华中科技大学惠友文印中心
印　　刷：武汉市洪林印务有限公司
开　　本：787mm×1092mm　1/16
印　　张：17.75
字　　数：420千字
版　　次：2024年12月第1版第1次印刷
定　　价：49.80元

前　　言

本教材是校企合作开发教材。本教材重点介绍了工程测量的基本知识，测量仪器的使用，控制测量、数字地形图测绘、施工测量、城市建设工程规划核实测量、房地产测量与地籍测量和建筑变形观测、测绘成果质量管理等内容，并结合了一定的测量实例。为使本教材具有较强的实用性和通用性，突出“以能力为本位”的指导思想，编写时力求做到：基本概念准确，各部分内容紧扣培养目标，文字简练、相互协调、通顺易懂、减少不必要的重复；不过分强调理论的系统性，努力避免贪多求全或高度浓缩的现象，教材内容理论联系实际，结合测量规范。为了提高学生的动手能力，书中还配有许多例题，以利于学生学习、实践和提高解决工程中实际问题的能力。在编写这本教材时，我们力求体现高职教育的特点，力求满足高职教育培养技术应用型人才的要求，力求内容精练、突出应用、加强实践。为了体现教材的特色，我们对传统的教材内容体系做了适当的调整，希望调整后的体系能更适合高职教学的要求。根据高等职业教育理论与实践并重，理论课课时较少的情况，本教材按“必需、够用”的原则安排理论教学内容。

本书由汕头职业技术学院胡德承担任主编，由汕头市自然资源测绘院沈培涛、汕头职业技术学院刘汉清担任副主编，汕头市自然资源测绘院陈玉娜、费小睿，汕头职业技术学院黄燕虹、陈嫚娜、庄严、葛子杰、张纯参与了本书的编写工作。项目 4、项目 5 由胡德承编写；项目 9、项目 12 由沈培涛编写；项目 8、项目 11 由刘汉清编写；项目 13 由陈玉娜编写；项目 10 由费小睿编写；项目 3 由黄燕虹编写；项目 2 由陈嫚娜编写；项目 7 由庄严编写；项目 1 由葛子杰编写；项目 6 由张纯编写。全书由胡德承副教授统一修改定稿，沈培涛高级工程师参与了部分章节的审定。

由于编者的水平、经验及时间所限，书中定有欠妥之处，敬请专家和广大读者批评指正。

编　者

2024 年 4 月

目　　录

项目1　工程测量基本知识

【学习目标】

1. 知识目标

(1)理解测量的任务和作用;

(2)理解测量的基本工作、测量工作的原则和程序;

(3)掌握测量常用计量单位及换算关系、计算凑整规则、角度计算、三角函数、直角三角形解算等基础知识;

(4)理解测量坐标与数学坐标的关系;

(5)掌握测量工作的基准面、地理坐标、平面直角坐标、空间直角坐标的定义及应用;

(6)理解绝对高程、相对高程和高差的含义;

(7)理解真误差、系统误差、偶然误差、粗差的定义,掌握偶然误差的特性;

(8)掌握中误差、容许误差、相对中误差的定义和使用。

2. 能力目标

(1)具备常用计量单位换算、基本测量计算的能力;

(2)掌握确定地面点位的原理和方法;

(3)具备测量误差分析和数据精度评定的能力。

3. 素养目标

培养学生遵守社会生活的规则意识;通过测量误差知识的学习领会严谨负责的工作态度的重要性,培养精益求精的工匠精神。

任务1　工程测量概述

一、测量的任务和作用

工程测量是在工程建设的设计、施工和管理各阶段中进行测量工作的理论、方法和技术。工程测量是测绘科学与技术在国民经济和国防建设中的直接应用,是综合性的应用测绘科学与技术。工程测量的主要任务包括测定、测设两个方面。

1.测定

测定又称测图,是指使用测量仪器和工具,通过测量和计算,并按照一定的测量程序和方法将地物和地貌按一定的比例尺和特定的符号缩小绘制成地形图,以供工程建设的规划、设计、施工和管理使用。

2.测设

测设又称放样,是指使用测量仪器和工具,按照设计要求,采用一定的方法将设计图纸上设计好的建筑物、构筑物的位置测设到实地,作为工程施工的依据。

此外,施工中各工程工序的交接和检查、校核、验收工程质量的施工测量,工程竣工后的竣工测量,监视重要建筑物或构筑物在施工、运营阶段的沉降、位移和倾斜所进行的变形观测等,也是工程测量的主要任务。

测量是建设工程施工过程中一项非常重要的工作,它服务于建筑工程建设的每一个阶段,贯穿于建筑工程的始终。在工程勘测阶段,测绘地形图,为规划设计提供各种比例尺的地形图和测绘资料;在工程设计阶段,应用地形图进行总体规划和设计;在工程施工阶段,要将图纸上设计好的建筑物、构筑物的平面位置和高程按设计要求测设于实地,以此作为施工的依据;在施工过程中的土方开挖、基础和主体工程的施工测量;在施工中要经常对建筑施工和安装工作进行检验、校核,以保证所建工程符合设计要求;施工竣工后,还要进行竣工测量,施测竣工图,供日后扩建和维修之用;在工程管理阶段,对建筑物和构筑物进行变形观测,以保证工程的安全使用。由此可见,在工程建设的各个阶段都需要进行测量工作,而且测量的精度和速度直接影响到整个工程的质量和进度。因此,工程技术人员必须掌握工程测量的基本理论、基本知识和基本技能,掌握常用的测量仪器和工具的使用方法。

二、测量的基本工作

地面点位可以用它在投影面上的坐标和高程来确定。地面点的坐标和高程一般并非直接测定,而是间接测定的,或者说是传递来的。首先在测区内或测区附近要有已知坐标和高程的点,然后测出已知点和待定点之间的几何位置关系,继而推算出待定点的坐标和高程。

水平距离、水平角和高差是确定地面点位的3个基本要素。距离测量、角度测量和高程测量是测量的3项基本工作。

测量工作按其性质可分为外业(野外作业)和内业(室内作业)两种。外业的工作内容包括应用测量仪器和工具在测区内进行测定和测设工作;内业是将外业观测成果或按照图纸的要求对放样数据加以整理、计算、绘图等,以便使用。

三、测量工作的原则和程序

无论是测绘地形图或是施工放样,都不可避免地会产生偏差,甚至还会产生错误,为了限制偏差的传递,保证测区内一系列点位之间具有必要的精度,测量工作必须遵循“从整体到局部、先控制后碎部、由高级到低级”的原则进行。

测量工作的程序分为控制测量和碎部测量两步。在整个测区内，选择若干个起着整体控制作用的点作为控制点，用较精密的仪器和方法，精确地测定各控制点的平面位置和高程位置的工作称为控制测量。这些控制点测量精度高，均匀分布在整个测区。因此，控制测量是高精度的测量，也是带全局性的测量。以控制点为依据，用低一级精度测定其周围局部范围的地物和地貌特征点，称为碎部测量。由于碎部测量是在控制测量的基础上进行的，因此碎部测量的偏差就局限在控制点的周围，从而控制了偏差的传播范围和大小，保证了整个测区的测量精度。

遵循测量工作的原则和程序，不但可以减少误差的累积和传递，而且可以在几个控制点上同时进行测量工作，既加快了测量的进度，缩短了工期，又节约了开支。测量工作有外业和内业之分，上述测定地面点位置的角度测量、水平距离测量、高差测量是测量的基本工作，称为外业。将外业成果进行整理、计算（坐标计算、高程计算），绘制成图，称为内业。

为了防止出现错误，无论在外业或内业工作中，都必须遵循另一个基本原则——“边工作边校核”，用检核的数据说明测量成果的合格和可靠。测量工作的实质是通过实际操作仪器获得观测数据，确定点位关系，因此是实践操作与数字密切相关的一门技术，无论是实践操作有误，还是观测数据有误，或者是计算有误，都体现在点位的确定上产生错误。因而，在实践操作与计算中都必须步步有校核，检核已进行的工作有无错误。一旦发现错误或达不到精度要求的成果，必须找出原因修正或返工重测，保证各个环节的可靠。

思政导读

测量工作的原则和程序是前人的经验总结。遵循测量工作的原则和程序，不但可以减少误差的累积和传递，而且可以在几个控制点上同时进行测量工作，既加快了测量的进度，缩短了工期，又节约了开支。要又快又好地完成工作，必须遵循一定的原则和程序。所谓无规矩不成方圆！同样，在社会生活中我们必须遵守社会生活的规则。遵守社会生活的规则，不仅有利于提高人们的道德水准，更可以促进社会的进步与发展。只有在社会规则的约束下，人们才会更好地工作、生活、学习。

任务2　工程测量的基础知识

一、测量计算须知

1.测量常用计量单位

1)高程单位

高程（包括高差）的单位为米（m），高差的改正数单位一般为毫米（mm）。

2)角度单位

水平角、竖直角及方位角的单位为度（°）、分（′）、秒（″）。水平角、方位角的范围为0°～

360°;竖直角的范围为$-90° \sim +90°$。改正数单位一般为秒。有时,为了计算单位统一的需要,角度的单位还可以弧度表示。其换算式:

$1° = 60' = 3600''$;$1' = 60''$;1 弧度$= 206265''$。

3)距离单位

距离的基本单位为米(m)或千米(km),改正数单位一般为厘米(cm)或毫米(mm)。其换算式:

1 km(千米)=1000 m(米);

1 m(米)=10 dm(分米)=100 cm(厘米)=1000 mm(毫米)。

4)面积单位

面积的基本单位为平方米(m^2)或平方公里(平方千米,km^2);地籍测量中还用到公顷(hm^2)或(市)亩等。其换算式:

1 km^2(平方公里)=1000000 m^2(平方米)=100 hm^2;

1 hm^2(公顷)=10000 m^2(平方米)=15(市)亩;

1(市)亩=10(市)分=100(市)厘=666.7 m^2(平方米)。

2.测量常用计算取位

高程:水准测量取到 0.001 米,三角高程测量取到 0.001 米。

角度:一般取到整秒。

距离:一般测距取到 0.001 米,视距测量取到 0.01 米,房产测量取到 0.01 米,碎部测量取到 0.1 米。

面积:以平方米为单位取到 0.01 平方米,以亩为单位取到 0.0001 亩。

3.计算凑整规则

在测量计算过程中,一般存在数值取位的凑整问题。由数值取位的取舍所引起的误差称为凑整误差。为了尽量减小凑整误差对测量结果的影响,避免凑整误差的积累,在计算中通常采用如下凑整规则:

(1)数值被舍去部分大于保留末位的 0.5 时,则末位加 1。

(2)数值被舍去部分小于保留末位的 0.5 时,则末位不变。

(3)数值被舍去部分正好等于保留末位的 0.5 时,则应将末位凑整为偶数(即保留末位是奇数则加 1,是偶数则不变),称为“奇进偶不进”规则。例如 12.335 m 和 12.345 m,取至厘米,均为 12.34 m。

思政导读

凑整规则的目的是减小凑整误差对测量结果的影响,避免凑整误差的积累。凑整规则的使用体现了测量人员精益求精的工匠精神。

二、测量中的基本数学知识

1.角度加减计算

测量中的角度通常用度、分、秒形式表示,如 25°32′42″。

角度减法：依次按秒位、分位、度位的顺序相减，不够减时向前一大单位借 1 并换算为小单位后再相减。如：

$$126°28'18''-25°32'42''=125°87'78''-25°32'42''=100°55'36''$$

角度加法：依次按秒位、分位、度位的顺序相加，小单位大于 60 则减 60 向前进 1。如：

$$126°33'49''+25°32'42''=151°65'91''=152°06'31''$$

2. 三角函数

当平面上的三点 A、B、C 的连线，AB、AC、BC，构成一个直角三角形，其中$\angle C$ 为直角。对$\angle A$ 而言，对边 $a=BC$、斜边 $c=AB$、邻边 $b=AC$，则存在表 1-1 所示的关系。

表 1-1　三角函数

基本函数	缩写	表达式	语言描述
正弦函数	sin	a/c	$\angle A$ 的对边比斜边
余弦函数	cos	b/c	$\angle A$ 的邻边比斜边
正切函数	tan	a/b	$\angle A$ 的对边比邻边
余切函数	cot	b/a	$\angle A$ 的邻边比对边
正割函数	sec	c/b	$\angle A$ 的斜边比邻边
余割函数	csc	c/a	$\angle A$ 的斜边比对边

3. 直角三角形解算

直角三角形的 5 个要素：3 条边，2 个角。

解直角三角形，就是利用已知的 2 个要素（条件），求另外 3 个要素的过程。

如图 1-1 所示，通常我们把$\angle A$ 的对边标作 a，$\angle B$ 的对边标作 b，$\angle C$ 的对边标作 c。边角关系为：

$$\angle A+\angle B=90°, a^2+b^2=c^2$$

①已知$\angle A$ 及斜边 c，求 a、b：

$$a=c\times\sin\angle A, b=c\times\cos\angle A$$

②已知 a、b，求$\angle A$、c：

$$\angle A=\arctan\frac{a}{b}, c=\sqrt{a^2+b^2}$$

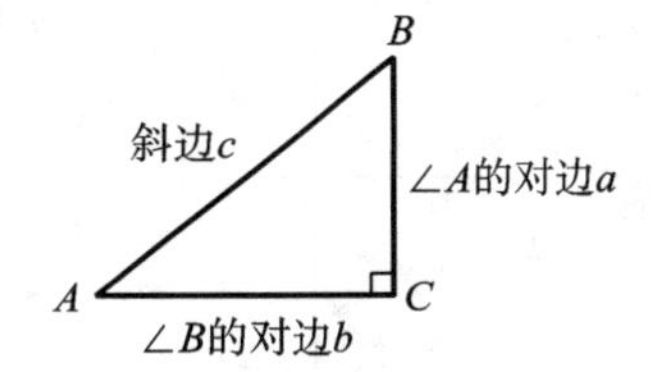

图 1-1　直角三角形边角关系

三、测量坐标与数学坐标的关系

如图 1-2、图 1-3 所示为数学坐标系与测量坐标系。

图 1-2　数学坐标系　　**图 1-3　测量坐标系**

1. 区别

两类坐标系的坐标轴正好相反。

数学上的平面直角坐标系以纵轴为 y 轴，自原点向上为正，向下为负；以横轴为 x 轴，自原点向右为正，向左为负；测量上的平面直角坐标系以南北方向的纵轴为 x 轴，自原点向北为正，向南为负；以东西方向的横轴为 y 轴，自原点向东为正，向西为负。

测量与数学上关于坐标象限的规定也有所不同，二者均以北东为第一象限，但数学上的四个象限为逆时针递增编号，测量上则为顺时针递增编号。

2. 联系

由于测量工作中以极坐标表示点位时其角度值是以北方向为准按顺时针方向计算的，而数学中是以横轴为准按逆时针方向计算的，把 x 轴与 y 轴纵横互换后，数学中的全部三角公式都同样能在测量中直接应用，不需做任何改变。

任务3　地面点位的确定

一、测量工作的基准面

地球是一个不规则的旋转椭球体，其表面错综复杂，有陆地、海洋，有高山、低谷，所以，地球表面不是一个单一的规则面。地球表面约71％的面积被海洋覆盖，陆地面积仅占地球总面积的29％。为了表示所测地面点位的高低位置，应在施测场地确定一个统一的起算面，这个起算面称为基准面，如图1-4所示。

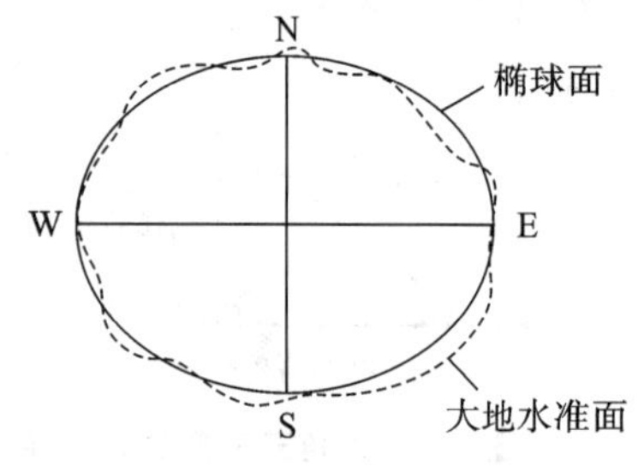

图1-4　测量工作的基准面

1. 水准面和水平面

设想以一个静止不动的海水面延伸穿越陆地，形成一个闭合的曲面，这个曲面包围了整个地球，称为水准面。水准面的特点是其上任意一点的铅垂线都垂直于该点所在的曲面。与水准面相切的平面称为水平面。

2. 大地水准面

水准面有无数个，其中与平均海水面吻合的水准面称为大地水准面，其是测量外业工作的基准面。它是特殊的水准面，且具有唯一性。由大地水准面所包围的形体，称为大地体。

3. 铅垂线

重力的方向线称为铅垂线，其是测量外业工作的基准线。

大地水准面、铅垂线是测量外业工作的基准面和基准线。

4. 参考椭球面

地球内部物质分布不均匀，引起地面各点的铅垂线方向不规则变化，所以大地水准面是一个有微小起伏的不规则曲面，不能用数学公式来表达。因此，在测量上选用一个与大地水准面形状和大小非常接近的，并能用数学公式表达的面作为基准面。这个基准面是一个以椭圆绕其短轴旋转的椭球面，称为参考椭球面，它包围的形体称为参考椭球体或参考椭球。

目前，我国采用的 2000 国家大地坐标系的参考椭球参数值为：长半轴 $a=6378137$ m；扁率 $f=1/298.257222101$；地心引力常数 $GM=3.986004418\times10^{14}$ m^3/s^2；自转角速度 $\omega=7.292115\times10^{-5}$ rad/s。

由于参考椭球的扁率较小，因此当测区面积不大时，可将这个参考椭球近似看作半径为 6371 km 的圆球。

二、确定地面点位的方法

地球表面上的点称为地面点，不同位置的地面点有不同的点位。测量工作的实质是确定地面点的点位。如图 1-5 所示，设想地面上不在同一高度的 A、B、C 三点，分别沿着铅垂线投影到大地水准面 P' 上，得到相应的投影点 a'、b'、c'，这些点分别表示地面点在水准面上的相对位置。

如果在测区中央作大地水准面 P' 的相切平面 P，A、B、C 三点的铅垂线与水平面 P 分别相交于点 a、b、c，这些点表示地面点在水平面上的相对位置。

由此可见，地面点的相对位置可以用点在水准面或者水平面上的位置，以及点到大地水准面的铅垂距离来确定。

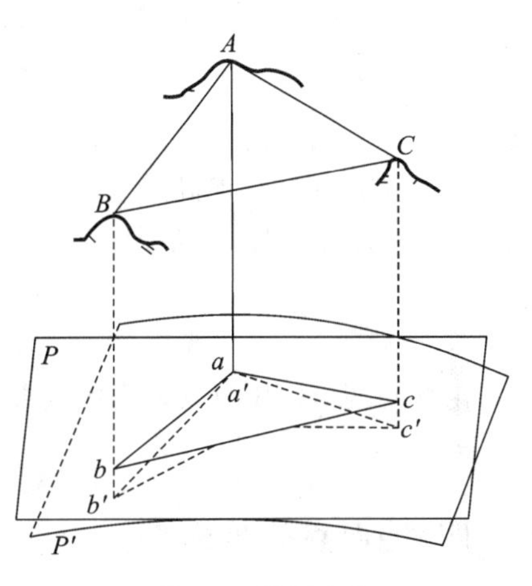

图 1-5　地面点位

三、地面点的高程

地面点的高程是指地面点到基准面的铅垂距离。由于选用的基准面不同而有不同的高程系统。

1. 绝对高程

地面点到大地水准面的铅垂距离称为该点的绝对高程，用 H 表示。如图 1-6 所示，H_A、H_B 分别表示地面点 A、B 的绝对高程。

目前，我国以 1952—1979 年青岛验潮站资料确定的平均海水面作为绝对高程基准面，称为“1985 国家高程基准”。我国在青岛建立了国家水准原点，其高程为 72.260 m。

2. 相对高程

局部地区采用国家高程基准有困难时，可以采用假定水准面作为高程起算面。以假定的某一水准面为基准面，地面点到假定水准面的铅垂距离称为相对高程，又称为假定高程。如图 1-6 所示，H_A'、H_B' 分别表示 A、B 两点的相对高程。

地面两点的高程之差称为高差，用 h 表示。A、B 两点之间的高差为：

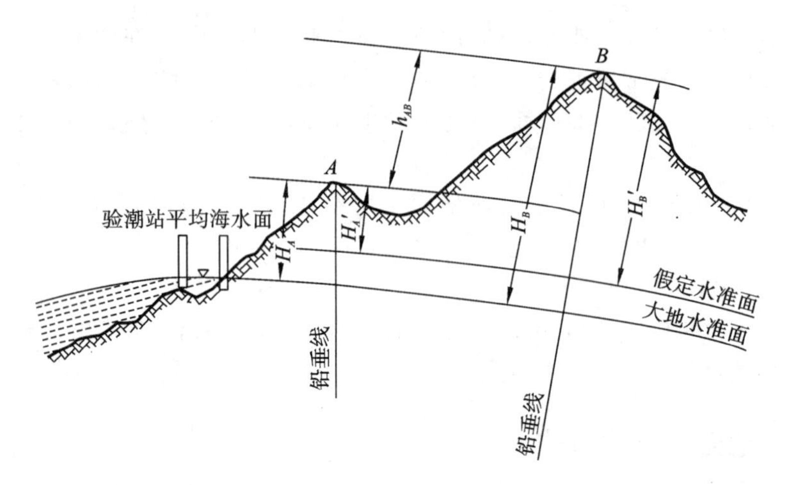

图 1-6 地面点的高程

$$h_{AB} = H_B - H_A \tag{1-1}$$

或
$$h_{AB} = H_B' - H_A' \tag{1-2}$$

当h_{AB}为正时，B 点高于 A 点；当h_{AB}为负时，B 点低于 A 点。

B、A 两点之间的高差为：

$$h_{BA} = H_A - H_B \tag{1-3}$$

或
$$h_{BA} = H_A' - H_B' \tag{1-4}$$

由此可见，A、B 两点之间的高差与 B、A 两点之间的高差的绝对值相等，符号相反，即 $h_{AB} = -h_{BA}$ 。

四、地面点的坐标

地面点的坐标常用地理坐标或平面直角坐标来表示。

1. 地理坐标

地理坐标是指用经度(λ)和纬度(φ)表示地面点位置的球面坐标，如图 1-7 所示。经度从本初子午线（即通过格林尼治天文台的子午线）起算，可分为东经（向东 0°～180°）和西经（向西 0°～180°）；纬度从赤道起算，可分为北纬（向北 0°～90°）和南纬（向南 0°～90°）。

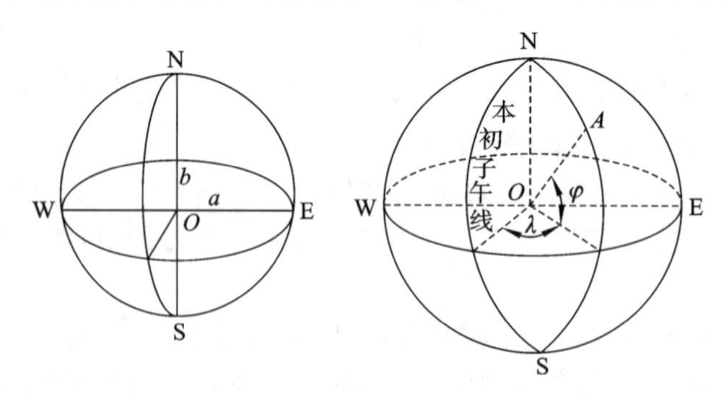

图 1-7 地理坐标

我国位于地球的东半球和北半球，所以各地的地理坐标都是东经和北纬。地理坐标常用于大地问题的解算、地球形状和大小的研究、地图的编制、火箭和卫星发射及军事方面的定位与运算等。

2. 平面直角坐标

地理坐标是球面坐标，在实际工程建设规划、施工中利用地理坐标会带来诸多不便。为此，须将球面坐标按照一定的数学法则归算到平面上，即测量工作中所用的投影。我国采用的是高斯投影法。

1）高斯平面直角坐标

利用高斯投影法建立的平面直角坐标系，称为高斯平面直角坐标系。在广大区域内确定点的平面位置，一般采用高斯平面直角坐标。

高斯投影法是将地球按 6°的经差分为 60 个带，从本初子午线开始自西向东编号，东经 0°～6°为第一带，6°～12°为第二带，依此类推，如图 1-8 所示。

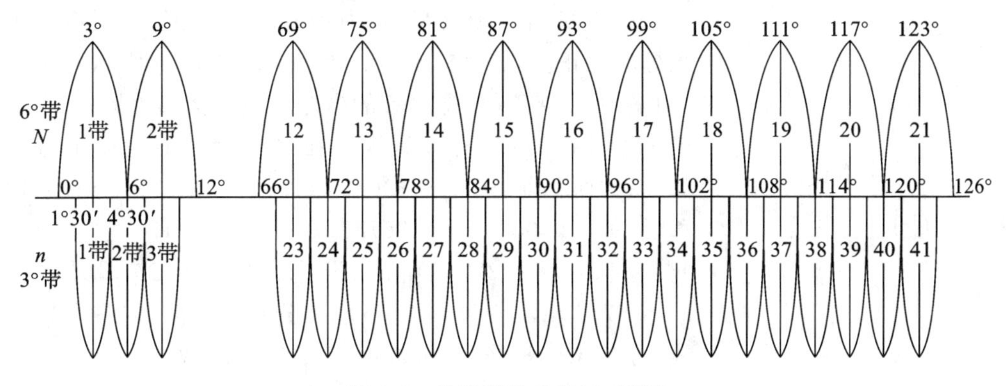

图 1-8　投影带及 6 度(3 度)带

位于每一带中央的子午线称为中央子午线，第一带中央子午线的经度为 3°，则任一带中央子午线的经度λ_0与带号 N 的关系为：

$$\lambda_0 = 6° \cdot N - 3° \tag{1-5}$$

为了方便理解，将地球看作球体，并设想将投影平面卷成圆柱体套在地球上，使圆柱体与某 6°带的中央子午线相切，如图 1-9(a)所示。在球面图形与柱面图形保持等角的条

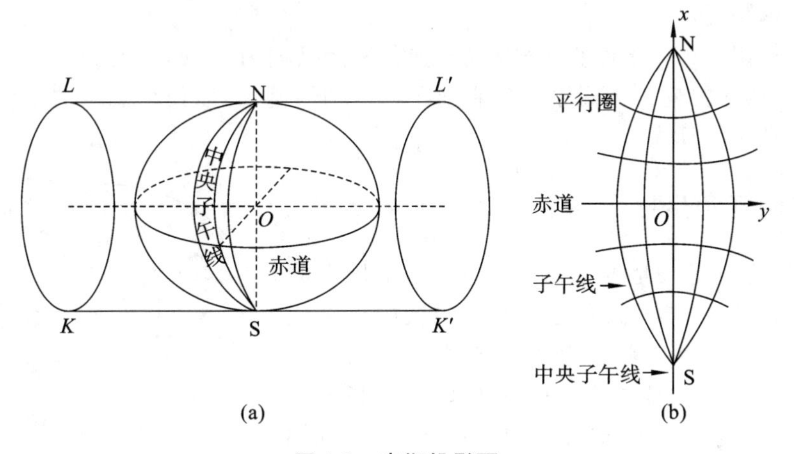

图 1-9　高斯投影面

件下将球面图形投影到圆柱面上，然后将圆柱体沿着通过南、北极的母线 LL'、KK' 剪开，并展成平面。展开后的平面称为高斯投影面，其投影如图 1-9(b)所示。投影后，中央子午线为一直线，且长度保持不变，其他子午线和纬线均成为曲线。选取中央子午线作为坐标纵轴 x，选取与中央子午线垂直的赤道作为坐标横轴 y，两轴交点为坐标原点 O，从而构成使用于这一带的高斯平面直角坐标系，规定 x 轴向北为正，y 轴向东为正，坐标象限按顺时针编号。

在高斯投影中，除中央子午线外，球面上其余的曲线在投影后都会发生变形。距离中央子午线越远，长度变形越大，因此，当要求投影变形较小时，可采用 3°带。3°带是从东经 1°30′起，每隔经度 3°划分一带，整个地球划分为 120 个带，如图 1-8 所示。每带中央子午线经度 λ_0' 与带号 n 的关系为：

$$\lambda_0' = 3° \cdot n \tag{1-6}$$

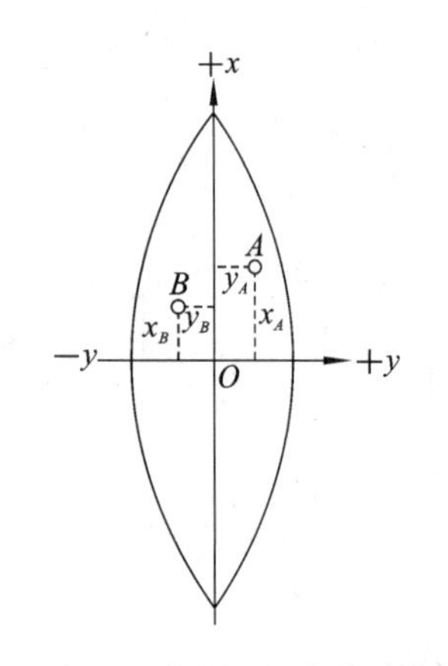

图 1-10　高斯平面直角坐标

由于我国位于北半球，所以在我国范围内，所有点的 x 坐标均为正值，y 坐标则有正有负，如图 1-10 所示。为了使 y 坐标不出现负值，将每带的坐标原点西移 500 km。为了确定某点所在的带号区域，规定在横坐标之前冠以带号。例如，纵轴西移前，$y_A = +136780$ m，$y_B = -272440$ m；纵轴西移后，$y_A = 500000$ m$+136780$ m$=636780$ m，$y_B = 500000$ m-272440 m$=227560$ m。设 A、B 位于 20 带中，$y_A =$ 20 636780 m，$y_B =$ 20 227560 m，分别表示离 20 带中央子午线向东 136.780 公里和向西 272.440 公里处。

我国基础测绘工作所采用过的地心坐标系有 1954 北京坐标系、1980 西安坐标系及 2000 国家大地坐标系。目前，我国的地心坐标系采用 2000 国家大地坐标系。

2)独立平面直角坐标

当测区范围较小时，可以不考虑地球曲率的影响，而将大地水准面看作水平面，并在水平面上建立独立平面直角坐标系。这样，地面点在大地水准面上的投影位置就可以用平面直角坐标来确定。

测量上选用的独立平面直角坐标系，规定坐标纵轴为 x 轴，向北为正方向；坐标横轴为 y 轴，向东为正方向。坐标原点一般选在测区的西南角，以便任意点的坐标均为正值。坐标象限按顺时针标注。

五、空间直角坐标

目前，随着卫星大地测量技术的发展，采用空间直角坐标系来表示空间点位已在多个领域中得到应用。空间直角坐标系是将地球的中心作为原点 O，x 轴指向本初子午面与地球赤道的交点 E，z 轴指向地球北极，过 O 点与 xOz 面垂直，按右手法则确定 y 轴方向，如图 1-11 所示。

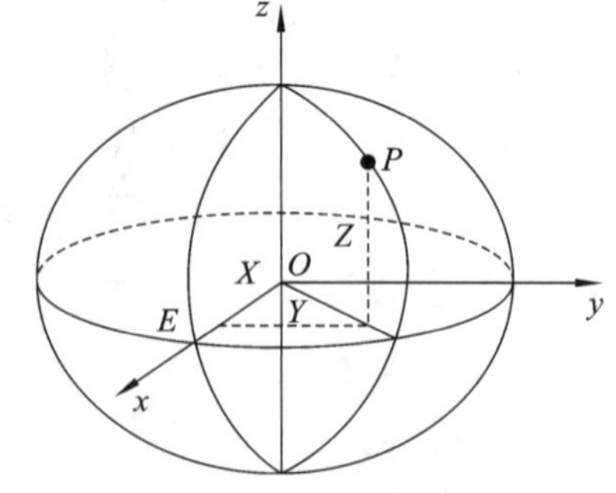

图 1-11　空间直角坐标

六、用水平面代替大地水准面的范围

当测区范围小，用水平面代替大地水准面所产生的误差不超过测量容许误差范围时，可以用水平面取代大地水准面，但是在多大面积范围内才容许这种取代，有必要加以讨论。假定大地水准面为圆球面，下面讨论用水平面取代大地水准面对距离、角度和高程测量的影响。

1. 对水平距离的影响

如图 1-12 所示，设地面上 A、B、C 三点在大地水准面上的投影分别是 a、b、c 三点，过点 a 作大地水准面的切平面，地面点 A、B、C 在水平面上的投影分别为 a'、b'、c'。设 ab 的弧长为 D，$a'b'$ 的长度为 D'，球面半径为 R，D 所对应的圆心角为 θ，则用水平长度 D' 取代弧长 D 所产生的误差为：

$$\Delta D = D' - D = R \cdot \tan\theta - R \cdot \theta \tag{1-7}$$

根据三角函数的级数公式展开，并略去高次项，得：

$$\Delta D = R\left[\left(\theta + \frac{1}{3}\theta^3 + \frac{2}{15}\theta^5 + \cdots\right) - \theta\right] = R \cdot \frac{1}{3}\theta^3$$

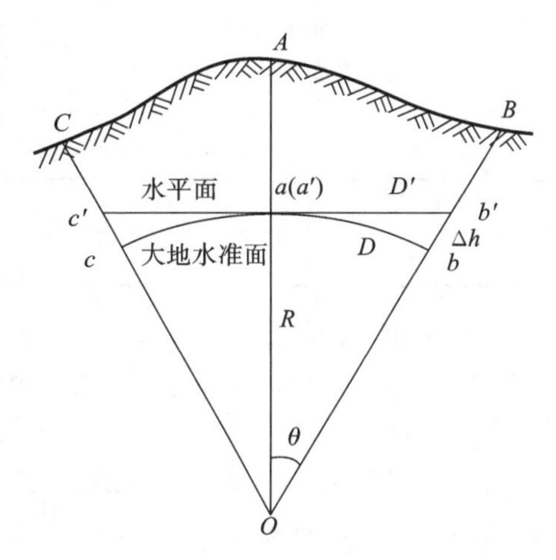

图 1-12　水平面取代大地水准面对水平距离及高程的影响

将 $\theta = \dfrac{D}{R}$ 代入上式，得：

$$\Delta D = \frac{D^3}{3R^2} \text{ 或 } \frac{\Delta D}{D} = \frac{D^2}{3R^2} \tag{1-8}$$

地球平均半径 R=6371 km，用不同的 D 值代入式(1-8)中得到表 1-2 的结果。

计算表明，当两点相距 10 km 时，用水平面取代大地水准面产生的误差为 0.82 cm，相对误差为 1/1218000，相当于精密量距精度的 1/1100000。所以，在半径为 10 km 测区内，用水平面取代大地水准面对距离的影响极小，可以忽略不计。

表 1-2　用水平面代替大地水准面对水平距离的影响

距离 D/km	距离误差 ΔD/cm	相对误差 $\Delta D/D$
5	0.10	1/4871000
10	0.82	1/1218000
15	2.77	1/541000
20	6.57	1/304000
50	102.65	1/48700

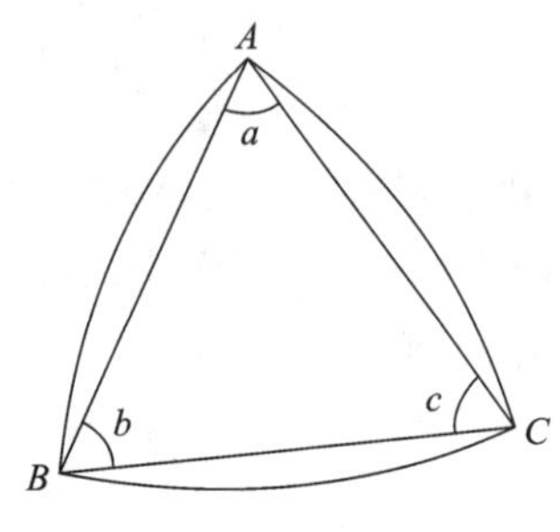

图 1-13　平面三角形与球面三角形角度差

2. 对水平角的影响

如图 1-13 所示，球面上为一三角形 ABC，设球面多边形面积为 P，地球半径为 R，通过对其测量可知，球面上多边形内角之和比平面上多边形内角之和多一个球面角超 ε，其值可用多边形面积求得：

$$\varepsilon = \rho \frac{P}{R^2} \tag{1-9}$$

其中：$\rho = 206265''$。

球面多边形面积 P 取不同的值，球面角超 ε 得到相应的结果，见表 1-3。

表 1-3　用水平面代替大地水准面对水平角的影响

P/km^2	10	50	100	300
$\varepsilon/('')$	0.05	0.25	0.51	1.52

当测区面积为 100 km² 时，用水平面取代大地水准面，对角度影响的最大值为 $0.51''$，对于土木工程测量而言，在这样的测区内可以忽略不计。

3. 对高程的影响

如图 1-12 所示，以大地水准面为基准面的 B 点的绝对高程 $H_B = Bb$，用水平面取代大地水准面时，B 点的高程 $H_B{}' = Bb'$，两者之差 Δh 就是对点 B 高程的影响，也称地球曲率的影响。

$$(R + \Delta h)^2 = R^2 + D'^2$$
$$2R\Delta h + \Delta h^2 = D'^2$$
$$\Delta h = \frac{D'^2}{2R + \Delta h}$$

D 与 D' 相差很小，可以用 D 代替 D'，Δh 相对于 $2R$ 很小，可以忽略不计，因此：

$$\Delta h = \frac{D^2}{2R} \tag{1-10}$$

对于不同的 D 值产生的高程误差见表 1-4。

表 1-4　用水平面代替大地水准面对高程的影响

D/km	0.05	0.1	0.2	0.5	1	2	5	10
$\Delta h/\text{cm}$	0.02	0.08	0.31	1.96	7.85	31.39	196.20	784.81

由表 1-4 可知，用水平面代替大地水准面对高程的影响很大，即使在不长的距离下，如 500 m，也会产生 1.96 cm 的高程误差，所以，高程测量中应考虑地球曲率的影响。

任务 4　测量误差概述

测量工作的实践表明，在任何测量工作中，无论是测角、测距、测高差，当对同一量进行多次观测时，不论测量仪器多么精密，观测进行得多么仔细，测量结果总是存在着差异，彼此不相等。反复观测某一量，每次观测结果都不会完全一样，这是测量工作中普遍存在的现象，其实质是每次测量所得的观测值与该量的真值之间存在差值，称为测量误差。

一、测量误差产生的原因

测量误差的产生有许多方面的原因，概括起来主要有以下3个方面。

1. 仪器误差

测量中使用的仪器和工具不可能十分完善，致使测量结果产生误差。例如：经纬仪、水准仪检校不完善产生的误差，水准仪视准轴不平行于水准管轴产生的误差，水准尺的分划误差等。这些都会使观测结果含有误差。

2. 观测误差

由于观测者的感觉器官鉴别能力的局限性，在进行测量时有可能产生一定的误差。例如对中误差、观测者估读小数误差、瞄准目标误差等。同时观测者的操作技术、工作态度也会对观测值产生影响。

3. 外界条件的影响

测量时外界自然条件(如温度、湿度、风力等)的变化也会给观测值带来误差。

观测者、测量仪器和观测时的外界条件是引起测量误差的主要因素，通常称为观测条件。观测条件相同的各次观测称为等精度观测，观测条件不同的各次观测称为非等精度观测。在工程测量中多采用等精度观测。

二、测量误差的分类

测量误差按其观测结果影响性质的不同，可分为系统误差和偶然误差两大类。

1. 系统误差

在相同的观测条件下，对某量进行一系列观测，如果测量误差在大小和符号上均相同，或者按照一定规律变化，这种误差称为系统误差。例如，将30 m的钢尺与标准尺比较，其尺长误差为3 mm。用该钢尺丈量30 m的距离，就会有3 mm的误差；若丈量60 m的距离，就会有6 mm的误差。就一段距离而言，其误差为固定的常数；就全长而言，其误差与丈量的长度成正比。

系统误差具有积累性，对测量成果影响甚大，但它的符号和大小又具有一定的规律性。一般可采用观测值加改正数或者选择适当的观测方法来消除或者减小其影响。

2. 偶然误差

在相同的观测条件下，对某量进行一系列观测，如果测量误差在大小和符号上都不一致，从其表面上看没有任何规律性，这种误差称为偶然误差。如读数时，估计的数值比正确数值可能大一点，也可能小一点，因此产生读数误差；照准目标时可能偏离目标的左侧或右侧而产生照准误差。这类误差在观测前无法预测，也不能用观测方法消除，它的产生是由于许多偶然因素的综合影响。

在测量工作中，由于观测者粗心大意而发生的错误，如看错目标、读错数字、记错、算错等，统称为粗差。粗差在观测中是不允许出现的，为了避免粗差、及时发现错误，除测量人员要细心工作外，还必须采用适当的方法进行检核，以保证观测结果的正确性。

在观测成果中，系统误差和偶然误差同时存在，由于系统误差可用计算改正或采取适当的观测方法消除，所以观测成果主要受偶然误差的影响。因此，误差理论主要针对不可避免的偶然误差而言，为此需要对偶然误差的性质做进一步探讨。

3. 偶然误差的特性

偶然误差从表面上看没有任何规律性，但是随着对同一量观测次数的增多，大量的偶然误差就会显现出一定的统计规律性，观测次数越多，其规律性就越明显。由于观测值中存在偶然误差，观测值不等于真值，真值与观测值之差称为真误差。

大量实验统计结果表明，偶然误差存在以下特性：

(1)在一定的观测条件下，偶然误差的绝对值不会超过一定的限值。

(2)绝对值小的误差比绝对值大的误差出现的可能性大。

(3)绝对值相等的正误差与负误差出现的概率相等。

(4)偶然误差的平均值随观测次数的增加而趋近零，即：

$$\lim_{n\to\infty}\frac{[\Delta]}{n}=0 \tag{1-11}$$

式中：n——观测次数；

$[\Delta]=\Delta_1+\Delta_2+\cdots+\Delta_n$。

由偶然误差的特性可知，对某量有足够的观测次数时，其偶然误差的正、负误差可以相互抵消。因此，可以采用多次观测结果的算术平均值作为最终的结果。

三、衡量精度的标准

精度又称精密度，是指对某一个量的多次观测中，其误差分布的密集或离散的程度。在一定的观测条件下进行一组观测，若观测值非常集中，则精度高；反之，则精度低。为了易于正确比较各观测值的精度，通常用下列几种指标作为衡量精度的标准。

1. 中误差

设在相同观测条件下，对真值为 X 的一个未知量 l 进行 n 次观测，观测值为l_1、l_2，…，l_n；每个观测值相应的真误差(真值与观测值之差)为 Δ_1，Δ_2，…，Δ_n。则以各个真误差之平方和的平均数的平方根作为精度评定的标准，用 M 表示，称为观测值中误差。

$$M=\pm\sqrt{\frac{[\Delta\Delta]}{n}} \tag{1-12}$$

式中：n——观测次数；

$[\Delta\Delta]=\Delta_1\Delta_1+\Delta_2\Delta_2+\cdots+\Delta_n\Delta_n$，为各个真误差 Δ 的平方的总和。

上式表明了中误差与真误差的关系，观测值的中误差并不等于它的真误差，中误差仅是一组真误差的代表值，一组观测值的测量误差愈大，中误差也就愈大，其精度就愈低；测量误差愈小，中误差也就愈小，其精度就愈高。

【例题 1-1】 甲、乙两个小组，各自在相同的观测条件下，对某三角形内角和分别进行了 7 次观测，求得每次观测三角形内角和的真误差分别为：

甲组：+2″、−2″、+3″、+5″、−5″、−8″、+9″。

乙组：−3″、+4″、0″、−9″、−4″、+1″、+13″。

则甲、乙两组观测值中误差为：

$$M_{甲}=\pm\sqrt{\frac{2''^2+(-2'')^2+3''^2+5''^2+(-5'')^2+(-8'')^2+9''^2}{7}}=\pm 5.5''$$

$$M_{乙}=\pm\sqrt{\frac{(-3'')^2+4''^2+(-9'')^2+(-4'')^2+1''^2+13''^2}{7}}=\pm 6.5''$$

由此可知，乙组观测精度低于甲组，这是因为乙组的观测值中有较大误差出现。因中误差能明显反映出较大误差对测量成果可靠程度的影响，所以成为被广泛采用的一种评定精度的标准。

2. 相对误差

测量工作中对于精度的评定，在很多情况下用中误差这个标准是不能完全描述对某量观测的精确度的。例如，用钢卷尺丈量了 100 m 和 1000 m 两段距离，其观测值中误差均为±0.1 m，若以中误差来评定精度，显然就要得出错误结论，因为量距误差与其长度有关，为此需要采取另一种评定精度的标准，即相对误差。相对误差是指绝对误差的绝对值与相应观测值之比，通常以分子为 1、分母为整数形式表示。

$$相对误差=\frac{绝对误差的绝对值}{观测值}=\frac{1}{T} \tag{1-13}$$

绝对误差指中误差、真误差、容许误差、闭合差和较差等，它们具有与观测值相同的单位。上例中，前者相对中误差为$\frac{0.1}{100}=\frac{1}{1000}$，后者为$\frac{0.1}{1000}=\frac{1}{10000}$，很明显，后者的精度高于前者。

相对误差常用于距离丈量的精度评定，而不能用于角度测量和水准测量的精度评定，这是因为后两者的误差大小与观测量角度、高差的大小无关。

3. 极限误差

由偶然误差第一个特性可知，在一定的观测条件下，偶然误差的绝对值不会超过一定的限值。根据误差理论和大量的实践证明，大于两倍中误差的偶然误差出现的机会仅有 5%，大于三倍中误差的偶然误差出现的机会仅为 3‰，即大约在 300 次观测中，才可能出现一个大于三倍中误差的偶然误差，因此，在观测次数不多的情况下，可认为大于三倍中误差的偶然误差实际上是不会出现的。故常以三倍中误差作为偶然误差的极限值，称为极限误差，用$\Delta_{限}$表示：

$$\Delta_{限}=3M \tag{1-14}$$

在实际工作中，一般常以两倍中误差作为极限值：

$$\Delta_{限}=2M \tag{1-15}$$

如观测值中出现了超过 $2M$ 的误差，可以认为该观测值不可靠，应舍去不用。

在实际工程中，有些量不能直接观测，而需要由直接观测量根据一定的函数关系计算出来。描述观测值中误差与观测值函数中误差之间关系的定律为误差传播定律，它主要包括一般函数的误差传播和线性函数的误差传播。因误差传播定律及利用改正数求观测值中误差、平差的方法在实际工程中应用较少，难度也较大，故在此不予赘述。

思政导读

任何测量工作都存在误差。为了保证测量成果的准确性，我们要通过使用更精密的测量仪器、使用可靠的技术方法来保证测量成果的精度。做任何工作都不可能尽善尽美，但我们要有严谨负责的工作态度、精益求精的工匠精神，以保证工作成果质量，避免质量事故、安全事故的发生。

思考与练习题

1. 测量的基准面有哪些？它们各有什么用途？
2. 根据测量计算凑整规则将下列数字保留三位小数。
   24.1335　　24.1425　　24.1365　　24.1326
3. 测量学中的平面直角坐标系与数学中的平面直角坐标系有何不同？
4. 如何确定地面点的位置？
5. 什么是绝对高程？什么是相对高程？什么是高差？
6. 测量的基本工作是什么？测量工作的基本原则是什么？
7. 误差的产生原因、表示方法及其分类是什么？
8. 系统误差和偶然误差有什么不同？在测量工作中对这两种误差应如何处理？
9. 衡量观测结果精度的标准有哪几种？它们各有什么特点？

项目 2　工程测量的基本工作

【学习目标】

1. 知识目标

(1)理解水准测量的原理和方法;

(2)理解水平角、竖直角测量的原理和方法;

(3)理解钢尺量距、电磁波测距、视距测量的原理和方法;

(4)熟练掌握水准仪、经纬仪、钢尺的使用。

2. 能力目标

(1)具备普通水准测量的能力;

(2)具备水平角、竖直角观测、记录、计算的能力;

(3)能使用钢尺进行距离测量。

3. 素养目标

通过工程测量的基本工作——高差测量、角度测量、距离测量的学习,理解团队协作的重要性,培养学生的团队协作意识。

任务 1　高 差 测 量

一、水准测量的原理和方法

1. 水准测量原理

水准测量原理是利用水准仪提供一条水平视线,借助竖立在地面点上的水准尺,直接测定地面上两点之间的高差,然后根据其中一点的已知高程推算其他各点的高程。

如图 2-1 所示,已知地面 A 点的高程为H_A,如果要测得 B 点的高程H_B,就要测出两点的高差h_{AB}。欲测定 A、B 两点的高差,可在 A、B 两点各立一根水准尺,在两点之间安置水准仪。测量时利用水准仪提供的一条水平视线,读出立于具有已知高程 A 点上的水准尺读数 a,这一读数称为后视读数。同时测出未知高程 B 点的水准尺读数 b,这一读数称为前视读数。A、B 两点的高差h_{AB}等于后视读数减去前视读数,即:

$$h_{AB} = a - b \tag{2-1}$$

测得两点的高差h_{AB}后,若已知 A 点高程,则可得 B 点的高程H_B:

$$H_B = H_A + h_{AB} \tag{2-2}$$

2. 水准测量方法

1)高差法

通过水准测量获得两点的高差,根据已知点高程求得未知点高程的方法称为高差法。如图 2-1 所示,已知 A 点的高程H_A,欲求 B 点的高程H_B,通过水准测量获得 A、B 两点的高差h_{AB},则$H_B = H_A + h_{AB}$。

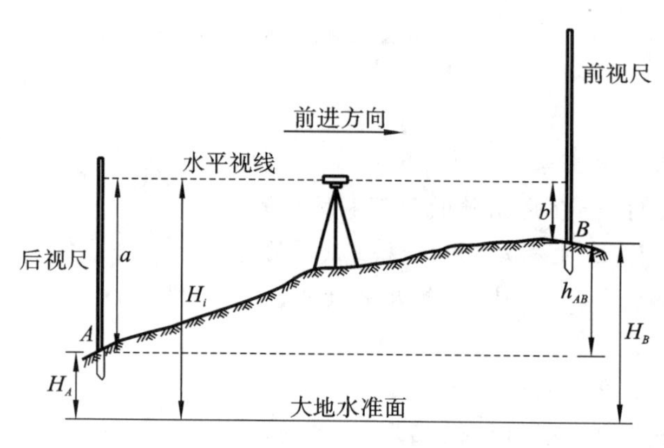

图 2-1 水准测量方法

2)视线高法

由求得的视线高,根据已知点高程求得未知点高程的方法称为视线高法。

如图 2-1 所示,在给出的条件中 A 点的高程为已知,则 A 点的水平视线高就应为 A 点的高程与 A 点所立水准尺上读数 a 之和,即:视线高=后视点的高程+后视尺的读数;前视点的高程=视线高-前视尺的读数。

$$H_i = H_A + a = H_B + b \tag{2-3}$$

在上述测量中,只需要在两点之间安置一次仪器就可测得所求点的高程,这种方法称为简单水准测量。

3)连续水准测量

如果两点之间的距离较远或高差较大,仅安置一次仪器不能测得它们的高差,这时需要加设若干个临时的立尺点,连续观测各点之间的高差,即连续水准测量。如图 2-2 所

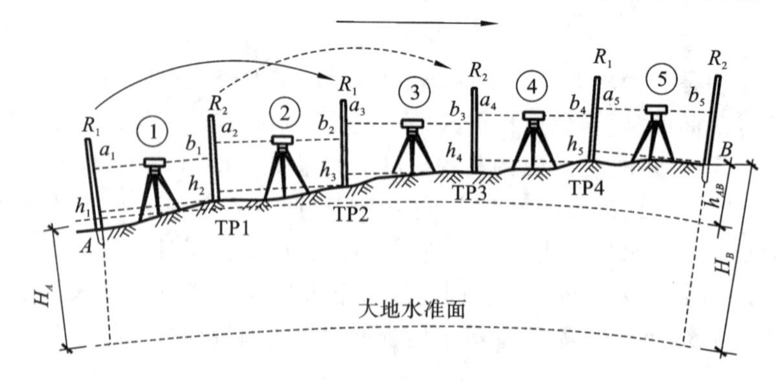

图 2-2 连续水准测量

示，欲求 A 点至 B 点的高差 h_{AB}，选择一条施测路线，用水准仪依次测出 A—TP1 的高差 h_1、TP1—TP2 的高差 h_2、TP2—TP3 的高差 h_3、TP3—TP4 的高差 h_4、TP4—B 的高差 h_5，各测站的高差均为后视读数减去前视读数之值，则 $h_{AB}=h_1+h_2+h_3+h_4+h_5$。

每安置一次仪器，称为一个测站。临时立尺点作为传递高程的过渡点，称为转点。TP1、TP2、TP3、TP4 等点即转点，转点点名用“TP＋序号”表示。

在实际作业中可先计算出各测站的高差，然后取它们的总和而得 h_{AB}，再利用后视读数之和 $\sum a$ 减去前视读数之和 $\sum b$ 来计算高差 h_{AB}，检核计算是否存在错误。

二、水准测量的仪器与工具

水准仪是水准测量的主要仪器，按其所能达到的精度分为 DS05、DS1、DS3 及 DS10 等几种等级。

D 和 S 是中文“大地”和“水准仪”中“大”字和“水”字的汉语拼音的第一个字母，通常在书写时可省略字母 D，用 05、1、3 及 10 等数字表示该类仪器的精度。

DS3 型和 DS10 型水准仪称为普通水准仪，用于国家三、四等水准及普通水准测量，DS05 型和 DS1 型水准仪称为精密水准仪，用于国家一、二等水准测量。

1. DS3 型水准仪的构造

根据水准测量原理，水准仪的主要作用是提供一条水平视线，并能照准水准尺进行读数。因此，水准仪主要由望远镜、水准器和基座 3 部分构成。图 2-3 所示为我国生产的 DS3 型微倾式水准仪。

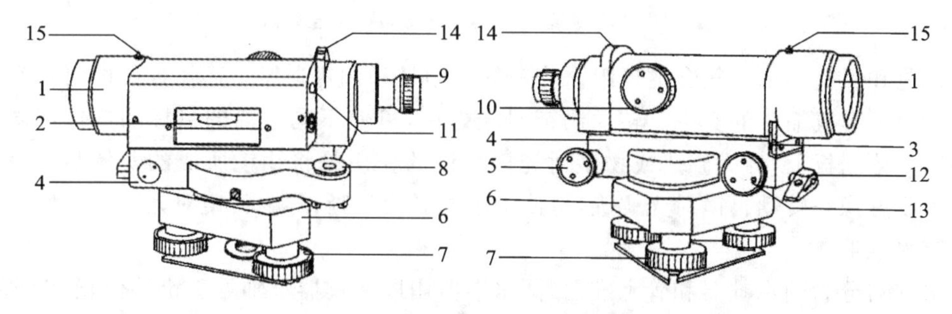

图 2-3　DS3 型微倾式水准仪的构造

1—望远镜；2—水准管；3—钢片；4—支架；5—微倾螺旋；6—基座；7—脚螺旋；8—圆水准器；9—目镜调焦螺旋；10—物镜调焦螺旋；11—气泡观察镜；12—制动扳手；13—微动螺旋；14—缺口；15—准星

1）基座

基座呈三角形，由轴座、脚螺旋和连接板组成。仪器上部通过竖轴插在轴套内，由基座承托。脚螺旋用来调整圆水准器。整个仪器通过连接板、中心螺旋与三脚架连接。

2）望远镜

望远镜由物镜、目镜、十字丝分划板和调焦透镜（内对光式）组成。

（1）物镜：多采用复合透镜组，其作用是将远处的目标成像在十字丝分划板上，形成缩小而倒立的实像。

（2）目镜：亦多采用复合透镜组，其作用是将物镜所形成的实像连同十字丝一起放大成虚像。

(3)十字丝分化板:位于望远镜光学系统的焦平面上,光学玻璃板用以瞄准目标和读数,上面有一竖丝和三条横丝(中丝和两条视距丝)。在水准测量时,用中丝在水准尺上进行前、后视读数,以计算高差;用上、下丝在水准尺上读数,以计算水准仪至水准尺的距离(视距)。

(4)视准轴:物镜光心和十字丝交点的连线。

望远镜的性能指标主要有:放大率、视场角、分辨率和亮度。

望远镜的使用步骤:对光、消除视差。

视差指物镜对光后,眼睛在目镜端上、下微微移动时,十字丝和水准尺成像有相对移动的现象。消除方法:仔细反复地调节目镜和物镜的对光螺旋,直到成像稳定。

望远镜是用来精确瞄准远处目标和提供水平视线进行读数的设备,主要由物镜、目镜、调焦透镜及十字丝分划板等组成(见图 2-4)。从目镜中看到的是放大后的十字丝分划板上的像。

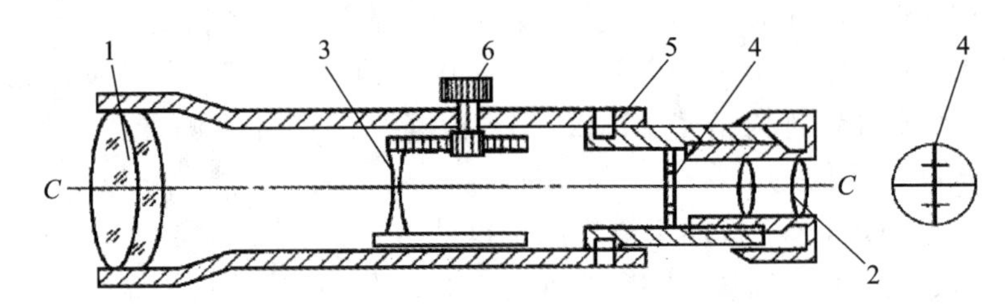

图 2-4 水准仪望远镜

1—物镜;2—目镜;3—调焦透镜;4—十字丝分划板;5—连接螺钉;6—对光螺旋

物镜和目镜多采用复合透镜组。物镜的作用是和调焦透镜一起使远处的目标在十字丝分划板上形成缩小的实像。转动物镜对光螺旋,可使不同距离的目标的成像清晰地落在十字丝分划板上,称为调焦或物镜对光。目镜的作用是将物镜所成的实像与十字丝一起放大成虚像。转动目镜对光螺旋,可使十字丝影像清晰,称为目镜对光。

3)水准器

水准器分为圆水准器和管水准器,圆水准器用以使仪器竖轴处于铅垂位置,管水准器用以使视线精确水平。

除上述部件外,水准仪还装有制动螺旋、微动螺旋和微倾螺旋。制动螺旋用于固定仪器;当仪器固定不动时,转动微动螺旋可使望远镜在水平方向做微小转动,用以精确瞄准目标;微倾螺旋可使望远镜在竖直面内微动,圆水准器气泡居中后,转动微倾螺旋使水准管气泡居中,这时即可利用水平视线读数。

2. 自动安平水准仪

用普通微倾式水准仪测量时,必须通过转动微倾螺旋使符合气泡居中,获得水平视线后才能读数,需在调整气泡居中上花费时间,且易造成视觉疲劳,影响测量精度。自动安平水准仪利用自动安平补偿器代替水准管,观测时能自动使视准轴置平,获得水平视线读数。这不仅加快了水准测量的速度,而且对于微小倾斜也可迅速进行调整,使中丝读数仍为水平视线读数,从而提高了水准测量的精度(见图 2-5)。

3. 水准尺和尺垫

1)水准尺

水准尺是水准测量时使用的标尺。其质量的好坏直接影响水准测量的精度，因此，水准尺需用伸缩性小、不易变形的优质材料制成，如优质木材、玻璃钢、铝合金等。常用的水准尺有塔尺和双面尺两种(见图 2-6)。

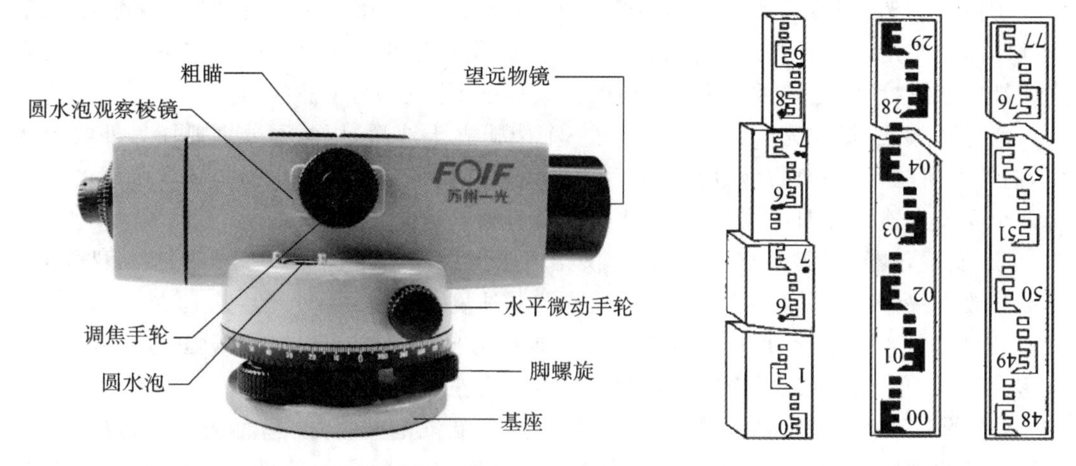

图 2-5　自动安平水准仪的结构　　图 2-6　水准尺

双面尺多用于三、四等水准测量，其长度为 3 m，两根尺为一对。尺的两面均有刻划，一面为红白相间，称为红面尺；另一面为黑白相间，称为黑面尺(也称主尺)。两面的最小刻划均为 1 cm，并在分米处注字。两根尺的黑面均由零开始；而红面，一根由 4.687 m 开始至 7.687 m，另一根由 4.787 m 开始至 7.787 m。其目的是避免观测时的读数错误，便于校核读数。同时用红、黑两面读数求得高差，可进行测站检核计算。

2)尺垫

尺垫(见图 2-7)与水准仪配合使用，在转点上使用。作用：传递高程，防止水准尺下沉和转动改变位置。转点需使用尺垫，水准尺立于尺垫上；有固定标志的水准点不需要使用尺垫，水准尺直接立于水准点上方。

4. 水准仪主要轴线及其应满足的几何条件

微倾式水准仪的主要轴线见图 2-8，它们之间应满足的几何条件是：

(1)圆水准器轴应平行于仪器竖轴；

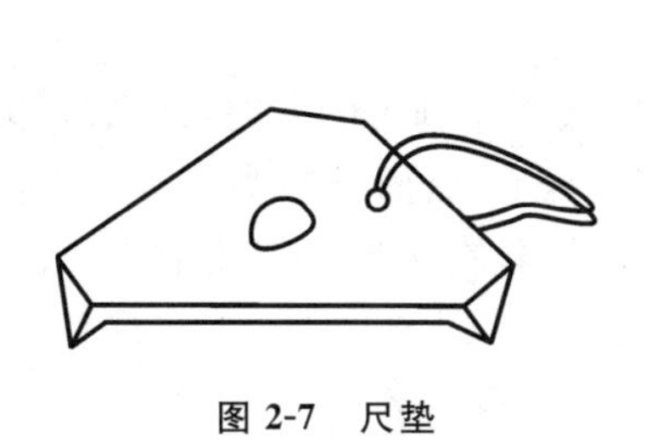

图 2-7　尺垫

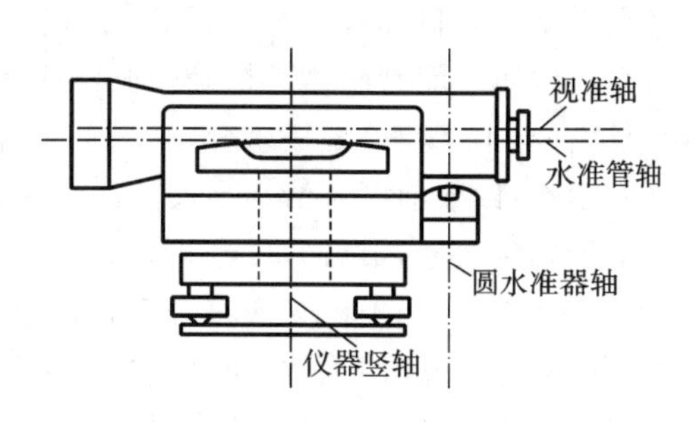

图 2-8　水准仪的主要轴线

(2)十字丝的横丝应垂直于仪器竖轴;

(3)水准管轴应平行于视准轴。

5.水准仪的操作

水准仪的操作分以下几步:

(1)三脚架打开与安置,分两个步骤。

①提拉脚架,用右手抓住三脚架的头部,立起来,然后用左手顺时针拧开三脚架三个脚腿的固定螺栓。同时上提脚架,脚腿自然下滑,提至架头与自己的眼眉齐平为止。之后逆时针拧紧螺栓,固定脚腿。注意螺栓的拧紧程度不要过大,手感吃力即可。

②打开脚架:提拉完脚架之后,先使一个架腿立于地面,用两手分别抓住另外两个架腿,向外侧掰拉,使脚架的落地点构成等边三角形并保证架头大致水平。要求脚架的空当与两个立尺点连线方向一致,这样防止骑某个脚腿读数的情况出现。

(2)安置仪器:三脚架立好后,打开仪器箱取出仪器,将仪器的底座一侧接触架头,然后顺势放平仪器。旋紧底座固定螺旋,要求松紧适度。

(3)粗平:手提架腿,以架腿与基座中心连线方向为基准前后推拉脚腿、左右扭动,使气泡大致居中。使用架腿粗平,气泡的运动方向为左右同向,前后反向。

(4)精平:在粗平完成后,调节脚螺旋,使圆水准气泡严格居中,称为圆气泡的精平。气泡移动的方向与左手大拇指转动的方向一致。如图 2-9 所示,旋动微倾螺旋,使长符合水准管的两个半气泡对齐,称为读数精平。

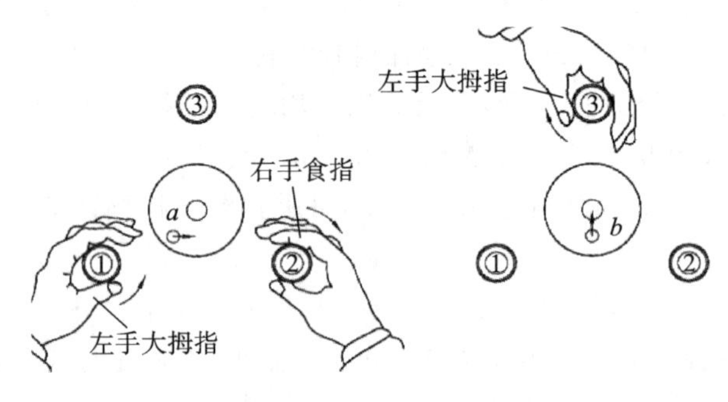

图 2-9 圆水准器精平

(5)瞄准水准尺:瞄准是使望远镜对准水准尺,清晰地看到目标和十字丝成像,以便准确地进行水准尺读数。瞄准时应注意消除视差。眼睛在目镜处上、下、左、右做少量的移动,发现十字丝和目标有着相对的运动,这种现象称为视差。测量作业不允许视差的存在,因为这说明不能判明是否精确地瞄准了目标。产生视差的原因是目标通过物镜之后的影像没有与十字丝分划板重合。

(6)读数:读数前要认清水准尺的注记特征,读数时按由小到大的方向,读取米、分米、厘米、毫米四位数字,最后一位毫米位估读。如图 2-10 所示,黑面读数为 1.608 米,红面读数为 6.295 米。当确认气泡符合后,应立即用十字丝横丝在水准尺上读数。习惯上不读小数点,只念 1608 四位数,即以毫米为单位。这对于观测、记录及计算工作都有一定的好处,可以防止不必要的误会和错误。

以上操作是针对 DS3 型微倾水准仪而言的。对于自动安平水准仪,不需读数精平。

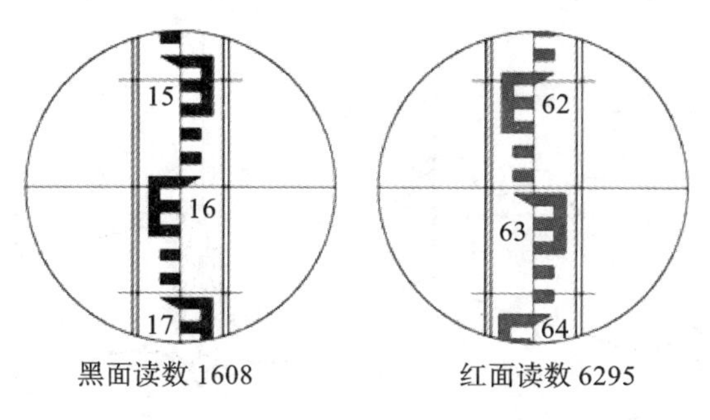

图 2-10　瞄准水准尺与读数

任务 2　角度测量

一、角度测量的原理

1. 水平角测量原理

水平角是从地面上任意一点出发到两目标的方向线在水平面上的投影之间的夹角。如图 2-11 所示，BA 和 BC 两竖直面所夹的二面角在水平面上的投影为 $\beta = \angle A_1 B_1 C_1$ 。

从图 2-11 中可以看出，A、B、C 为地面上的任意三点，为测量 $\angle ABC$ 的大小，设想沿铅垂线在 B 点上方放置一按顺时针注记的水平度盘（0°～360°），使其中心位于角顶的铅垂线上。

过 BA 铅垂面通过水平度盘的读数为 a，过 BC 铅垂面通过水平度盘的读数为 b，则 $\angle ABC$ 的大小即水平角 β 的两读数之差：

$$\beta = a - b \tag{2-4}$$

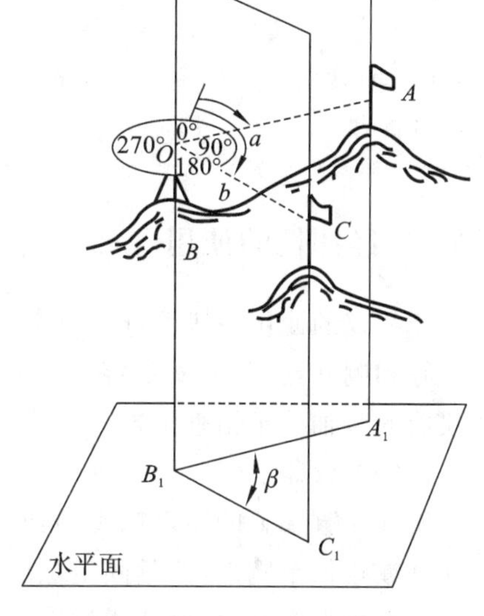

图 2-11　水平角测量原理

注意事项

在水平角计算时，$a-b$ 和 $b-a$ 不是同一个角度，而是二者加起来等于 360°。

2. 竖直角测量原理

在同一竖直面内，目标方向与水平方向的夹角称为竖直角。目标方向在水平方向以上称为仰角，角值为正；目标方向在水平方向以下称为俯角，角值为负。

从图 2-12 中可以看出，要测定竖直角，可在 O 点放置竖直度盘；在竖直度盘上读取视线方向读数，视线方向与水平方向读数之差，即所求竖直角。

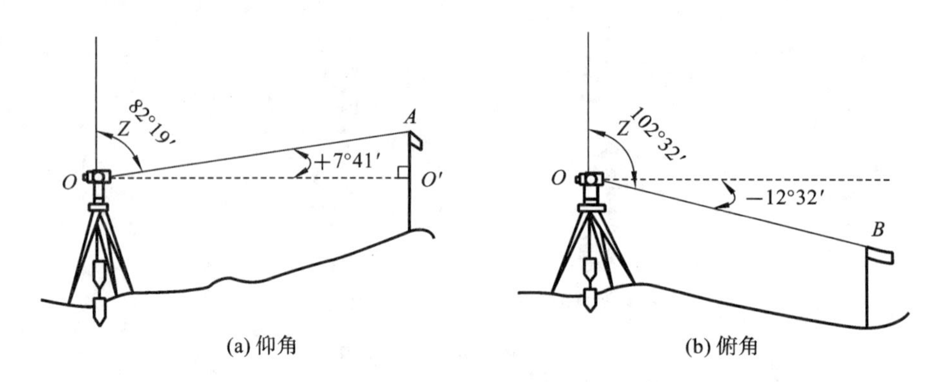

(a) 仰角

(b) 俯角

图 2-12　竖直角测量原理

$$\alpha = \text{目标视线读数} - \text{水平方向读数} \tag{2-5}$$

在图 2-12(a)中，Z 为天顶距(地面点 O 垂直方向的北端顺时针转至观测视线 OA 方向线的夹角)，天顶距与竖直角的关系为：

$$Z = 90° - \alpha \tag{2-6}$$

注意事项

测量竖直角的目的，是通过公式 $H_B = H_A + D\tan\alpha + i - v$ 计算高程。可以看出，α 的正负决定 $D\tan\alpha$ 的正负，也就决定 B 点的高程值，所以竖直角的正负至关重要，不能弄错。

二、经纬仪的使用

经纬仪的使用一般可分为对中、整平、照准和读数 4 个步骤。对中的目的是使水平度盘中心和测站点(角的顶点)在同一铅垂线上。整平的目的是使水平度盘处于水平位置和使仪器的竖轴处于铅垂位置。具体步骤如下：

1. 安置仪器

松开三脚架腿的固定螺旋，同时提起三个架腿(这样使三个架腿一样高)，使其高度与胸同高或略低于胸部，拧紧固定螺旋，打开三脚架，使架头大致水平，并使架头中心初步对准测站点标志中心，将仪器通过连接螺旋固定到三脚架上。

2. 强制对中

保持三脚架的一个架腿不动，抬起另外两个架腿并移动(保持架头大致水平)，通过光学对中器观察，让光学对中器标志和地面测站点重合。

3. 粗略整平

观察圆水准器气泡位置，气泡在哪，哪边较高，通过伸缩三脚架的架腿使圆水准器气泡居中。

4. 精确整平

如图 2-13(a)所示，松开照准部制动螺旋，转动照准部，使水准管与 1、2 两个脚螺旋的连线平行，转动脚螺旋，使水准管气泡居中(气泡的移动方向与左手大拇指的运动方向一

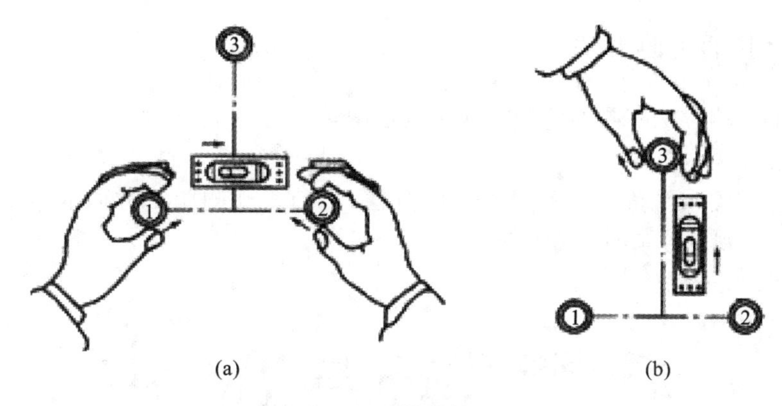

(a)　　(b)

图2-13　精确整平

致)；如图2-13(b)所示，转动照准部90°，使水准管与1、2两个脚螺旋连线的垂线平行，转动脚螺旋3，使水准管气泡居中。重复以上操作，直到水准管气泡在两个位置都居中为止。

5.精确对中

通过光学对中器看测站点与光学对中器标志是否重合，若重合，仪器对中、整平完成；若不重合，松开连接螺旋的1～2个螺丝，在架头上平移经纬仪，使对中器标志与测站点重合。重复精确整平和精确对中，直至对中、整平同时符合精度要求。

6.照准

(1)转动目镜对光螺旋，看清十字丝；

(2)用瞄准器粗略瞄准目标，制动照准部；

(3)调节物镜对光螺旋，看清楚目标；

(4)转动望远镜微动螺旋和水平微动螺旋，使望远镜的十字丝交点精确瞄准目标，如图2-14所示。

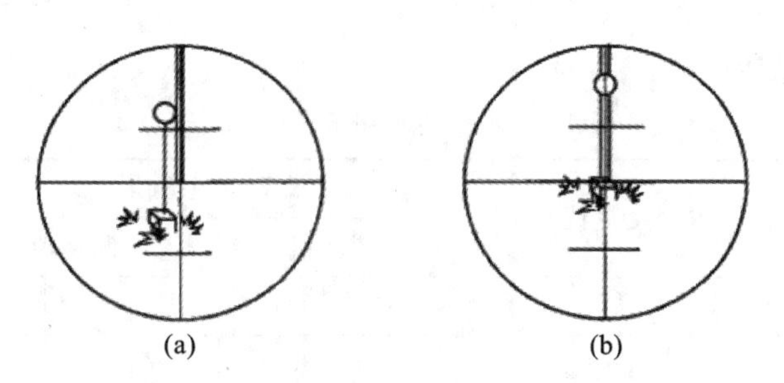

(a)　　(b)

图2-14　瞄准目标

注意事项

经纬仪的安置(对中和整平)是仪器使用的基础，任何测量角度或坐标的仪器，都必须对中和整平，包括先进测量仪器，如电子全站仪和GPS。

7.读数

(1)调节反光镜，使光线照到读数窗上，要调节到充分的亮度，使读数分划线清晰。

(2)进行读数。

三、水平角的观测方法

水平角的观测方法有测回法和方向观测法两种。

1. 测回法

测回法是观测水平角的一种最基本的方法，常用于观测两个方向的单个水平夹角。如图 2-15 所示，观测 β 角的步骤如下：

图 2-15　水平角观测(测回法)

(1)在 O 点安置经纬仪：对中、整平、调焦、照准。

(2)盘左(即竖盘在望远镜的左侧，又称正镜)。

①先瞄准左方目标 A，转动测微轮，使水平度盘读数为$a_{左}=0°00'00''$，记入观测手簿(见表 2-1)。

②松开水平制动螺旋，顺时针方向转动照准部，再瞄准右方目标 B，读取水平度盘读数 $b_{左}=92°24'12''$，记入观测手簿(见表 2-1)。

盘左水平角为：

$$\beta_{左}=b_{左}-a_{左} \tag{2-7}$$

上式称为上半测回。

表 2-1　水平角观测记录(测回法)

测站	盘位	目标	水平度盘读数			水平角观测值						各测回平均值		
						半测回值			一测回值					
			(°)	(′)	(″)	(°)	(′)	(″)	(°)	(′)	(″)	(°)	(′)	(″)
O	盘左	A	0	00	00	92	24	12	92	24	14	92	24	17
		B	92	24	12									
	盘右	A	180	00	00	92	24	16						
		B	272	24	16									
	盘左	A	90	00	00	92	24	30	92	24	20			
		B	182	24	30									
	盘右	A	270	00	02	92	24	10						
		B	2	24	12									

(3)盘右(即竖盘在望远镜的右侧,又称倒镜)。

①先瞄准右方目标 B,读记水平度盘读数$b_{右}$。

②逆时针方向转动照准部,瞄准左方目标 A,读记水平度盘读数$a_{右}$,则盘右水平角为:

$$\beta_{右} = b_{右} - a_{右} \tag{2-8}$$

上式称为下半测回。

一测回为取其平均值:$\beta=(\beta_{左}+\beta_{右})/2$。上半测回与下半测回合称一测回。当需要用测回法测 n 个测回时,为了减小度盘刻划不均匀误差的影响,各测回之间要按$180°/n$ 的差值变换度盘的起始位置。如 $n=4$ 时,各测回的起始方向读数为 0°、45°、90°和 135°。

2. 方向观测法

当在同一测站上需要观测 3 个以上方向时,通常用方向观测法观测水平角。如图 2-16 所示,欲在 O 点一次测出 α、β 和 γ 三个水平角,其观测步骤和计算方法如下。

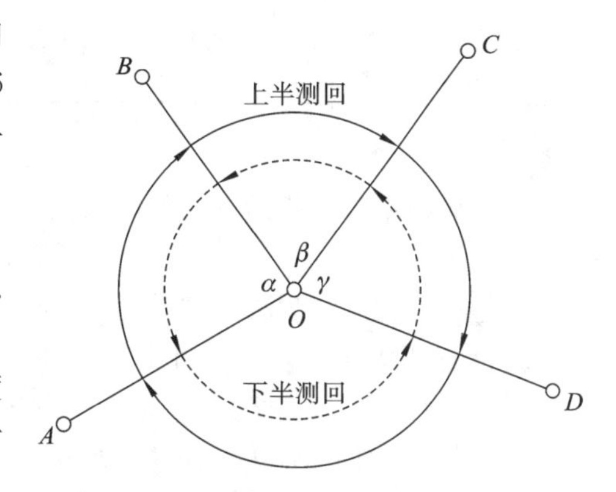

图 2-16　水平角观测(方向观测法)

1)测站观测

(1)在测站点 O 安置经纬仪:对中、整平、调焦、照准。

(2)盘左:瞄准 A 点转动测微轮,使水平度盘读数为 0°00′00″,并记入表 2-2 中;然后顺时针转动仪器,依次瞄准点 B、点 C、点 D、点 A,读记水平度盘读数,见表 2-2(称为上半测回)。

(3)盘右:逆时针转动仪器,按 A、D、C、B、A 的顺序依次瞄准目标,读记水平度盘读数,见表 2-2(称为下半测回)。

以上过程为一个测回。当需要观测 n 个测回时,仍按 180°/n 变换起始方向读数。另外,起始于 A 又终止于 A 的过程称为归零的方向观测法,又称全圆方向观测法。

表 2-2　水平角观测记录(方向观测法)

测站	测回数	目标	读数						2c	平均读数=1/2[左+(右±180°)]			归零后的方向值			各测回归零后方向值的平均值		
			盘左			盘右												
			(°)	(′)	(″)	(°)	(′)	(″)	(″)	(°)	(′)	(″)	(°)	(′)	(″)	(°)	(′)	(″)
O	1									(0°00′06″)								
		A	0	00	00	180	00	06	−6	0	00	03	0	00	00	0	00	00
		B	96	51	54	276	51	48	+6	96	51	51	96	51	45	96	51	42
		C	143	31	36	323	31	36	0	143	31	36	143	31	30	143	31	30
		D	214	05	00	34	04	54	+6	214	04	57	214	04	51	214	05	02
		A	0	00	12	180	00	06	+6	0	00	09						
			$\Delta_{左}=+12''$			$\Delta_{右}=00''$				(90°00′07″)								

续表

测站	测回数	目标	读数						2c	平均读数=1/2[左+(右±180°)]			归零后的方向值			各测回归零后方向值的平均值		
			盘左			盘右												
			(°)	(′)	(″)	(°)	(′)	(″)	(″)	(°)	(′)	(″)	(°)	(′)	(″)	(°)	(′)	(″)
O	2	A	90	00	00	270	00	02	−2	90	00	01	0	00	00			
		B	186	51	38	6	51	56	−18	186	51	47	96	51	40			
		C	233	31	32	53	31	44	−12	233	31	38	143	31	31			
		D	304	05	14	124	05	26	−12	304	05	20	214	05	13			
		A	90	00	14	270	00	14	0	90	00	14						
			$\Delta_{左}=+14''$			$\Delta_{右}=+12''$												

2)计算

(1)计算归零差。起始方向的两次读数的差值称为半测回归零差,用 Δ 表示。例如,表 2-2 中第一测回盘左的归零差为 $\Delta_{左}=0°00'12''-0°00'00''=+12''$,盘右的归零差为 $\Delta_{右}=0''$。在城市测量中,方向观测法的归零差应符合规定的限差要求,否则,应查明原因后重测。

(2)计算两倍照准差。表 2-2 中 $2c$ 称为两倍照准差。

$$2c=[盘左读数-(盘右读数\pm 180°)] \tag{2-9}$$

例如,第一测回 OB 方向的 $2c$ 值为:

$$2c=[96°51'54''-(276°51'48''-180°)]=+6''$$

对于 DJ2 级经纬仪,一测回内 $2c$ 的变化范围不应超过 $\pm 18''$;对于 DJ6 级经纬仪,考虑到度盘偏心差的影响,$2c$ 互差只作自检,不作限差规定。《城市测量规范》中规定,方向观测法中 $2c$ 较差应符合表 2-3 所示的限差要求。

表 2-3　方向观测法的限差要求

经纬仪型号	光学测微器两次重合读数差/(″)	一测回归零差/(″)	一测回内 2c 较差/(″)	同一方向值各测回较差/(″)
DJ1	1	6	9	6
DJ2	3	8	13	9
DJ6	—	18	—	24

(3)计算平均方向值。

$$各方向平均读数=\frac{1}{2}[盘左读数+(盘右读数\pm 180°)] \tag{2-10}$$

例如,第一测回 OB 方向的平均方向值为 $1/2[96°51'54''+(276°51'48''-180°)]=96°51'51''$。由于 OA 方向有两个平均方向值,故应将这两个平均值再取平均值,得到唯一的一个平均方向值,填在对应列的上端,并用圆括号括起来。第一测回 OA 方向的最终平均方向值为:

$$\frac{1}{2}\times(0°00'03''+0°00'09'')=0°06'06''$$

(4)计算归零后方向值。将起始方向值化为零后各方向对应的方向值称为归零后方向值，即归零后方向值等于平均方向值减去起始方向的平均方向值。如第一测回 OB 方向的归零后方向值为：

$$96°51'51'' - 0°00'06'' = 96°51'45''$$

(5)计算平均归零后方向值。如果在一测站上进行多测回观测，当同一方向各测回之归零方向值的互差对 DJ6 级经纬仪不超过±24″(对 DJ2 级经纬仪不超过±12″)时，取平均值作为结果。例如，表 2-2 中 OB 方向两测回的平均归零后方向值为：

$$\frac{1}{2} \times (96°51'45'' + 96°51'40'') = 96°51'42''$$

(6)计算水平角。任意两个方向值相减，即得这两个方向间的水平夹角。如 OB 与 OC 方向的水平角为：

$$\angle BOC = 143°31'30'' - 96°51'42'' = 46°39'48''$$

四、竖直角的观测方法

1. 竖直度盘的构造

光学经纬仪的竖直度盘读数系统由竖直度盘、读数指标、竖直度盘指标水准管及微动螺旋、读数设备及读数显微镜等组成。竖直度盘为 0°～360°刻划的玻璃圆环。望远镜和仪器横轴固连在一起，竖直度盘固定在横轴的一端，且垂直于横轴。横轴与竖直度盘随望远镜在竖直面内可旋转 360°，而竖盘指标不动，应永远指向地心。仪器整平后，竖直度盘应为铅垂面。

为了读数方便，在制造光学经纬仪时，望远镜视准轴水平(即望远镜放置水平)时竖直度盘读数为 90°(或 270°)，如图 2-17 所示。故在竖直角测量中，只需读取瞄准目标时的竖直度盘读数，即可计算竖直角的大小。

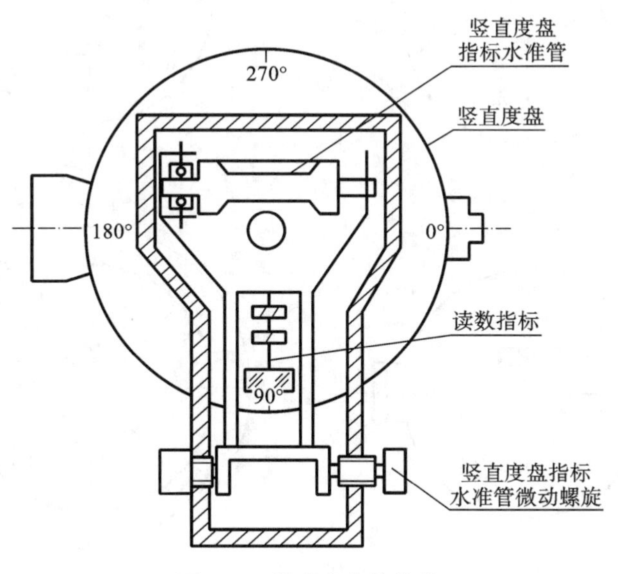

图 2-17　竖直度盘的构造

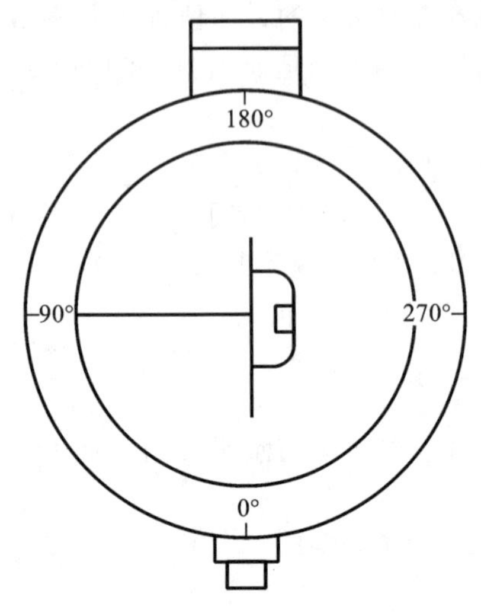

图 2-18 天顶式顺时针注记的竖直度盘

竖直度盘的注记形式可分为天顶式注记和高度式注记两类。

(1)天顶式注记就是望远镜指向天顶时，竖直度盘读数指标指示的读数为 0°(或 180°)，如图 2-18 所示。

(2)高度式注记就是望远镜指向天顶时，竖直度盘读数指标指示的读数为 90°(或 270°)。

天顶式注记和高度式注记根据度盘的刻划顺序不同，又可分为顺时针和逆时针两种形式。图 2-18 所示为天顶式顺时针注记的竖直度盘，近代生产的光学经纬仪多采用此类注记。

2. 竖直角的计算

竖直度盘构造为天顶式顺时针注记，当望远镜视线水平，竖直度盘指标水准管气泡居中时，读数指标处于正确位置，竖直度盘读数一般为一常数 90°(或 270°)。

图 2-19(a)所示为盘左位置，望远镜的视线水平时竖直度盘读数为 90°，当望远镜仰起时，读数减小，倾斜视线与水平视线所构成的竖直角为 $\alpha_{左}$。设视线方向的读数为 L，则竖直角计算公式为：

$$\alpha_{左} = 90° - L \tag{2-11}$$

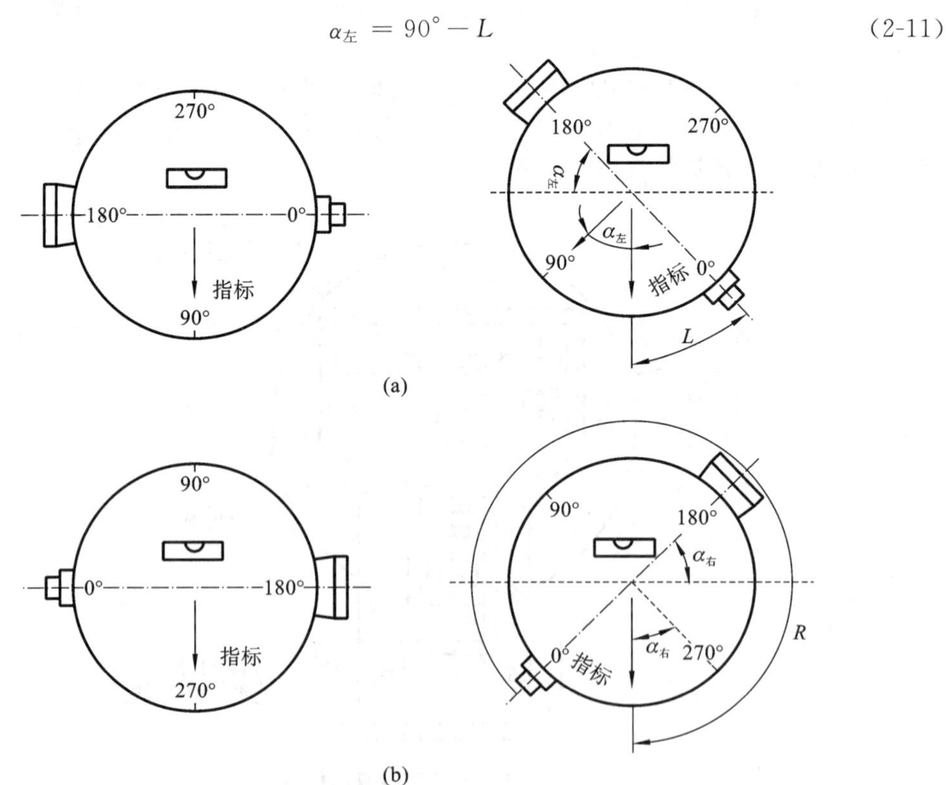

图 2-19 竖直度盘注记

图 2-19(b)所示为盘右位置，望远镜的视线水平时竖直度盘读数为 270°。当望远镜仰起时，读数增大，倾斜视线与水平视线所构成的竖直角为$\alpha_{右}$。设视线方向的读数为 R，则竖直角计算公式为：

$$\alpha_{右} = R - 270°$$

竖直角的平均值：

$$\alpha = \frac{1}{2}(\alpha_{左} + \alpha_{右})$$

$$\alpha = \frac{1}{2}(R - L - 180°) \tag{2-12}$$

3. 竖直角的观测

如图 2-20 所示，设测站点为 A，欲测量竖直角 α，瞄准目标点 B；欲测量 AB 坡度角 α，瞄准目标点 B 的仪器高 i。其观测步骤如下：

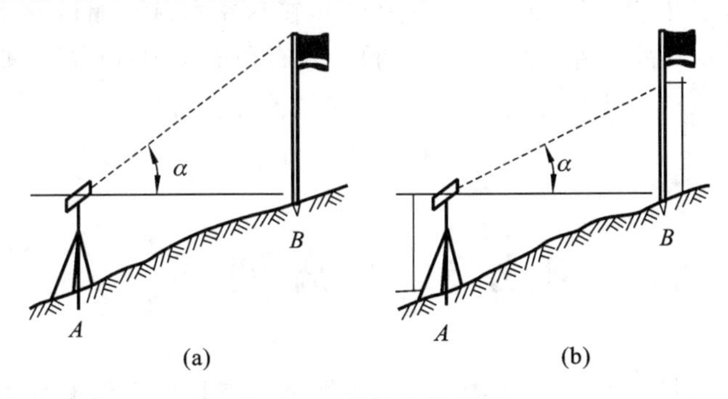

图 2-20　竖直角的观测

(1)在 A 点安置经纬仪(对中、整平)。

(2)盘左十字丝横丝精确瞄准目标 B(或目标点的仪器高 i)，转动指标水准管微动螺旋，使指标水准管气泡居中，读取竖直度盘读数 $L = 81°18'42''$。

$$\alpha_{左} = 90° - L = 90° - 81°18'42'' = +8°41'18''$$

以上为上半测回的观测值。

(3)盘右再次瞄准目标 B(或目标点的仪器高 i)，转动指标水准管微动螺旋，使指标水准管气泡居中，读取竖直度盘读数 $R = 278°41'30''$。

$$\alpha_{右} = R - 270° = 278°41'30'' - 270° = +8°41'30''$$

以上为下半测回的观测值。

竖直角为：

$$\alpha = 1/2(\alpha_{左} + \alpha_{右}) = 1/2(8°41'18'' + 8°41'30'') = +8°41'24''$$

将以上计算结果填入竖直角观测记录表，见表 2-4。

表 2-4　竖直角观测记录表

测站	目标	竖直度盘位置	竖直度盘读数			半测回竖直角			指标差	一测回竖直角			备注
			(°)	(′)	(″)	(°)	(′)	(″)	(″)	(°)	(′)	(″)	
A	B	左	81	18	42	+8	41	18	+6	+8	41	24	
		右	278	41	30	+8	41	30					

4. 竖直度盘指标差

竖直角计算的条件是水准管气泡居中，指标处于正确位置，即盘左和盘右望远镜水平时竖直度盘常数分别为90°和270°。仪器长期使用后，指标所处的实际位置可能与相应的正确位置有偏差角 x，x 称为指标差。在天顶式注记的竖直度盘的经纬仪中，望远镜在盘左位置上的竖直度盘读数实际上是 $90^\circ + x$，在盘右位置上实际是 $270^\circ + x$，故盘左、盘右观测的正确竖直角应为：

$$\alpha_{左} = (90^\circ + x) - L \tag{2-13}$$

$$\alpha_{右} = R - (270^\circ + x) \tag{2-14}$$

由以上两式可以导出天顶式注记的竖直度盘的指标差计算公式：

$$x = \frac{1}{2}(L + R - 360^\circ) \tag{2-15}$$

对于同一台仪器来说，指标差应是一个常数，在盘左和盘右测得的竖直角中分别加上和减去一个指标差 x。故盘左、盘右在观测同一竖直角时取其平均值，即可以消除指标差的影响。当通过式(2-15)计算的指标差 $x \geqslant 1'$ 时仪器需要校正。

任务3 距离测量

距离测量就是测量地面上两点之间的水平距离。常用的方法有如下几种：钢尺量距、电磁波测距和视距测量。

一、钢尺量距

钢尺量距是用钢卷尺沿地面直接丈量两地面点间的距离。钢尺量距简单、经济实惠，但工作量大，受地形条件限制，适合于平坦地区的距离测量。

当两个地面点之间的距离较长或地势起伏较大时，为了能沿着直线方向进行距离丈量工作，需要在直线方向上标定若干个点，作为分段丈量的依据。在直线方向上做一些标记表明直线走向的工作称为直线定线。直线定线可以采用目测法，也可以采用经纬仪法。

1. 量距工具

主要量距工具为钢尺，还有测钎、垂球等辅助工具。

钢尺又称钢卷尺，由带状薄钢条制成，有手柄式、盒式钢卷尺。钢尺长度有20 m、30 m、50 m几种，分划多为厘米，在整分米和整米处有数字标记。钢尺按尺的零点位置可分为刻线尺和端点尺两种。刻线尺是在尺的起点一端刻一横线作为零点，端点尺是以尺的最外端为零点。使用钢尺时必须注意钢尺的零点位置，以免发生错误。

测钎是用粗铁丝制成的，长为30 cm或40 cm，上部弯一小圈，可套入环中，在小圈上系一醒目的红布条，在丈量时用它标定尺终端地面位置。

垂球是由金属制成的，似圆锥形，上端系有细线，是对点的工具。

2. 尺长方程式

由于钢尺制造误差、温度变化的影响，钢尺的名义长度(尺上注明的长度)不等于该尺的实际长度，用这样的钢尺量距，其结果含有一定误差。因此，在精密量距工作中必须对使用的钢尺进行检定，求出钢尺在标准拉力、温度条件下的实际长度。钢尺可送到国家计量机构去检定，经检定的钢尺，检定书中给出了钢尺的尺长方程式，即钢尺尺长与温度变化的函数关系式，其形式为：

$$l_t = l_0 + \Delta l + \alpha \cdot l_0 (t - t_0) \tag{2-16}$$

式中：l_t——钢尺在温度 t 时的实长；

l_0——钢尺名义长度；

Δl——钢尺在温度 t_0 时检定所得的尺长改正数；

α——钢尺的膨胀系数，其值常取 1.25×10^{-5} m/(m・℃)；

t——钢尺量距时的温度；

t_0——钢尺检定时的温度，一般为 20 ℃。

上式未考虑由于拉力变化产生的误差，测量时应施加与检定时相同的拉力，30 m 钢尺为 98 N。

3. 量距方法

1)钢尺量距的一般方法

在坡度不均匀而且比较平缓的地方，可以先进行直线定线，然后直接量平距，具体步骤如下。

(1)准备工作。

①主要工具：钢尺、垂球、测钎、标杆等，使用前应该检查钢尺是否完好、刻划是否清楚，并注意其零点位置。

②工作人员组成：主要工作人员有拉尺员、读数员、记录员，共 2～3 人。

③场地：一般比较平坦，各分段点已定线在直线上，并插有测钎。

(2)丈量工作。

①逐段丈量整尺段，尺段长为 l_0，最后丈量零尺段长 q。

②返测全长。步骤①的丈量工作为从 A 丈量至 B，称为往测，往测长度记为$D_{往}$；在此基础上再按步骤①从 B 丈量至 A，称为返测，返测长度记为$D_{返}$。

(3)计算与检核。

①计算往测、返测全长：$D = n \cdot l_0 + q$。l_0为整尺段长度。

②检核：为了校核、提高精度，还要进行返测，用往、返测长度之差 ΔD 与全长平均数 $D_{平}$之比(化成分子为 1 的分数)来衡量距离丈量的精度。这个比值称为相对较差 K。一般丈量要求相对较差 K 不大于 1/2000。

$$K = \frac{\Delta D}{D_{平}} = \frac{1}{D_{平} / \Delta D} \tag{2-17}$$

③计算往返平均值。在往返相对较差 K 满足要求时，按下式计算往返测平均值作为 AB 全长的观测值：

$$D = \frac{D_{往} + D_{返}}{2} \tag{2-18}$$

在比较陡峭的地方，如果坡度不均匀，可分段量得斜距，并测得各分段两端点间的高差，求出各分段的平距，再求和得到全长；也可采用垂球投点分段直接量平距。如果坡度均匀，则可以测得斜距全长，再根据两端点之间的高差求得平距全长。

2)钢尺量距的精密方法

(1)准备工作。

①主要丈量工具：钢尺、弹簧秤、温度计等。用于精密丈量的钢尺必须经过检定，而且有其尺长方程式。

②工作人员组成：通常主要工作人员有5人，其中拉尺员2人、读数员2人、记录员1人。

③场地：经整理便于丈量；定线后的分段点设有精确的标志；分段点设有木桩，顶面的定线方向有"十"字标志(或小钉)，测量各分段点顶面尺段高差h_i。

(2)精密量距。

丈量必须有统一的口令，如采用"预备""好"的口令来协调全体人员的工作步调。现以一尺段丈量为例介绍丈量方法。

①拉尺。拉尺员在尺段两个分段点上拉着弹簧秤摆好钢尺，其中钢尺零端在后分段点，整尺端在前分段点。前方拉尺员发出"预备"口令，同时进行拉尺准备，后方拉尺员在拉尺准备就绪后回复"好"口令，两拉尺员同时用力拉弹簧秤，使弹簧秤拉力指示为检定时拉力，钢尺面刻划与分段点标志纵线对齐。

②读数。两位读数员两手轻扶钢尺，在钢尺刻划与分段点标志相对稳定时，前方读数员使钢尺刻划面与分段点标志横线对齐，同时发出"预备"口令。后方读数员准备就绪(即看准钢尺刻划面与分段点标志横线对齐的读数)并发出"好"口令。在口令发出之后的瞬间，两位读数员依次读取分段点标志横线所对的钢尺刻划值，前端读数员读前端读数$l_{前}$，后端读数员读后端读数$l_{后}$。

③记录。记录$l_{前}$、$l_{后}$，计算尺段丈量值$l'=l_{前}-l_{后}$。

④重复丈量。按步骤①、②、③重复丈量和记录，计算l''、l'''。

⑤检核。比较l'、l''、l'''，观察各尺段丈量值之差Δl，如果$\Delta l \leqslant \Delta l_{容}$，则检核合格，计算尺段丈量平均值$l_i$，把计算的尺段丈量平均值填写到表格中。

⑥记录温度t，抄录尺段高差h_i。

二、电磁波测距

1.电磁波测距的基本原理

仪器发射的光束由A至B，经反射镜反射后又返回到仪器。设光速c为已知，如果光束在待测距离D上往返传播的时间t已知，则距离D可由下式求出：

$$D=\frac{1}{2}ct \tag{2-19}$$

2.分类

(1)按测程分：短程、中程、远程。

(2)按传播时间t的测定方法分：脉冲法测距、相位法测距。

(3)按测距仪所使用的光源分：普通光源、红外光源、激光光源。

(4)按测距精度分：Ⅰ级、Ⅱ级、Ⅲ级。

注：测距误差及标称精度

测距仪测距误差可表示为：

$$m_D^2 = A^2 + (B \cdot D)^2$$

简写为：

$$m_D = \pm (A + B \cdot D)$$

式中：A——固定误差；

B——比例误差系数；

D——距离，单位为千米。

如：某测距仪出厂时的标称精度为$\pm(5+5\times10^{-6}D)$，简称"5+5"。

3. 倾斜改正

$D_{平} = D_{斜}\cos\alpha$，由测距仪自动改正。

三、视距测量

视距测量是根据几何光学原理，利用望远镜筒内的视距丝在标尺上截取读数，应用三角公式计算两点间距离，可同时测定地面上两点间水平距离和高差的测量方法。视距测量的优点是，操作方便、观测快捷，一般不受地形影响。其缺点是，测量视距和高差的精度较低，测距相对误差为1/200～1/300。尽管视距测量的精度较低，但还是能满足测量地形图碎部点的要求，所以在测绘地形图时，也可采用视距测量的方法测量距离和高差。

1. 视线水平时的视距测量原理

如图2-21所示，AB为待测距离，在A点安置经纬仪，B点竖立视距尺，设望远镜视线水平，瞄准B点的视距尺，此时视线与视距尺垂直。尺上M、N点在视距丝上的m、n处，MN的长度可由视距丝读数之差求得，上下视距丝读数之差称为尺间隔，用l表示。p为视距丝间距，f为物镜焦距，δ为物镜至仪器中心的距离。

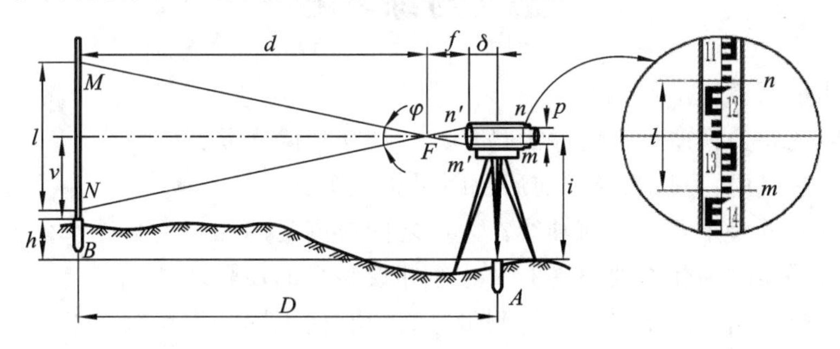

图2-21 视线水平时的视距测量原理

根据相似三角形关系可得：

$$D = \frac{f}{p} \cdot l + f + \delta \tag{2-20}$$

设 $K=\dfrac{f}{p}$，$C=f+\delta$，则：

$$D=K\cdot l+C$$

K 为视距乘常数，C 为视距加常数。目前使用的内对光望远镜的视距常数，设计时已使 $K=100$，C 接近于零，因此视线水平时的视距计算公式为：

$$D=K\cdot l=100\cdot l \tag{2-21}$$

2. 视线倾斜时的视距计算公式

视线倾斜时，视线与水平方向的夹角即竖直角为 α，则视距的计算公式为：

$$D=K\cdot l\cdot \cos^2\alpha \tag{2-22}$$

思政导读

测绘工作是团队合作型工作。比如，水准测量工作需要1人观测、1人记录、2人立尺共同完成。在测绘工作中，只有保持良好的沟通和协作，才能保证测绘工作的高效和顺利进行。

一个和尚挑水喝，两个和尚抬水喝，三个和尚没水喝。一只蚂蚁来搬米，搬来搬去搬不起，两只蚂蚁来搬米，身体晃来又晃去，三只蚂蚁来搬米，轻轻抬着进洞里。"三个和尚"之所以"没水喝"，是因为互相推诿、不讲协作。三只蚂蚁来搬米之所以能"轻轻抬着进洞里"，正是团结协作的结果。团结协作是一切事业成功的基础，个人和集体只有依靠团结的力量才能把个人的愿望和团队的目标结合起来，超越个体的局限，发挥集体的协作作用，产生"1＋1＞2"的效果。

团队协作的核心是有效的沟通和合作。在一个团队中，人们来自不同的背景和专业领域，他们有着不同的看法和经验。因此，进行有效的沟通非常重要。首先，团队成员应该学会倾听，尊重别人的观点，并且理解对方的立场。其次，团队成员应该学会清晰地表达自己的想法，让其他人能够理解并参与到讨论中来。最后，团队成员应该学会接受反馈，不断优化自己的思路和方案。

思考与练习题

1. 水准测量的原理是什么？

2. 什么叫视差？视差产生的原因是什么？如何消除视差？

3. 在水准测量中，为什么要求前后视距尽量相等？

4. 水准仪有哪些主要的几何轴线？它们之间应满足的几何关系是什么？

5. 测量水平角时为什么要整平？试述经纬仪整平的步骤。

6. 什么是竖直角？测量水平角与测量竖直角有何不同？为什么在读取竖直度盘读数时要求竖直度盘指标水准管气泡居中？

7. 经纬仪应满足的几何条件是什么？

8. 观测水平角时，为什么要求用盘左、盘右观测？盘左、盘右观测取平均值能否消除水平度盘不水平造成的误差？

9. 整理下列用测回法观测水平角的记录(见表 2-5)。

表 2-5　观测水平角的记录

测站	竖直度盘位置	目标	水平度盘读数			半测回角值			一测回角值			各测回平均角值		
			(°)	(′)	(″)	(°)	(′)	(″)	(°)	(′)	(″)	(°)	(′)	(″)
第一测回 O	左	1	0	0	00									
		2	78	48	54									
	右	1	180	00	03									
		2	258	49	00									
第二测回 O	左	1	90	00	00									
		2	168	48	56									
	右	1	270	00	04									
		2	348	49	01									

10. 整理下列竖直角观测记录(见表 2-6),并分析有无竖直度盘指标差。

表 2-6　竖直角观测记录

测站	目标	竖盘位置	竖直度盘读数			半测回角值			指标			一测回角值		
			(°)	(′)	(″)	(°)	(′)	(″)	(°)	(′)	(″)	(°)	(′)	(″)
O	1	左	72	18	12									
		右	28	42	00									
	2	左	96	32	48									
		右	263	27	30									

项目3　高程控制测量

【学习目标】

1. 知识目标

(1)熟悉高程控制网布设方法;

(2)熟悉普通水准测量的施测方法;

(3)掌握二、三、四等水准测量的施测方法;

(4)理解三角高程测量的原理及方法;

(5)掌握水准测量高程误差的配赋计算。

2. 能力目标

(1)具备水准测量的路线布设、观测、记录的能力;

(2)具备水准测量内业计算、精度判定的能力;

(3)具备电磁波测距三角高程测量的能力。

3. 素养目标

通过等级水准测量技术要求的学习,理解遵守测绘技术标准与规范的重要性,培养学生的法治意识。

高程控制测量就是获取控制点高程值的测量方法,一般有三种方式:水准测量、三角高程测量和利用GNSS测量的大地高进行转换。

水准测量是高程控制测量的主要方式。一般的三角高程测量可以代替四等及以下水准测量,其原理与水准测量基本一致,执行的也是《国家三、四等水准测量规范》。精密三角高程测量可以代替二、三等水准测量,现在已经由高校的试验转向推广应用,但是存在仪器设备要求过高、缺乏统一的规范标准问题。利用GNSS测量的大地高进行转换的方式主要是高程拟合和精化似大地水准面。高程拟合有固定常数改正、平面拟合、曲面拟合等方式,主要使用于测区面积较小、起伏不大的情况。精化似大地水准面是一劳永逸的好办法,但是投入大,需要的高精度重力成果难以获取,实现技术比较复杂。即使是高程拟合和精化似大地水准面,也需要获取一定数量的控制点的水准高程成果。水准测量是高程控制测量最主要,也是最基础的方式。

任务1　高程基准面和水准原点

一、高程基准面

高程基准面就是地面点高程的统一起算面，由于大地水准面所形成的体形——大地体是与整个地球最为接近的体形，因此通常采用大地水准面作为高程基准面。

大地水准面是假想海洋处于完全静止的平衡状态时的海水面延伸到大陆地面以下所形成的闭合曲面。事实上，海洋受潮汐、风力的影响，永远不会处于完全静止的平衡状态，总是存在着不断的升降运动，但是可以在海洋近岸的一点处竖立水位标尺，成年累月地观测海水面的水位升降，根据长期观测的结果求出该点处海洋水面的平均位置，人们假定的大地水准面就是通过这点处实测的平均海水面。长期观测海水面水位升降的工作称为验潮，进行这项工作的场所称为验潮站。

各地的验潮结果表明，不同地点平均海水面之间存在着差异，因此，对于一个国家来说，只能根据一个验潮站所求得的平均海水面作为全国高程的统一起算面——高程基准面。

1957年确定青岛验潮站为我国基本验潮站，验潮井建在地质结构稳定的花岗石基岩上，以该站1950年至1956年7年间的潮汐资料推求的平均海水面作为我国的高程基准面。以此高程基准面作为我国统一起算面的高程系统称为“1956年黄海高程系统”。

“1956年黄海高程系统”的高程基准面的确立，对统一全国高程有其重要的历史意义，对国防和经济建设、科学研究等方面都起了重要的作用。但从潮汐变化周期来看，确立“1956年黄海高程系统”的平均海水面所采用的验潮资料时间较短，还不到潮汐变化的一个周期(一个周期一般为18.61年)，同时又发现验潮资料中含有粗差，因此有必要重新确定国家高程基准。

新的国家高程基准面是根据青岛验潮站1952—1979年的验潮资料计算确定的，以这个高程基准面作为全国高程的统一起算面，称为“1985国家高程基准”。

二、水准原点

为了长期、牢固地表示高程基准面的位置，作为传递高程的起算点，必须建立稳固的水准原点，用精密水准测量方法将它与验潮站的水准标尺进行联测，以高程基准面为零推求水准原点的高程，以此高程作为全国各地推算高程的依据。在“1985国家高程基准”系统中，我国水准原点的高程为72.260 m。

“1985国家高程基准”已经国家批准，并从1988年1月1日开始启用。以后凡进行各等级水准测量、三角高程测量以及各种工程测量，应尽可能与新布测的国家一等水准网点联测，即使用国家一等水准测量成果作为传算高程的起算值。如不便于联测，可在“1956

年黄海高程系统”的高程值上做固定数值改正，从而得到以“1985 国家高程基准”为准的高程值。

任务 2　高程控制网的布设

一、高程控制网布设概述

城市和工程建设高程控制网一般按水准测量方法来建立。为了统一水准测量规格，考虑到城市和工程建设的特点，城市测量和工程测量技术规范规定：水准测量依次分为二、三、四等 3 个等级。首级高程控制网，一般要求布设成闭合环形，加密时可布设成附合路线和节点图形。各等级水准测量的精度和国家水准测量相应等级的精度一致。

水准测量是各种大比例尺测图、城市工程测量和城市地面沉降观测的高程控制基础，又是工程建设施工放样和监测工程建筑物垂直形变的依据。

水准测量的实施，其工作程序是：水准网的图上设计、水准点的选定、水准标石的埋设、水准测量的观测、平差计算和成果表的编制。

水准网的布设应力求做到经济合理，因此，首先要对测区情况进行调查研究，搜集和分析测区已有的水准测量资料，从而拟订出比较合理的布设方案。

二、高程控制网的布设方法

1. 图上设计

图上设计应遵循以下要求：

(1)水准路线应尽量沿坡度小的道路布设，以减弱前后视折光误差的影响。尽量避免跨越河流、湖泊、沼泽等障碍物。

(2)水准路线若与高压输电线或地下电缆平行，则应使水准路线在输电线或电缆 50 m 以外布设，以避免电磁场对水准测量的影响。

(3)布设首级高程控制网时，应考虑到便于进一步加密。

(4)水准网应尽可能布设成环形网或节点网，个别情况下亦可布设成附合路线。水准点间的距离：一般地区为 2～4 km；城市建筑区和工业区为 1～2 km。

(5)应与国家水准点进行联测，以求得高程系统的统一。

(6)注意测区已有水准测量成果的利用。

根据上述要求，首先应在图上初步拟订水准网的布设方案，再到实地选定水准路线和水准点位置。在实地选线和选点时，除了要考虑上述要求外，还应注意使水准路线避开土质松软地段；确定水准点位置时，应考虑到水准标石埋设后点位的稳固安全，并能长期保存，便于施测。为此，水准点应设置在地质上最为可靠的地点，避免设置在水滩、沼泽、沙土、滑坡和地下水位高的地区；埋设在铁路、公路近旁时，一般要求离铁路的距离应大于

50 m，离公路的距离应大于 20 m，应尽量避免埋设在交通繁忙的岔道口；墙上水准点应选在永久性的大型建筑物上。

2. 水准标石

水准点选定后，就可以进行水准标石的埋设工作。水准点的高程就是指嵌设在水准标石上面的水准标志顶面相对于高程基准面的高度，如果水准标石埋设质量不好，则容易产生垂直位移或倾斜，此时即使水准测量观测质量再好，其最后成果也是不可靠的，因此务必十分重视水准标石的埋设质量。

工程测量中常用的普通水准标石是由柱石和盘石两部分组成的，如图 3-1 所示，标石可用混凝土浇制或用天然岩石制成。水准标石上面嵌设有铜材或不锈钢金属标志，如图 3-2 所示。

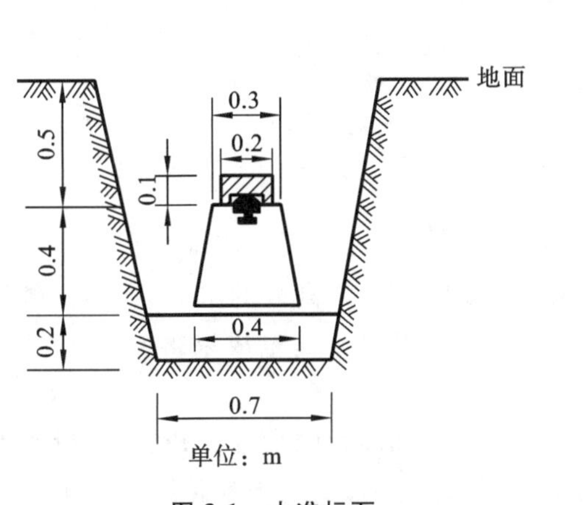

图 3-1 水准标石

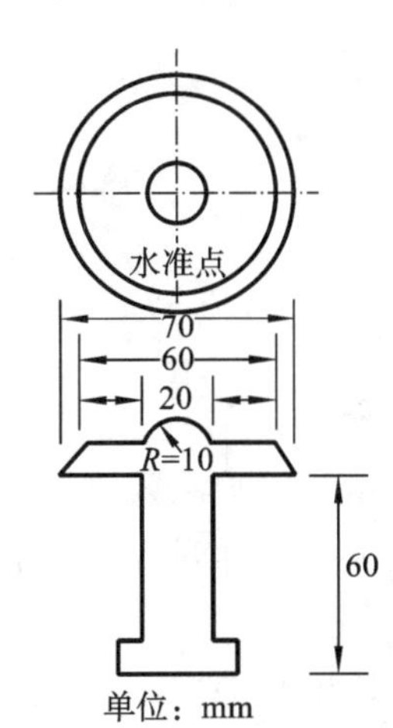

图 3-2 标石上的金属标志

首级水准路线上的节点应埋设基本水准标石，基本水准标石及其埋设如图 3-3 所示。

墙上水准标志如图 3-4 所示，一般嵌设在地基已经稳固的永久性建筑物的基础部分，水准测量时，水准标尺安放在标志的突出部分。

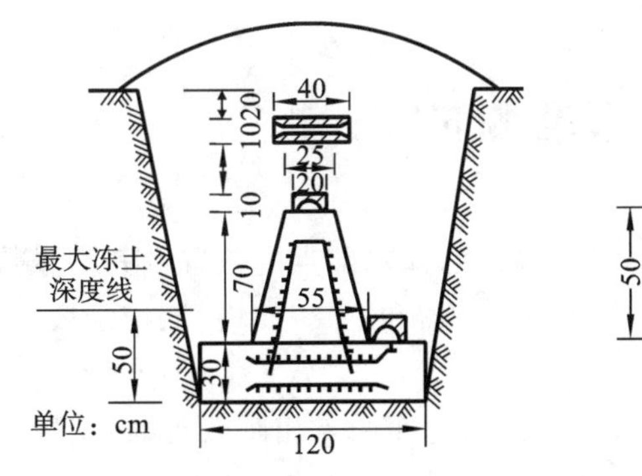

图 3-3 基本水准标石及其埋设

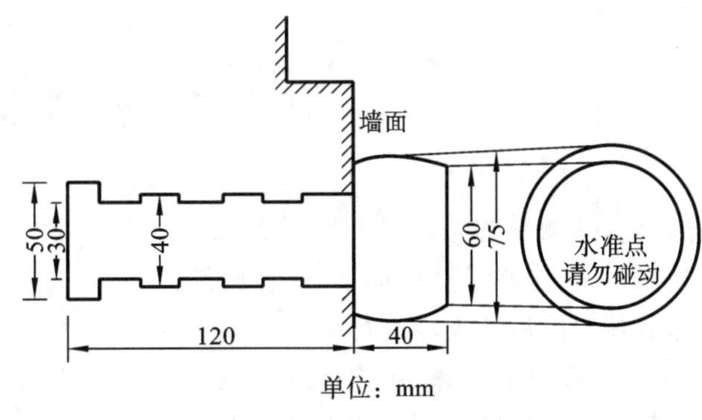

图 3-4 墙上水准标志

3. 水准路线

水准测量的任务，是从已知高程的水准点开始测量其他水准点或地面点的高程。测量前应根据要求布置并选定水准点的位置，埋设好水准标石，拟定水准测量进行的路线。水准路线有以下几种形式：

(1)附合水准路线。附合水准路线是水准测量从一个高级水准点开始，结束于另一高级水准点的水准路线。这种形式的水准路线可使测量成果得到可靠的检核[见图 3-5(a)]。

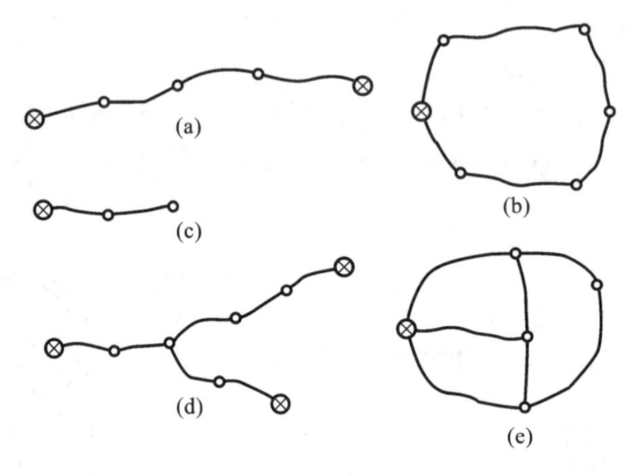

图 3-5　水准路线

(2)闭合水准路线。闭合水准路线是水准测量从一已知高程的水准点开始，最后又闭合到起始点上的水准路线。这种形式的水准路线也可以使测量成果得到检核[见图 3-5(b)]。

(3)支水准路线。支水准路线是水准测量由一已知高程的水准点开始，最后既不附合也不闭合到已知高程的水准点上的一种水准路线。这种形式的水准路线由于不能对测量成果自行检核，因此必须进行往测和返测，或用两组仪器进行并测[见图 3-5(c)]。

(4)水准网。当几条附合水准路线或闭合水准路线连接在一起时，就形成了水准网[见图 3-5(d)和图 3-5(e)]。水准网可使检核成果的条件增多，因而可提高成果的精度。

任务 3　普通水准测量

水准测量的实施首先要具备以下几个条件：一是确定已知水准点的位置及其高程数据；二是确定水准路线的形式，即施测方案；三是准备测量仪器和工具，如塔尺、记录表、计算器等。然后到现场进行测量。

普通水准测量采用连续水准测量的方法进行施测。当地面两点相距较近时，安置一次仪器就可以直接测定两点的高差。当地面上两点相距较远或高差较大时，安置一次仪器难以测得两点的高差，需采用连续水准测量的方法。如图 3-6 所示，A 点为已知高程的水准点(H_A =156.894 m)，同时为水准线路第一个测段的起点，B 点为水准线路第一个测段的终点，为待求高程的水准点。为求得 B 点的高程，由 A 点往 B 点方向进行水准测

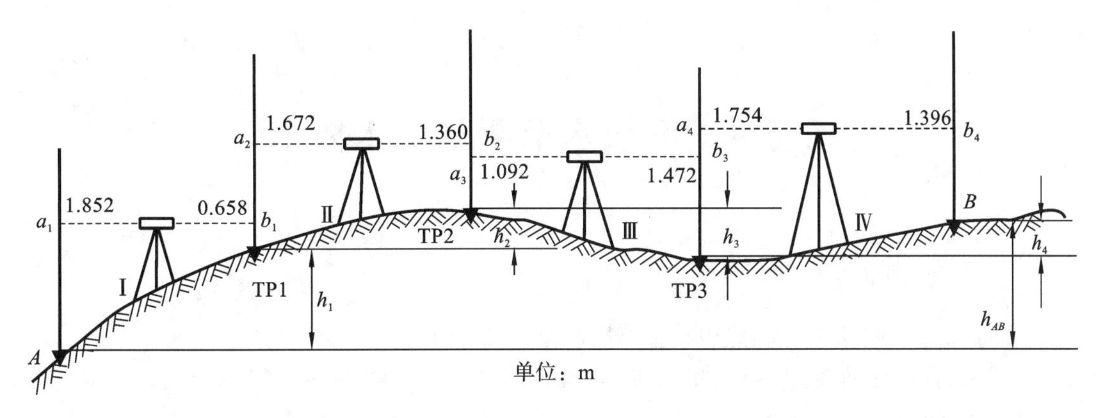

图 3-6　连续水准测量方法

量，A、B 两点之间增设若干临时立尺点，把 A、B 分成若干测站，逐站测出高差，最后由各站高差求和，得出 A、B 两点间高差。最后根据 A 点的高程以及 A、B 两点间高差求得 B 点的高程。

如表 3-1 所示，高差写在该测站对应前视点所在行，计算方法为对应测站的后视读数减前视读数，即：

$$h_1 = 1.852 - 0.658 = 1.194$$

$$h_2 = 1.672 - 1.360 = 0.312$$

$$h_3 = 1.092 - 1.472 = -0.380$$

$$h_4 = 1.754 - 1.396 = 0.358$$

$$\sum h = 1.194 + 0.312 + (-0.380) + 0.358 = 1.484$$

最后根据 A 点的高程以及总高差计算 B 点的高程：

$$H_B = H_A + \sum h = 156.894 + 1.484 = 158.378$$

填写表格时注意数字的填写位置正确，不能串行或串格。方法是边测边现场记录，分清点位。

表 3-1　水准测量记录表　　（单位：m）

测点	水准尺读数		高差	高程	备注
	后视	前视			
A	1.852			156.894	
TP1	1.672	0.658	1.194		
TP2	1.092	1.360	0.312		
TP3	1.754	1.472	−0.380		
B		1.396	0.358	158.378	
$\sum$	6.370	4.886	1.484		

任务 4　等级水准测量技术要求

一、水准测量

1. 每公里水准测量的偶然中误差 M_{Δ} 和全中误差 M_W

二、三、四等水准测量，每公里水准测量的偶然中误差 M_{Δ} 和全中误差 M_W，不应超过表 3-2 规定的数值。

表 3-2　每公里水准测量的偶然中误差和全中误差要求

测量等级	二等	三等	四等
M_{Δ} /mm	1.0	3.0	5.0
M_W /mm	2.0	6.0	10.0

2. 各等水准测量的其他要求

各等水准测量的其他要求如表 3-3 至表 3-5 所示。

表 3-3　各等水准测量视距和视线高度的要求

等级	仪器类型		视线长度/m	前后视距差/m	任一测站上前后视距差累积/m	视线高度(下丝读数)/m
二等	DS1、DS05	光学	≤50	≤1.0	≤3.0	≥0.3
		数字	≥3 且≤50	≤1.5	≤6.0	≥0.55 且≤1.85(2) ≥0.55 且≤2.85(3)
三等	DS3		≤75	≤2.0	≤5.0	三丝能读数
	DS1、DS05		≤100			
四等	DS3		≤100	≤3.0	≤10.0	三丝能读数
	DS1、DS05		≤150			

注：表中视线高度栏(2)表示 2 m 水准尺，(3)表示 3 m 水准尺。

表 3-4　水准测量测站观测限差

等级		基、辅分划读数的差/mm	基、辅分划所测高差的差/mm	左右路线转点差/mm	检测间歇点高差的差/mm	上下丝读数平均值与中丝读数的差/mm	
						0.5 cm 刻划	1.0 cm 刻划
一等		0.3	0.4	—	0.7	1.5	3.0
二等		0.4	0.6	—	1.0	1.5	3.0
三等	中丝读数法	2.0	3.0	—	3.0	—	—
	光学测微器	1.0	1.5	1.5	3.0	—	—
四等(中丝读数法)		3.0	5.0	4.0	5.0	—	—

表 3-5　精密水准测量外业计算尾数取位

等级	往(返)测距离总和/km	测段距离中数/km	各测站高差/mm	往(返)高差总和/mm	测段高差中数/mm	水准点高程/mm
二等	0.01	0.1	0.01	0.01	0.1	1
三、四等	0.01	0.1	0.1	0.1	1	1

思政导读

制定测绘技术标准与规范是为了保证测绘数据的准确性和一致性。一个国家或地区的测绘工作涉及大量的数据采集和处理，如果没有统一的标准和规范，不同机构和个人采集到的数据可能存在差异，这将影响到地理信息的准确性和一致性。通过制定和执行测绘技术标准与规范，可以保证各个测绘工作单位和个人在数据采集、处理和存储等方面达到一定的标准，从而提高地理信息数据的准确性和一致性。

二、水准观测中的一般规定

为了消除和减小水准测量误差，保证观测成果的精度，在水准观测过程中应严格遵守以下规定。

(1)选择有利的观测时间，可使标尺在望远镜中的成像清晰、稳定。一般情况下，一、二等水准观测应在日出后半小时至正午前两小时和正午后两小时至日落前半小时(三、四等水准观测可视情况适当放宽此限制)进行，也可根据地区、季节及气象情况，适当地增减中午间歇时间。当标尺分划线成像跳动而难以照准时，气温突变、风力大于四级时，均不得进行观测。

(2)为避免外界温度变化的影响，观测前应使仪器温度与外界温度趋于一致(一、二等水准观测前，应将仪器放置在阴凉、通风处半小时)。设站观测时，为避免阳光直接照射仪器，应用测伞遮住阳光，迁站过程中应用仪器罩罩住仪器。

(3)每测站的前视和后视标尺至仪器的距离应大致相等，且视线长度不得超过规定的长度，视线的高度不得过低。这样可以消除或减小 i 角误差、垂直折光等与距离有关的误差影响。

(4)每站观测程序应按“后—前—前—后”或“前—后—后—前”的顺序进行。这样可以在测站观测高差中消除或减小 i 角变化、仪器垂直升降等与时间有关的误差影响。

(5)一个测段中的测站数应为偶数，以便消除标尺零点不等差的影响。另外，由往测转为返测时，两标尺应互换位置。

(6)一、二等水准测量应进行往返观测，以抵消单向观测(往测或返测)高差中所含同一性质、相同符号累积的误差影响。

(7)水准测量的往测和返测应“分段”进行，即将一个区段分成2～3个分段，每分段的长度应为20～30 km，在一个分段内连续进行往测或返测。在一个分段内的测段上，其往测与返测应分别在上午或下午进行。

任务5　三、四等水准测量

三、四等水准测量一般应与国家一、二等水准网进行联测，除用于国家高程控制网加密外，还用于建立小地区首级高程控制网，以及建筑施工区内工程测量和变形观测的基本控制。独立测区可采用闭合水准路线。

三、四等水准测量常用的方法有双面尺法和变仪器高法等。

一、水准点埋设

三、四等水准测量应从附近的国家高一级水准点引测高程。一般沿道路布设，水准点应选在地基稳固、易于保存和便于观测的地点，水准点间距一般为 2～4 km，在城市建筑区为 1～2 km。应埋设普通水准标石或临时水准点标志，也可用埋石的平面控制点作为水准点。为了便于寻找，水准点应绘制点之记。

二、三、四等水准测量方法

三、四等水准测量的观测应在通视良好，望远镜成像清晰、稳定的情况下进行。下面介绍双面水准尺法在一个测站上的观测程序。

①在测站上安置仪器，使圆水准器气泡居中，后视水准尺黑面，用上、下视距丝读数，记入表 3-6 中(1)、(2)；转动微倾螺旋，使符合水准气泡居中，读取中丝读数，记入表中(3)。

②前视水准尺黑面，读取上、下丝读数，记入表中(4)、(5)；转动微倾螺旋至符合气泡居中，读取中丝读数，记入表中(6)。

③前视水准尺红面，转动微倾螺旋，使符合气泡居中，读取中丝读数，记入表中(7)。

④后视水准尺红面，转动微倾螺旋，使符合气泡居中，读取中丝读数，记入表中(8)。

这种“后—前—前—后”的观测顺序，主要是为了抵消水准仪与水准尺下沉产生的误差，四等水准测量每站的观测顺序也可以为“后—后—前—前”。另外需要注意的是，表中各次中丝读数(3)、(6)、(7)、(8)是用来计算高差的，因此，在每次读取中丝读数前，都要注意使符合气泡严密重合。

三、测站计算与检核

1. 视距计算

根据前、后视的上、下视距丝读数计算前、后视的视距：

后视距离(9)＝100×{上丝读数(1)－下丝读数(2)}

前视距离(10)＝100×{上丝读数(4)－下丝读数(5)}

计算前后视距差(11)：

$$前后视距差(11)=后视距离(9)-前视距离(10)$$

对于三等水准测量，前后视距差(11)≤3 m；对于四等水准测量，前后视距差(11)≤5 m。

计算前后视距累积差(12)：

$$前后视距累积差(12)=上站(12)+本站(11)$$

对于三等水准测量，前后视距累积差(12)≤6 m；对于四等水准测量，前后视距累积差(12)≤10 m。

2. 水准尺读数检核

同一水准尺黑、红面读数差的检核：

$$前尺黑、红面读数差(13)=前黑(6)+K-前红(7)$$

$$后尺黑、红面读数差(14)=后黑(3)+K-后红(8)$$

K 为双面尺红面分划与黑面分划的零点差(常数 4687 mm 或 4787 mm)。

对于三等水准测量，读数差小于或等于 2 mm；对于四等水准测量，读数差小于或等于 3 mm。

表 3-6　三、四等水准测量记录、计算

测站编号	点号	后尺 上丝	前尺 上丝	方向及尺号	水准尺读数		K+黑−红 $K_1=4787$ $K_2=4687$	平均高差
		后尺 下丝	前尺 下丝					
		前后视距差 d	视距累积差 $\sum d$		黑面	红面		
		(1)	(4)	后	(3)	(8)	(14)	(18)
		(2)	(5)	前	(6)	(7)	(13)	
		(9)	(10)	后−前	(15)	(16)	(17)	
		(11)	(12)					
1	BM1—TP1	1573	0742	后 47	1386	6174	−1	0.883
		1199	0366	前 46	0553	5241	−1	
		37.4	37.6	后−前	0833	0933	0	
		−0.2	−0.2					
2	TP1—TP2	2123	2198	后 46	1936	6623	0	−0.1245
		1749	1824	前 47	2010	6798	−1	
		37.4	37.4	后−前	−0074	−0175	1	
		0	−0.2					
3	TP2—TP3	1914	2055	后 47	1726	6513	0	−0.0905
		1539	1678	前 46	1866	6554	−1	
		37.5	37.7	后−前	−0140	−0041	1	
		−0.2	−0.4					

续表

测站编号	点号	后尺 上丝 / 下丝 / 前后视距差 d	前尺 上丝 / 下丝 / 视距累积差 $\sum d$	方向及尺号	水准尺读数 黑面	水准尺读数 红面	K+黑−红 $K_1=4787$ $K_2=4687$	平均高差
4	TP3—BM2	1965	2141	后 46	1832	6519	0	−0.2245
		1700	1874	前 47	2007	6793	1	
		26.5	26.7	后−前	−0175	−0274	−1	
		−0.2	−0.6					
检核计算	$\sum(9)=138.8$　$\sum(3)=6880$　$\sum(8)=25829$ $\sum(10)=139.4$　$\sum(6)=6436$　$\sum(7)=25386$ $\sum(9)-\sum(10)=-0.6$　$\sum(15)=444$　$\sum(16)=443$ $\sum(9)+\sum(10)=278.2$　$\sum(15)+\sum(16)=887$　$2\sum(18)=887$							

3. 高差计算与检核

按前、后视水准尺红、黑面中丝读数分别计算该站高差：

黑面高差(15)＝后黑(3)－前黑(6)

红面高差(16)＝后红(8)－前红(7)

黑、红面高差之差(17)＝(14)－(13)

对于三等水准测量，黑、红面高差之差(17)≤3 mm；对于四等水准测量，黑、红面高差之差(17)≤5 mm。

黑、红面高差之差在容许范围以内时，取黑、红面高差的平均值，作为该站的观测高差：

$$(18)=1/2[(15)+(16)]$$

4. 每页水准测量记录计算检核

每页水准测量记录必须做总的计算检核。

高差检核：

$$\sum(3)-\sum(6)=\sum(15)$$

$$\sum(8)-\sum(7)=\sum(16)$$

$$\sum(15)+\sum(16)=2\sum(18)\text{（测站为偶数）}$$

$$\sum(15)+\sum(16)\pm 100=2\sum(18)\text{（测站为奇数）}$$

视距差检核：

$$\sum(9)-\sum(10)=\text{本页末站}(12)-\text{前页末站}(12)$$

本页总视距：$\sum(9)+\sum(10)$。

四、三、四等水准测量的成果整理

三、四等水准测量的闭合线路或附合线路的成果整理首先应按表3-7的规定，检验测段(两水准点之间的线路)往、返测高差不符值及附合线路或闭合线路的高差闭合差。如果在容许范围内，则测段高差取往、返测的平均值，线路的高差闭合差则按与测段成比例的原则反号分配。按改正后的高差计算各水准点的高程。

表3-7　往返测高差不符值与环线闭合差的限差

等级	测段、路线往返测高差不符值	测段、路线的左、右路线高差不符值	附合路线或环线闭合差		检测已测测段高差之差
			平原	山区	
三等	$\pm 12\sqrt{K}$	$\pm 8\sqrt{K}$	$\pm 12\sqrt{L}$	$\pm 15\sqrt{L}$	$\pm 20\sqrt{R}$
四等	$\pm 20\sqrt{K}$	$\pm 14\sqrt{K}$	$\pm 20\sqrt{L}$	$\pm 25\sqrt{L}$	$\pm 30\sqrt{R}$

注：K为路线或测段的长度，km；L为附合路线或环线的长度，km；R为检测测段长度，km。山区是指高程超过1000 m或路线中最大高差超过400 m的地区。

任务6　二等水准测量

二等水准测量属于精密水准测量，观测时使用的仪器是具有光学测微器的精密水准仪，使用的标尺是线条式因瓦水准标尺或者使用数字水准仪和条码水准标尺。这里以光学水准仪为例，介绍二等水准观测过程。

一、每站观测程序

1. 往测

奇数测站为：

(1)照准后视标尺的基本分划。

(2)照准前视标尺的基本分划。

(3)照准前视标尺的辅助分划。

(4)照准后视标尺的辅助分划。

这样的观测程序简称为“后—前—前—后”。

偶数测站为：

(1)照准前视标尺的基本分划；

(2)照准后视标尺的基本分划；

(3)照准后视标尺的辅助分划；

(4)照准前视标尺的辅助分划。

这样的观测程序简称为“前—后—后—前”。

2. 返测

每站的观测程序与往测相反，即奇数测站采用“前—后—后—前”、偶数测站采用“后—前—前—后”的观测程序。

每站操作步骤(以“后—前—前—后”观测程序为例)：

(1)整置仪器水平(望远镜绕垂直轴旋转时，符合水准气泡两端影像分离不得超过 1 cm，自动安平水准仪的圆气泡位于指标环中央)。

(2)将望远镜对准后视标尺(此时，利用标尺上圆水准器整置标尺垂直)，使符合水准器两端的影像近于符合。随后用望远镜的上丝和下丝分别照准标尺的基本分划线进行视距读数，视距读数的第四位数由测微器直接读取。然后，使符合水准气泡两端影像完全符合，转动测微螺旋，用楔形丝精确夹准标尺基本分划线，读取标尺的基本分划读数(其前三位数直接在标尺上读出，后两位数在测微器上读取)。

(3)旋转望远镜照准前视标尺，使符合水准气泡两端影像准确符合，转动测微螺旋，用楔形丝精确夹准标尺基本分划线，读取标尺基本分划和测微器读数。然后用上、下丝照准标尺基本分划进行视距读数。

(4)用微动螺旋转动望远镜，照准前视标尺的辅助分划线，并使符合水准气泡两端影像准确符合，用楔形丝精确夹准标尺辅助分划线，读取标尺辅助分划和测微器读数。

(5)旋转望远镜，照准后视标尺的辅助分划线，并使符合水准气泡两端影像准确符合，用楔形丝精确照准并读取辅助分划与测微器的读数。

以上即为一个测站上的全部操作。

3. 手簿的记录和计算

二等水准观测记录簿见表 3-8。

表 3-8　二等水准观测记录簿

<table>
<tr><td rowspan="4">测站编号</td><td rowspan="2">后尺</td><td>上丝</td><td rowspan="2">前尺</td><td>上丝</td><td rowspan="4">方向及尺号</td><td colspan="2" rowspan="2">标尺读数</td><td rowspan="4">基＋K－辅</td><td rowspan="4">备注</td></tr>
<tr><td>下丝</td><td>下丝</td></tr>
<tr><td colspan="2">后距</td><td colspan="2">前距</td><td rowspan="2">基本分划</td><td rowspan="2">辅助分划</td></tr>
<tr><td colspan="2">视距差 d</td><td colspan="2">$\sum d$</td></tr>
<tr><td rowspan="4">1</td><td colspan="2">(1)</td><td colspan="2">(5)</td><td>后</td><td>(3)</td><td>(8)</td><td>(13)</td><td rowspan="4"></td></tr>
<tr><td colspan="2">(2)</td><td colspan="2">(6)</td><td>前</td><td>(4)</td><td>(7)</td><td>(14)</td></tr>
<tr><td colspan="2">(9)</td><td colspan="2">(10)</td><td>后－前</td><td>(15)</td><td>(16)</td><td>(17)</td></tr>
<tr><td colspan="2">(11)</td><td colspan="2">(12)</td><td>h</td><td colspan="2">(18)</td><td></td></tr>
</table>

表 3-8 中第(1)至(8)栏是读数的记录部分，(9)至(18)栏是计算部分，现以往测奇数测站的观测程序为例，来说明计算内容与计算步骤。

视距部分的计算：

$$(9)=(1)-(2)$$

$$(10)=(5)-(6)$$

$$(11)=(9)-(10)$$

$$(12)=(11)+\text{前站}(12)$$

高差部分的计算与检核：

$$(13)=(3)+K-(8)$$

$$(14)=(4)+K-(7)$$

$$(15)=(3)-(4)$$

$$(16)=(8)-(7)$$

$$(17)=(13)-(14)\text{（检核）}$$

$$(18)=\frac{1}{2}[(15)+(16)]$$

式中：K 为基辅差（10 mm 水准标尺 $K=3.0155$ m，5 mm 水准标尺 $K=6.0500$ m）。

以上为一测站全部操作与观测过程。对于每一站来说，其各项限差全部合限后才能迁至下一站。若发现其中有一项超限，就应立即重测这一站，并将该站原观测结果划去，还要在相应的备注栏内注明原因。

二、二等水准观测中的注意事项

（1）当使用有倾斜螺旋的水准仪进行观测时，每次观测前应先找出倾斜螺旋的标准位置，并做上记号，以便在观测每站时都能迅速调平视准轴。另外，随着温度的变化，应随时调整倾斜螺旋的标准位置。

（2）观测过程中，整置仪器时，应使脚架有皮带的一条腿处于水准路线的一侧，而另两条腿的连线与水准路线平行。以后各站将有皮带的架腿轮换置于水准路线的左侧和右侧（见图 3-7）。

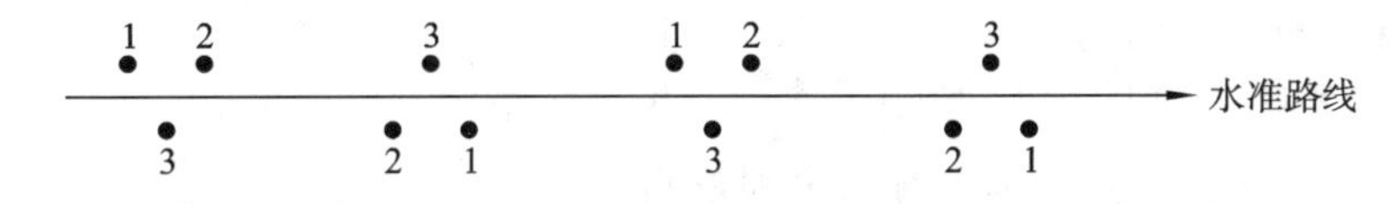

图 3-7　脚架三条腿沿水准路线的轮换放置

（3）除水准路线转弯处外，仪器、前视标尺、后视标尺应尽量安置在一条直线上。绝对禁止将标尺（尺台或尺桩）置于壕坑内或沟边、松土上、草皮上。

（4）同一测站的观测中，不得调整望远镜焦距。

（5）应当使用微动螺旋、脚螺旋的中间部分。转动倾斜螺旋使水准气泡符合时，以及最后照准标尺分划进行读数时，螺旋的最后旋转方向应一律“旋进”。

（6）对于一、二等水准观测，如果连续若干个测段的往返测高差不符值保持同一符号，且大于限值的 20%，在以后各测段的观测中，除酌量缩短视线外，应认真分析原因，采取措施减弱系统误差影响。如果对仪器产生怀疑，还应对仪器进行检验和校正。

（7）对于一、二等水准测量，同一条水准路线的往测、返测，应使用同一类型的仪器、同一类型的转点尺承，并沿同一路线进行观测。

三、观测中的间歇（收测和检测）

观测间歇时，最好能在水准点上结束观测。如果不能如此，应选择两个稳定且坚固、光滑突出、便于放置标尺的固定点，做好记号，作为间歇点。间歇后开始观测时，应进行两间歇点间高差的检测，当检测满足限差要求以后即可开始起测。当无法选出固定点作为间歇点时，应在间歇前的最后两站的三个转点上打入稳固的木桩（桩顶应钉入帽钉）作为间歇点。间歇后开始观测时，应首先对三个间歇点中的两个间歇点间高差进行检测，检测合格后，即可起测。

检测结果应用红笔圈起，因为其高差在正式成果中不予采用。超限的检测结果要整齐划去。

四、成果质量的检核和超限时的处理

水准观测中，除对每一测站、每一测段的成果进行检核外，还要对每一测段的往返测高差不符值、路线闭合差、环线闭合差进行检核。水准测量高差不符值和闭合差限差见表3-9。

表 3-9　一、二等水准测量高差不符值和闭合差限差

等级	检测已测测段高差之差/mm	测段、区段、路线往返测高差不符值/mm	附合路线闭合差/mm	环线闭合差/mm
一等	$\pm 3\sqrt{R}$	$\pm 1.8\sqrt{K}$	—	$\pm 2\sqrt{F}$
二等	$\pm 6\sqrt{R}$	$\pm 4\sqrt{K}$	$\pm 4\sqrt{L}$	$\pm 4\sqrt{F}$

注：1. 表中的 R、L、F 分别为测段、路线、环线长度，以千米为单位；K 为路线或区段、测段长度，以千米为单位。

2. 水准环由不同等级路线构成时，水准环闭合差的限差应按各等级路线分别计算，然后取其平方和的平方根为限差。

3. 表中“检测已测测段高差之差”的限差对单程检测和双程（往、返）检测均适用。

4. 一测段长度小于 0.1 km 时，按 0.1 km 计算。

对超限成果，应按下列原则进行取舍和重测。

（1）当测段往返测高差不符值超限时，应根据观测时外界条件或观测作业过程中的其他情况进行具体分析，确定是往测存在的问题还是返测存在的问题造成超限，不可盲目重测。经过分析后，即可对存在问题的往测或返测进行整测段重测。如果重测的高差与原高差之差不超过往返测高差不符值的限差规定，且它们的中数与另一单程高差的不符值也合乎测段往返测高差不符值的限差规定，则此中数应作为该单程的高差结果。如果重测高差与其相应单程高差之差超出往返测高差不符值的限差规定，则应将原超限结果划去，只取重测后的观测结果。若该单程重测后仍然超限，则应重测另一单程。当出现同向单程高差之差不超限，但异向单程高差之差超限呈现分群现象时，就要根据所测成果呈现的某些规律，分析判断造成分群的原因（如标尺或仪器垂直位移等），采取相应的消除或减弱其影响的措施，再进行重测。

（2）当一、二等水准测量的区段往返测高差不符值超限时，应对往返测高差不符值较大，且其符号与区段高差不符值的符号相同的某一个测段进行重测。若重测后区段高差不符值仍超限，则再继续重测其他测段。

（3）当路线或环线闭合差超限时，应先重测路线上某些可靠性差（如往返测高差不符值较大或观测过程中外界条件不佳）的测段。如果重测后仍不合乎限差要求，则应重测该路线上的其他测段。

(4)由测段往返测高差不符值计算的每千米高差中数的偶然中误差超限时，要分析原因，重测有关测段。

(5)当单程双转点观测左右路线高差不符值超限时，可只重测一个单程，并与原测结果中符合限差的一个单程取中数采用。若重测结果与原测的两个单程结果均符合限差要求，则取三个单程观测结果的中数；当重测结果与原测的两个单程结果均超限时，应在分析原因后，再重测另一单程。

五、电子水准仪二等水准测量记录及计算案例

电子水准仪是用于自动化水准测量的仪器，它采用 CCD 阵列传感器获取编码水准标尺的图像，依据图像处理技术来获取水准标尺的读数，标尺图像处理及其处理结果的显示均由仪器内置计算机完成。电子水准仪较传统的光学水准仪具有无可比拟的优越性，它集电子光学、图像处理、计算机技术于一体，是当代先进的水准测量仪器。它具有测量速度快、精度高、使用方便、作业劳动强度低、便于用电子手簿记录、实现内外业一体化等优点。电子水准仪二等水准测量闭合水准线路的记录及计算方法如下。

1. 二等水准测量测站记录计算

使用电子水准仪进行二等水准测量时，仅需要对水准仪进行粗略整平就可进行瞄准读数。测量结果显示距离以及中丝读数，按前、后视读数记录在测量手簿表格对应栏即可。测站记录如表 3-10 所示。

测站计算方法如下。

1)视距差计算

$$视距差=后视距离-前视距离$$

对于二等水准测量，视距差应小于或等于 1.5 m。

$$累积视距差=上站累积视距差+本站前后视距差$$

对于二等水准测量，累积视距差应小于或等于 6 m。

2)高差计算

第一次读数的高差=后视第一次读数－前视第一次读数，填写在“第一次读数”列与“后－前”行对应交叉格内。

第二次读数的高差=后视第二次读数－前视第二次读数，填写在“第二次读数”列与“后－前”行对应交叉格内。

两次读数所得高差之差填写在“两次读数之差”列与“后－前”行对应交叉格内。

对于二等水准测量，两次读数所得高差之差应小于或等于 0.6 mm。

$$平均高差=\frac{1}{2}(第一次读数的高差+第二次读数的高差)$$

平均高差采用项目 1 所述的凑整规则保留 5 位小数。

3)测站检核

$$两次读数之差=第一次读数-第二次读数$$

对于二等水准测量，两次读数之差应小于或等于 0.4 mm。

后视、前视两次读数之差的差值应与两次读数所得高差之差相等。

表 3-10 电子水准仪二等水准测量手簿

测站编号	后距 视距差	前距 累积视距差	方向及尺号	标尺读数 第一次读数	标尺读数 第二次读数	两次读数之差	备注
1	49.2	48.9	后 A_1	125541	125540	+1	
			前	062289	062288	+1	
	0.3	0.3	后一前	063252	063252	0	
			h	+0.63252			
2	36.8	35.9	后	123631	123634	−3	
			前 B_1	059010	059012	−2	
	0.9	1.2	后一前	064621	064622	−1	
			h	+0.64622			
3	42.4	43.5	后 B_1	120536	120536	0	
			前	182190	182192	−2	
	−1.1	0.1	后一前	−061654	−061656	+2	
			h	−0.61655			
4	45.8	47.1	后	112543	112542	+1	
			前 C_1	181828	181828	0	
	−1.3	−1.2	后一前	−069285	−069286	+1	
			h	−0.69286			
5	48.2	48.9	后 C_1	125680	125676	+4	
			前	099822	099818	+4	
	−0.7	−1.9	后一前	025858	025858	0	
			h	+0.25858			
6	49.2	49.1	后	115624	115627	−3	
			前 D_1	173876	173879	−3	
	0.1	−1.8	后一前	−058252	−058252	0	
			h	−0.58252			
7	48.6	48.9	后 D_1	133562	133557	+5	
			前	146074	146071	+3	
	−0.3	−2.1	后一前	−012512	−012514	+2	
			h	−0.12513			
8	49.4	49.6	后	114268	114265	+3	
			前 A_1	066016	066011	+5	
	−0.2	−2.3	后一前	+048252	+048254	−2	
			h	+0.48253			

注：高差要写正负号，高差中数和测段高差按“奇进偶不进”保留 5 位小数。

2.二等水准测量内业计算

二等水准测量内业计算如表 3-11 所示，具体方法如下。

1)测段距离及测段高差计算

将测段中所有测站的后视距离、前视距离累加求和得到测段距离，对应测段填入表格“距离”所在列。将二等水准线路各测段距离求和，填入表格“ $\sum$ ”所在行与“距离”所在列交叉格内。

将测段中所有测站的高差累加求和得到测段高差，对应测段填入表格“观测高差”所在列。将二等水准线路各测段高差求和，填入表格“ $\sum$ ”所在行与“观测高差”所在列交叉格内。对于闭合水准线路，各测段高差总和即为水准线路的高差闭合差 $\sum h$ 。对于二等水准测量，高差闭合差应小于或等于 $\pm 4\sqrt{\sum L}$（ $\sum L$ 为各测段距离总和，以千米为单位， $\sum L$ 小于 1 km 时按 1 km 计)。

2)高差闭合差的调整

高差闭合差 $\sum h$ 调整的方法是将高差闭合差反符号，按与测段距离成正比计算高差改正数。高差改正数 v_{h_i} 按下式计算：

$$v_{h_i} = -\frac{L_i}{\sum L} \cdot \sum h \tag{3-1}$$

改正后高差 h'_i 按下式计算：

$$h'_i = h_i + v_{h_i} \tag{3-2}$$

3)计算待定点高程

从水准线路起算点开始，前一个点的高程加上对应测段改正后高差即为下一个点的高程。

表 3-11　二等水准测量计算表

点名	测段编号	距离/m	观测高差/m	改正数/m	改正后高差/m	高程/m
A_1						23.659
	1	170.8	1.27874	−0.00064	1.27810	
B_1						24.937
	2	178.8	−1.30941	−0.00067	−1.31008	
C_1						23.627
	3	195.4	−0.32394	−0.00074	−0.32468	
D_1						23.302
	4	196.5	0.35740	−0.00074	0.35666	
A_1						23.659
$\sum$		741.5	0.00279	−0.00279	0.00000	
$W=+2.79$ mm　$W_{允}=\pm 4\sqrt{\sum L}=\pm 3.44$ mm						

注：高差和改正数保留 5 位小数，待定点高程推算后保留 3 位小数。

任务7　水准测量的误差及其消减方法

测量工作中由于仪器、人、环境等各种因素的影响，测量成果中都带有误差。为了保证测量成果的精度，需要分析研究产生误差的原因，并采取措施消除和减小误差的影响。

一、仪器误差

1. 视准轴与水准管轴不平行引起的误差

视准轴与水准管轴的夹角称为 i 角。仪器虽经过校正，但 i 角仍会有微小的残余误差。在测量时如能保持前视和后视的距离相等，这种误差就能消除。当因某种原因某一测站的前视(或后视)距离较大，那么就在下一测站上使后视(或前视)距离较大，使误差得到补偿。

对于二等水准测量，要求 i 角不大于 $15''$，对于三、四等水准测量以及一般水准测量，要求 i 角不大于 $20''$，否则应进行校正。自动安平光学水准仪每天检校一次 i 角，气泡式水准仪每天上、下午各检校一次 i 角，作业开始后的 7 个工作日内，若 i 角较为稳定，以后每隔 15 天检校一次。对于数字水准仪，整个作业期间应在每天开测前进行 i 角测定。测定 i 角的方法如下。

在平坦地面选相距 40～60 m 的 A、B 两点，在两点打入木桩或设置尺垫。水准仪首先置于与 A、B 等距的Ⅰ点，测得 A、B 两点的高差 $h_{\text{Ⅰ}}=a_1-b_1$[见图 3-8(a)]。重复测两到三次，当所得各高差之差小于 3 mm 时取其平均值。若视准轴与水准管轴不平行而构成 i 角，由于仪器至 A、B 两点的距离相等，因此由于视准轴倾斜，前、后视读数所产生的误差 δ 也相等，所以所得的 $h_{\text{Ⅰ}}$ 是 A、B 两点的正确高差。然后把水准仪移到 AB 延长线方向上靠近 B 的Ⅱ点，再次测 A、B 两点的高差[见图 3-8(b)]。必须仍把 A 点作为后视点，故得高差 $h_{\text{Ⅱ}}=a_2-b_2$。如果 $h_{\text{Ⅱ}}=h_{\text{Ⅰ}}$，说明在测站Ⅱ所得的高差也是正确的，这也说明在测站Ⅱ观测时视准轴是水平的，故水准管轴与视准轴是平行的，即 $i=0$。如果 $h_{\text{Ⅱ}}\neq h_{\text{Ⅰ}}$，则说明存在 i 角的误差，由图 3-8(b)可知：

$$i=\frac{\Delta}{S}\cdot\rho \tag{3-3}$$

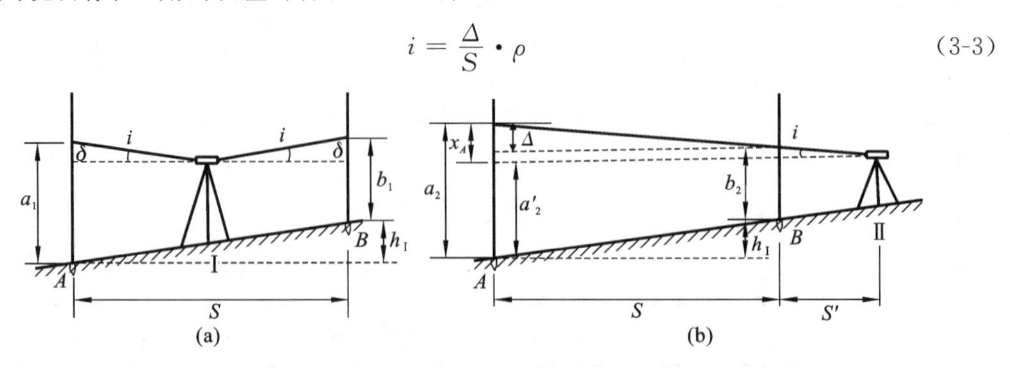

图 3-8　水准仪 i 角的检验方法

$$\Delta = a_2 - b_2 - h_{\text{I}} = h_{\text{II}} - h_{\text{I}} \tag{3-4}$$

式中：Δ——仪器分别在Ⅱ和Ⅰ所测高差之差；

S——A、B两点间的距离。

2. 调焦引起的误差

当调焦时，若调焦透镜光心移动的轨迹和望远镜光轴不重合，则改变调焦就会引起视准轴的改变，从而改变视准轴与水准管轴的关系。如果在测量中保持前视、后视距离相等，就可在前视和后视读数过程中不改变调焦，避免因调焦而引起的误差。

3. 水准尺的误差

水准尺的误差包括分划误差和尺身构造上的误差，构造上的误差如零点误差和箱尺的接头误差。所以使用前应对水准尺进行检验。水准尺的主要误差是每米真长的误差，它具有积累性质，高差愈大误差也愈大。对于误差过大的，应在成果中加入尺长改正。

二、观测误差

1. 气泡居中误差

视线水平是以气泡居中或符合为依据的，但气泡的居中或符合都是凭肉眼来判断，不可能绝对准确。气泡居中的精度也就是水准管的灵敏度，它主要取决于水准管的分划值。一般认为水准管居中的误差约为0.1分划值，它对水准尺读数产生的误差为：

$$m = \frac{0.1\tau}{\rho} \cdot s \tag{3-5}$$

式中：τ——水准管的分划值，角秒；

$\rho = 206265''$；

s——视线长。

符合水准器气泡居中的误差是直接观察气泡居中误差的$\frac{1}{5} \sim \frac{1}{2}$。为了减小气泡居中误差的影响，应对视线长加以限制，观测时应使气泡精确地居中或符合。

2. 估读水准尺分划的误差

水准尺上的毫米数都是估读的，估读的误差取决于视场中十字丝和厘米分划的宽度，所以估读误差与望远镜的放大率及视线的长度有关。通常望远镜中十字丝的宽度为厘米分划宽度的十分之一时，能准确估读出毫米数，所以在各种等级的水准测量中，对望远镜的放大率和视线长度都有一定的要求。此外，在观测中还应注意消除视差，并避免在成像不清晰时进行观测。

3. 扶水准尺不直的误差

水准尺没有扶直，无论向哪一侧倾斜都使读数偏大。这种误差随尺的倾斜角和读数的增大而增大。例如，当尺有3°的倾斜，读数为1.5 m时，可产生2 mm的误差。为使尺能扶直，水准尺上最好装有水准器。没有水准器时，可采用摇尺法，读数时把尺的上端在视线方向前后来回摆动，当视线水平时，观测到的最小读数就是尺扶直时的读数（见图3-9）。这种误差在前后视读数中均可发生，所以在计算高差时可以抵消一部分。

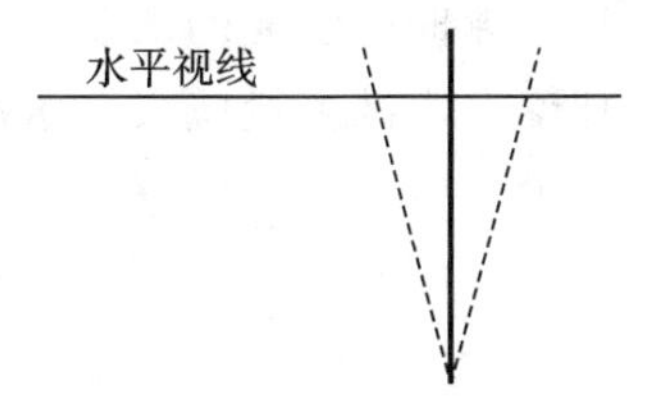

图3-9　扶水准尺不直的影响

三、外界环境的影响

1. 仪器下沉和水准尺下沉的误差

1)仪器下沉的误差

在读取后视读数和前视读数之间若仪器下沉了 Δ,由于前视读数减少了 Δ,高差增大了 Δ(见图 3-10)。在松软的土地上,每一测站都可能产生这种误差。当采用双面尺法或两次仪器高法时,第二次观测可先读前视点 B,然后读后视点 A,则可使所得高差偏小,两次高差的平均值可消除一部分仪器下沉的误差。用往测、返测时,亦因同样的原因可消除部分的误差。

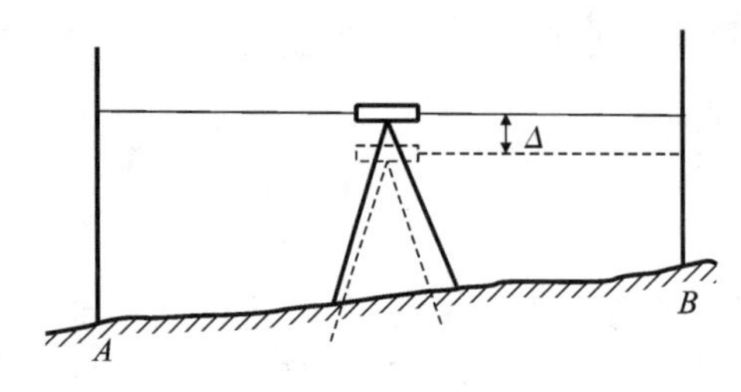

图 3-10　仪器下沉的影响

2)水准尺下沉的误差

在仪器从一个测站迁到下一个测站的过程中,若转点下沉了 Δ,则使下一测站的后视读数偏大,高差也增大 Δ(见图 3-11)。在同样的情况下返测,则使高差的绝对值减小,所以取往返测的平均高差,可以减弱水准尺下沉的影响。

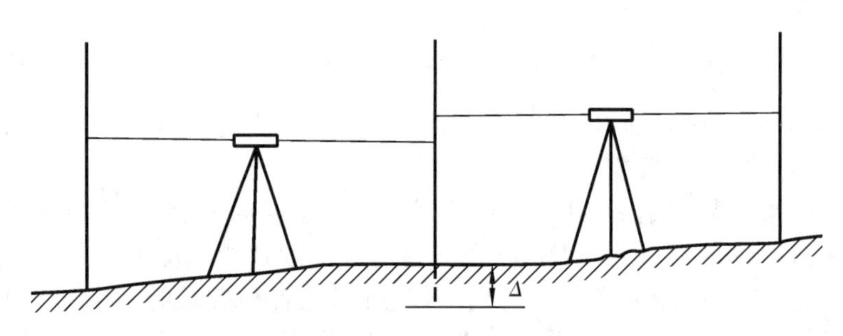

图 3-11　水准尺下沉的影响

在进行水准测量时,必须选择坚实的地点安置仪器和转点,避免仪器和水准尺的下沉。

2. 地球曲率和大气折光的误差

1)地球曲率引起的误差

理论上水准测量应根据水准面来求出两点的高差(见图 3-12),但视准轴是一直线,因此读数中含有由地球曲率引起的误差 p,p 可以参照公式(1-10)写出:

$$p = \frac{s^2}{2R}$$

式中:s——视线长;

　　R——地球的半径。

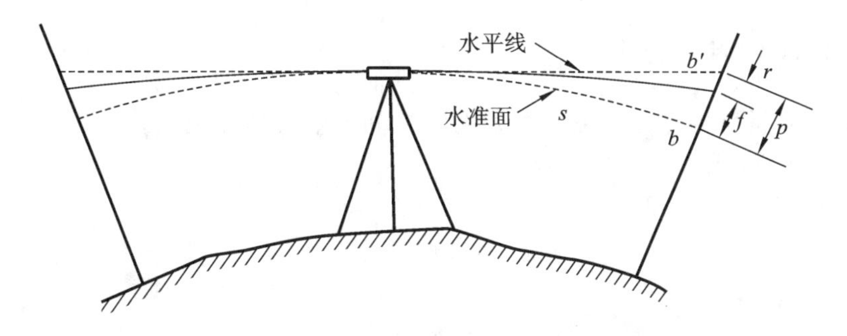

图 3-12 地球曲率和大气折光引起的误差

2)大气折光引起的误差

水平视线经过密度不同的空气层被折射,一般情况下形成一向下弯曲的曲线,它与理论水平线所得读数之差,就是由大气折光引起的误差 r。实验得出:大气折光误差比地球曲率误差要小,是地球曲率误差的 K 倍,在一般大气情况下,$K=\frac{1}{7}$,故:

$$r=K\frac{s^2}{2R}=\frac{s^2}{14R} \tag{3-6}$$

所以水平视线在水准尺上的实际读数位于 b',它与按水准面得出的读数 b 之差,就是地球曲率和大气折光总的影响值 f,故:

$$f=p-r=0.43\frac{s^2}{R} \tag{3-7}$$

当前视、后视距离相等时,这种误差在计算高差时可自行消除。但是离地面距离近的大气折光变化十分复杂,在同一测站的前视和后视距离上就可能不同,所以即使保持前视、后视距离相等,大气折光误差也不能完全消除。由于 f 值与距离的平方成正比,所以限制视线的长度可以使这种误差大为减小,此外,使视线离地面尽可能高些,也可减弱折光变化的影响。

3.气候的影响

除了上述各种误差来源外,气候的影响也会给水准测量带来误差,如风吹、日晒、温度的变化和地面水分的蒸发等,所以观测时应注意气候带来的影响。为了防止日光暴晒,仪器应撑伞保护。无风的阴天是最理想的观测天气。

任务8 电磁波测距三角高程测量

在山地测定控制点的高程,若采用水准测量,则速度慢、困难大,故采用三角高程测量的方法,但必须用水准测量的方法在测区内引测一定数量的水准点,作为三角高程测量高程起算的依据。常见的三角高程测量为电磁波测距三角高程测量和视距测距三角高程测量。电磁波测距三角高程测量适用于三、四等水准测量和图根高程网;视距测距三角高程测量一般适用于图根高程网。

一、三角高程测量原理

三角高程测量是根据已知点高程及两点之间的竖直角和距离，通过应用三角公式计算两点之间的高差，求出未知的高程。

如图 3-13 所示，A、B 两点之间的高差为：

$$h_{AB} = D\tan\alpha + i - v \tag{3-8}$$

若用测距仪测得斜距 D'，则：

$$h_{AB} = D'\sin\alpha + i - v \tag{3-9}$$

B 点的高程为：

$$H_B = H_A + h_{AB} \tag{3-10}$$

三角高程测量一般应进行往返观测，即由 A 向 B 观测（称为直觇），再由 B 向 A 观测（称为反觇），这种观测称为对向观测（或双向观测）。

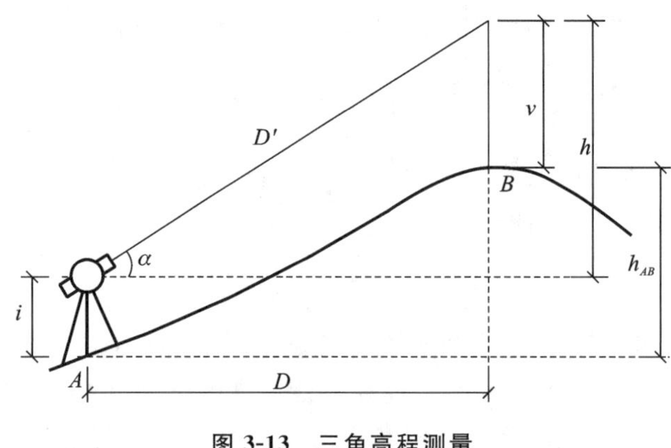

图 3-13　三角高程测量

二、电磁波测距三角高程测量方法

施测高程导线前，应沿路线选定测站，视线长度一般不大于 700 m，最长不得超过 1 km，视线垂直角不得超过 15°，视线高度和离开障碍物的距离不得小于 1.5 m。高程导线可布置为每一照准点安置仪器进行对向观测（简称每点设站）的路线；也可布置为每隔一照准点安置仪器（简称隔点设站）的路线。隔点设站时，应采用单程双测法，即每站变换仪器高度或位置做两次观测，前后视线长度之差不得超过 100 m。

电磁波测距三角高程测量施测步骤如下：

（1）在测站上安置仪器，量测仪器高 i 和标杆或棱镜高度 v，读到毫米；测前测后，各量测一次仪器高和标杆或棱镜高，两次互差不得超过 3 mm。

（2）用经纬仪或测距仪采用测回法观测竖直角 4 个测回，测回差和指标差互差，均不得超过 5″。

（3）斜距观测两测回（每测回照准一次，读数四次），各次读数互差和测回中数之间的互差不得超过 10 mm 和 15 mm。

（4）采用对向观测且对向观测高差符合要求时，取其平均值作为高差结果。

（5）进行高差闭合差的调整计算，推算出各点的高程。

思考与练习题

1. 高程控制网如何布设？

2. 简述二等、三等、四等水准测量每站观测程序。

3. 简述三、四等水准测量方法。

4. 二等水准测量的注意事项有哪些？

5. 如何进行二等水准测量的记录、计算？

6. 水准测量中仪器误差有哪些？如何消减？

7. 如何进行电磁波测距三角高程测量？

8. 表 3-12 所示为电子水准仪二等水准测量的记录数据，已知起算点 A_1 的高程为 42.386 m。要求将记录数据整理到如表 3-10 所示的电子水准仪二等水准测量手簿中，并进行二等水准测量计算。

表 3-12　电子水准仪二等水准测量手簿

测站编号	项目	读数	项目	读数	测站编号	项目	读数	项目	读数
1	后视距	47.8	后视 A_1	144438	5	后视距	47.8	后视 C_1	135680
	前视距	48.9	前视	080286		前视距	48.6	前视	102922
	前视	080284	后视	144436		前视	102926	后视	135680
2	前视距	46.4	前视 B_1	073950	6	前视距	47.9	前视 D_1	153896
	后视距	46.7	后视	138541		后视距	49.1	后视	095624
	后视	138540	前视	073953		后视	095621	前视	153897
3	后视距	42.8	后视 B_1	070536	7	后视距	47.5	后视 D_1	143562
	前视距	43.5	前视	172210		前视距	48.3	前视	131180
	前视	172209	后视	070538		前视	131176	后视	143566
4	前视距	46.9	前视 C_1	152438	8	前视距	49.6	前视	086621
	后视距	48.3	后视	082543		后视距	48.9	后视	142873
	后视	082543	前视	152438		后视	142874	前视 A_1	086623

项目4　平面控制测量

【学习目标】

1.知识目标

(1)掌握导线测量的方法;

(2)熟悉全站仪的基本结构和操作;

(3)掌握GNSS静态控制测量的方法;

(4)掌握RTK测量的方法。

2.能力目标

(1)具有导线点布设、导线观测、导线测量记录及计算的能力;

(2)具有GNSS网布点、外业观测、内业计算的能力;

(3)具有RTK测量外业能力。

3.素养目标

通过本项目的学习,培养学生认真负责的工作态度;通过了解我国北斗卫星导航系统相关知识,坚定文化自信,增强学生的民族自信心及自豪感。

任务1　平面控制测量概述

测定控制点的工作,称为控制测量。控制测量分为平面控制测量和高程控制测量。平面控制测量的目的是测定控制点的平面位置(x,y),高程控制测量的目的是测定控制点的高程(H)。

平面控制测量从整体到局部的“局部”是指碎部测量,即在完成控制测量的基础上为测绘地形图而测量大量地物点或地貌点的位置,或为施工放样对大量设计点进行现场标定。

平面控制网是采用逐级控制、分级布设的原则建立起来的。平面控制测量方法有全球导航卫星系统(GNSS)测量、三角测量、导线测量和RTK测量。

在全国范围内统一建立的控制网,称为国家控制网。国家平面控制网分为一、二、三、四等,主要是通过精密三角测量、GNSS测量的方法,按照先高级、后低级,逐级加密的原则建立的。它是全国各种比例尺测图的基本控制和各项工程基本建设的依据,并为研究地球的形状和大小、军事科学及地震预报等提供重要的资料。

近些年来,随着科学技术的不断发展,GNSS 全球定位系统已经得到了广泛的应用,目前,全国 GNSS 大地网已经布设完成。GNSS 测量方法精度高、效率高、操作方便,具有很高的优越性,现在正逐步应用于各项工程建设的工程测量工作当中,并获得了较好的经济效益。

为城市及各种工程建设所需要的平面控制网称为城市平面控制网。城市平面控制网应在国家控制点的基础上,根据测区的大小、城市规划和施工测量的要求,布设成不同的等级,以供测绘大比例尺地形图及施工测量使用。

任务 2　导线测量

导线测量因布设灵活、计算简单,成为小区域平面控制测量的主要方法。导线测量既可以用于国家基本控制网的进一步加密,也可用于小地区的独立控制网。

一、导线的布设形式

1. 闭合导线

如图 4-1 所示,导线从一已知高级控制点 A 开始,经过一系列的导线点 2,3,…,最后回到 A 点,形成一个闭合多边形。

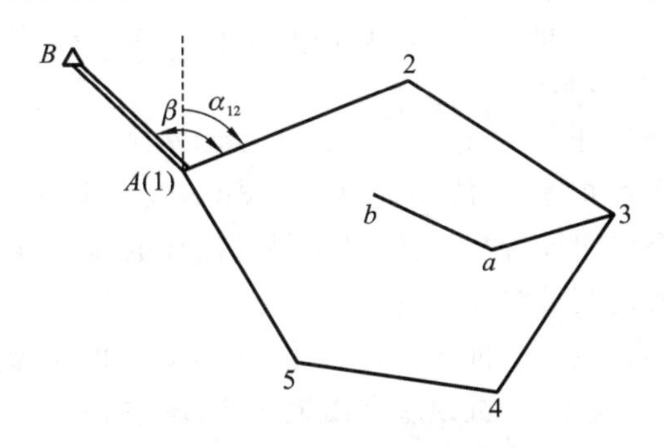

图 4-1　闭合导线和支导线

在无高级控制点的地区,A 点也可作为同级导线点,进行独立布设。闭合导线多用于范围较为宽阔地区的控制。

2. 附合导线

布设在两个高级控制点之间的导线称为附合导线。如图 4-2 所示,导线从已知高级控制点 A 开始,经过导线点 2,3,…,最后附合到另一高级控制点 C。附合导线主要用于带状地区的控制,如公路、河道的测图控制。

3. 支导线

从一个已知控制点出发,支出 1～2 个点,既不附合至另一控制点,也不回到原来的起始点,这种形式称为支导线,如图 4-1 中的 3—a—b。由于支导线缺乏检核条件,故测量规

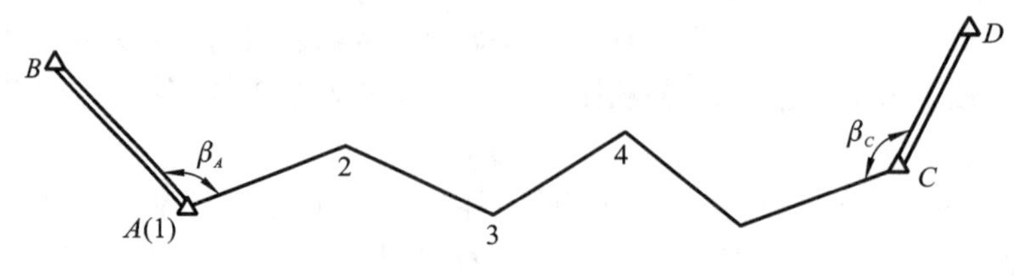

图 4-2 附合导线

范规定支导线一般不超过 2 个点。它主要用于当主控导线点不能满足局部测图需要时而采用的辅助控制。

二、导线测量的外业工作

导线测量的外业工作包括踏勘选点、埋设标志桩、边长测量、角度测量及连接测量。

1. 踏勘选点及埋设标志桩

在踏勘选点之前，应尽可能地收集测区及其周围的已有地形图、高级平面控制点和水准点等资料。若测区内已有地形图，应先在图上研究，初步拟定导线点位，再到现场实地踏勘，根据具体情况最后确定下来，并埋设标志桩。现场选点时，应根据不同的需要，按以下几点原则进行。

(1)相邻导线点间应通视良好，以便于测角。

(2)采用不同的工具(如钢尺或全站仪)量边时，导线边通过的地方应考虑到它们各自不同的要求。如用钢尺，则尽量使导线边通过较平坦的地方；若用全站仪，则应使导线避开强磁场及折光等因素的影响。

(3)导线点应选在视野开阔的位置，以便减少设测站次数。

(4)导线各边长应大致相等，一般不宜超过 500 m，也不应短于 50 m。

(5)导线点应选在点位牢固、便于观测且不易被破坏的地方；在有条件的地方，应使导线点靠近线路位置，以便定测放线多次利用。

导线点位置确定之后，应打下桩顶面边长为 4～5 cm、桩长为 30～35 cm 的方木桩，顶面应打一小钉以标记导线点位，桩顶应高出地面 2 cm 左右；对于少数永久性的导线点，也可埋设混凝土标石。为了便于以后使用时寻找，应作“点之记”，即将方木桩与其附近的地物关系量出并绘记在草图上，如图 4-3 所示；同时，在导线点方木桩旁应钉设标志桩(板桩)，并在板桩上写明导线点的编号及里程。

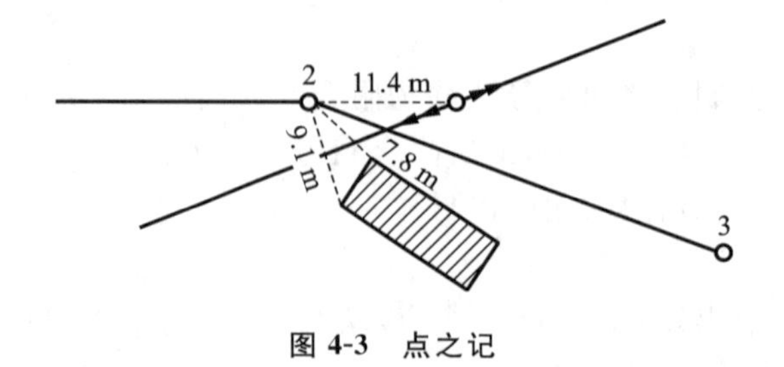

图 4-3 点之记

2. 边长测量

导线边长可以用全站仪、钢尺等工具来丈量。用全站仪量边时，应往返观测取平均值。对于图根导线仅进行气象改正和倾斜改正；对于精度要求较高的一、二级导线，应进行仪器加常数和乘常数的改正。

用钢尺丈量导线边长时，需往返丈量，当两者较差不大于边长的 1/2000 时，取平均值作为边长采用值。所用钢尺应经过检定或与已检定过的钢尺比长。

3. 角度测量

对于导线的转折角可测量左角或右角。按照导线前进的方向，在导线左侧的角称为左角，在导线右侧的角称为右角。一般规定闭合导线测内角，附合导线测左角。若采用电子经纬仪或全站仪，测左角可直接显示出角值、方位角等。

导线角度测量一般用测回法测一个测回。其上、下半测回角值较差，要求 DJ6 级经纬仪不大于 30″；DJ2 级经纬仪不大于 20″。各级导线的主要技术要求见表 4-1。

表 4-1　各级导线的主要技术要求

等级	附合导线长度/km	平均边长/m	测角中误差/(″)	测回数		角度闭合差/(″)	导线全长相对闭合差
				DJ6	DJ2		
一级	4	500	5	4	2	$\pm 10\sqrt{n}$	1/15000
二级	2.4	250	8	3	1	$\pm 16\sqrt{n}$	1/10000
三级	1.2	100	12	2	1	$\pm 24\sqrt{n}$	1/5000
图根	≤1.0	≤1.5 测图最大视距	20	1	—	$\pm 60\sqrt{n}$	1/2000

注：n 为测站数。

4. 连接测量

为了计算导线点的坐标，必须知道导线各边的坐标方位角，因此应确定导线起始边的方位角。若导线起始点附近有国家控制点，则应与控制点联测连接角，再推算导线各边的方位角。如果导线附近无高级控制点，则利用罗盘仪施测导线起始边的磁偏角，并以起始点的坐标作为起算数据，再推算导线各边的方位角。

三、导线测量的内业工作

导线测量内业工作的任务是计算出各导线点的坐标(x,y)。在进行计算之前，首先应对外业观测记录和计算的资料进行检查核对，同时，也应对抄录的起算数据进一步复核，当资料没有错误和遗漏，而且精度符合要求后，方可进行导线的计算工作。

下面分别介绍闭合导线和附合导线的计算方法与过程，对于附合导线，仅介绍其与闭合导线计算的不同之处。

1. 闭合导线的计算

(1)角度闭合差的计算与调整。闭合导线规定测内角，而多边形内角总和的理论值为：

$$\sum \beta_{理} = (n-2) \times 180° \tag{4-1}$$

式中：n——内角的个数。图 4-4 中，$n=5$。

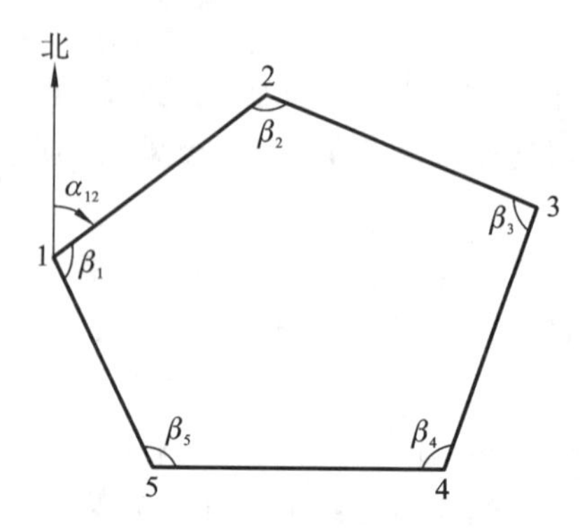

图 4-4 闭合导线角度闭合差的计算

在测量过程中，误差是不可避免的，实际测量的闭合导线内角之和 $\sum\beta_{测}$ 与其理论值 $\sum\beta_{理}$ 会有一定的差别，两者之间的不符值称为角度闭合差 f_β，即：

$$f_\beta = \sum\beta_{测} - \sum\beta_{理} = \sum\beta_{测} - (n-2)\times 180° \tag{4-2}$$

不同等级的导线规定有相应的角度闭合差容许值。

若 $f_\beta \leqslant f_{\beta允}$，因各角都是在同精度条件下观测的，故可将角度闭合差按相反符号平均分配到各角上，即改正数为：

$$v_i = - f_\beta / n \tag{4-3}$$

当 f_β 不能被 n 整除时，余数应分配在含有短边的夹角上。经改正后的角值总和应等于理论值，以此校核计算是否有误。可检核：

$$\sum v_i = - f_\beta$$

若 $f_\beta > f_{\beta允}$，即角度闭合差超出规定的容许值时，应查找原因，必要时应进行返工重测。

在导线测量的内业计算过程中，角度闭合差的处理是为了消除测角过程中存在的测角误差。

(2)导线各边坐标方位角的计算。当已知一条导线边的方位角后，其余导线边的坐标方位角可根据已经经过角度闭合差配赋后的各个内角依次推算出来(见图 4-5)。其计算公式如下：

$$\alpha_{前} = \alpha_{后} - \beta + 180°(右角),\alpha_{前} = \alpha_{后} + \beta - 180°(左角) \tag{4-4}$$

如图 4-4 所示，假设已知 12 边的坐标方位角为 α_{12}，则 23 边的坐标方位角 α_{23} 可根据式(4-4)计算出来。

坐标方位角应为 0°～360°，它不应该为负值或大于 360°。当计算出的坐标方位角出现负值时，则应加上 360°；当出现大于 360°之值时，则应减去 360°。最后检算出起始边 12 的坐标方位角，若与已知值相符，则说明计算正确。

(3)坐标增量的计算。在平面直角坐标系中，两导线点的坐标之差称为坐标增量，它们分别表示为导线边长在纵、横坐标轴上的投影，如图 4-6 中的 Δx_{12} 、Δy_{12} 。

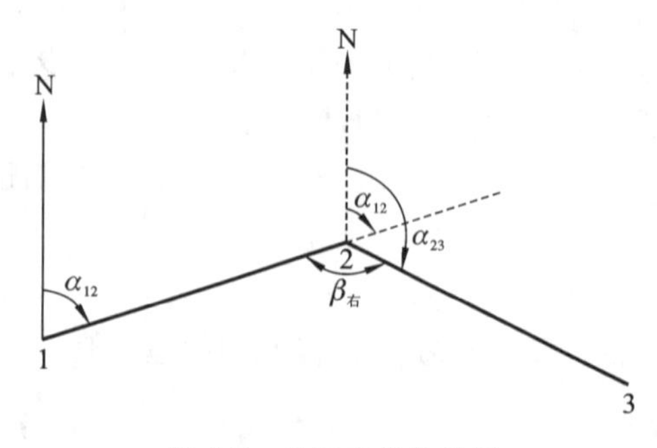

图 4-5 坐标方位角推算

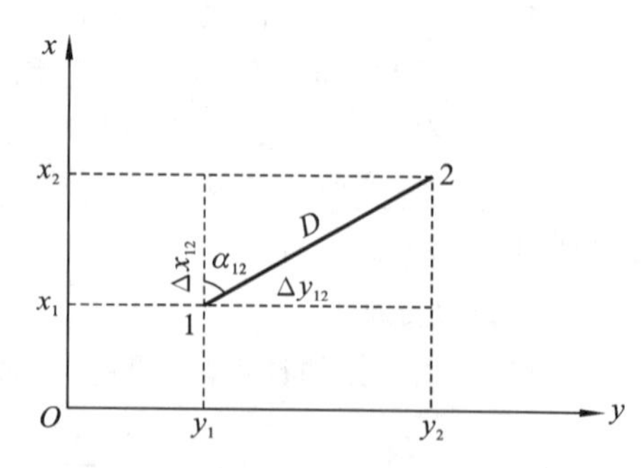

图 4-6 坐标增量

知道了导线边长 D 及坐标方位角后，就可以计算出两导线点之间的坐标增量。坐标增量可按下式计算：

$$\Delta x_i = D_i \cos \alpha_i, \Delta y_i = D_i \sin \alpha_i \tag{4-5}$$

坐标增量有正、负之分：Δx 向北为正、向南为负，Δy 向东为正、向西为负。

(4)坐标增量闭合差的计算与调整。闭合导线的纵、横坐标增量代数和在理论上应该等于零，即：

$$\sum \Delta x_{理} = 0, \sum \Delta y_{理} = 0 \tag{4-6}$$

量边和测角中都会含有误差，在推算各导线边的方位角时，是用改正后的角度来进行推算的，因此可以认为第(3)步计算的坐标增量基本不含有角度误差，但是用到的边长观测值是带有误差的，故计算出的纵、横坐标增量的代数和往往不等于零，其数值 f_x、f_y 分别为纵、横坐标增量的闭合差，即：

$$f_x = \sum \Delta x_{测}, f_y = \sum \Delta y_{测} \tag{4-7}$$

由图 4-7 可以看出，坐标增量闭合差的存在使闭合导线在起点 1 处不能闭合，而产生闭合差。f_D 称为导线全长闭合差，即：

$$f_D = \sqrt{f_x^2 + f_y^2} \tag{4-8}$$

导线全长闭合差是因量边误差的影响而产生的，导线越长则闭合差的累积越大，故衡量导线的测量精度应以闭合差与导线全长之比 K 来表示：

$$K = \frac{f_D}{\sum D} = \frac{1}{\frac{\sum D}{f_D}} \tag{4-9}$$

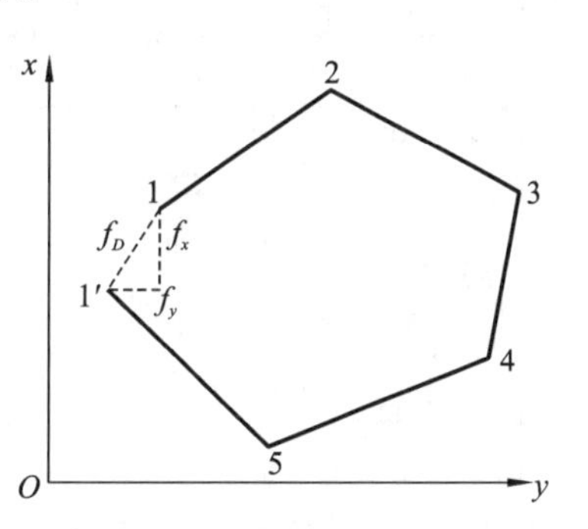

图 4-7　导线全长闭合差

式中：K 通常化为分子为 1 的形式表示，称为导线全长相对闭合差；

$\sum D$ ——导线总长，即一条导线的所有导线边长之和。

各级导线的相对精度应满足表 4-1 中的要求，否则应查找超限原因，必要时进行重测。若导线全长相对闭合差在容许范围内，则可进行坐标增量的调整。调整的方法是：一般钢尺量边的导线，可将闭合差反号，以边长按比例分配；若为光电测距导线，其测量结果已进行加常数、乘常数和气象改正后，则坐标增量闭合差也可按边长成正比反号分配。

$$v_{x_i} = -\frac{f_x}{\sum D} \times D_i, v_{y_i} = -\frac{f_y}{\sum D} \times D_i \tag{4-10}$$

式中：v_{x_i}、v_{y_i} ——第 i 条边的纵、横坐标增量的改正数；

D_i ——第 i 条边的边长；

$\sum D$ ——导线全长。

坐标增量改正数的总和应满足下面的条件：

$$\sum v_{x_i} = -f_x, \sum v_{y_i} = -f_y \tag{4-11}$$

改正后的坐标增量代数和应该等于零，这可作为计算正确与否的检核依据。

(5)坐标的计算。根据调整后的各个坐标增量，从一个已知坐标的导线点开始，可以依次推算出其余导线点的坐标。在图 4-7 中，若已知 1 点的坐标 x_1、y_1，则 2 点的坐标计算过程为：

$$x_2 = x_1 + \Delta x_{12}, y_2 = y_1 + \Delta y_{12} \tag{4-12}$$

已知点的坐标，既可以是高级控制点的，也可以是独立测区中的假定坐标。

最后推算出起点 1 的坐标，看其是否与已知坐标完全相等，以此作为坐标计算正确与否的检核依据。

表 4-2 所示为一个五边形闭合导线的计算过程。

表 4-2　闭合导线计算表

测站	右角观测值/(° ′ ″)	改正后右角/(° ′ ″)	坐标方位角/(° ′ ″)	边长/m	坐标增量		改正后坐标增量		坐标	
					$\Delta x'$	$\Delta y'$	Δx	Δy	x	y
1									200.00	200.00
			335 24 00	231.30	+0.06 +210.31	−0.05 −96.29	+210.37	−96.34		
2	−11″ 90 07 02	90 06 51							410.37	103.66
			65 17 09	200.40	+0.06 +83.79	−0.04 +182.04	+83.85	+182.00		
3	−11″ 135 49 12	135 49 01							494.22	285.66
			109 28 08	241.00	+0.07 −80.32	−0.05 +227.22	−80.25	+227.17		
4	−10″ 84 10 18	84 10 08							413.97	512.38
			205 18 00	263.40	+0.07 −238.14	−0.05 −112.57	−238.07	−112.62		
5	−10″ 108 27 18	108 27 08							175.9	400.21
			276 50 52	201.60	+0.06 +24.04	−0.05 −200.16	+24.10	−200.21		
1	−10″ 121 27 02	121 26 52							200.00	200.00
			335 24 00							
2										
$\sum$	540 00 52	540 00 00		1137.70	−0.32	+0.24	0	0		

$$f_{\beta容} = \pm 60\sqrt{n} = \pm 134''$$

$$f_D = \sqrt{(-0.32)^2 + 0.24^2} = 0.40$$

$$\sum \beta_{理} = (5-2) \times 180° = 540°00'00''$$

$$K = \frac{f_D}{\sum D} = \frac{0.40}{1137.7} = \frac{1}{2844} < \frac{1}{2000}$$

$$f_\beta = \sum \beta_{测} - \sum \beta_{理} = 540°00'52'' - 540°00'00'' = 52'' < f_{\beta容}$$，合格

角度闭合差的计算与调整：观测内角之和与理论值之差 $f_\beta = +52''$，按图根导线角度闭合差容许值 $f_{\beta允} = \pm 60\sqrt{5}'' = \pm 134''$，$f_\beta < f_{\beta允}$，说明角度观测质量合格。将闭合差按相反符号平均分配到各角上后，余下的 2″则分配到最短边 23 两端的角上各 1″。

坐标增量闭合差的计算与导线精度的评定：坐标增量初算值用改正后的角值推算各边方位角后按式(4-5)计算，最后得到坐标增量闭合差 $f_x = -0.32$，$f_y = +0.24$，则导线

全长闭合差 $f_D = 0.40$ m，用此计算导线全长相对闭合差 $K=1/2844<1/2000$，故导线测量精度合格。

坐标的计算：在角度闭合差、导线全长相对闭合差合格的条件下，方可按式(4-10)计算坐标增量改正数，得到改正后的坐标增量，最后按式(4-12)推算各点坐标。

2. 附合导线的计算

附合导线的计算过程与闭合导线的计算过程基本相同，也必须满足角度闭合条件和纵、横坐标闭合条件。但附合导线是从一已知边的坐标方位角 α_{AB} 闭合到另一已知边的坐标方位角 α_{CD} 上的，同时，还应满足从已知点 B 的坐标推算出 C 点坐标时，与 C 点的已知坐标吻合，如图 4-8 所示。因此，附合导线在角度闭合差和坐标增量闭合差的计算与调整方法上与闭合导线稍有不同，以下仅指出两类导线计算中的区别：

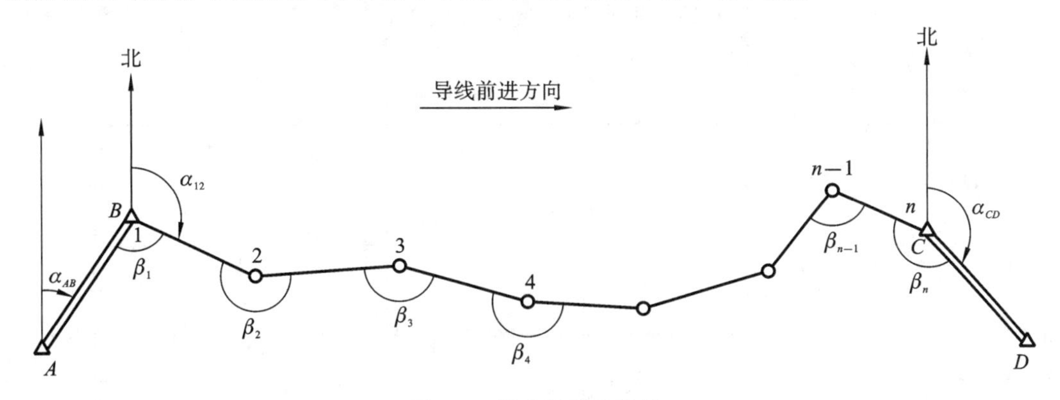

图 4-8 附合导线的计算

(1)角度闭合差的计算。如图 4-8 所示，点 A、B、C、D 是高级平面控制点，因此 4 个点的坐标是已知的；AB 及 CD 的坐标方位角也是已知的。β 是导线观测的右角，故可依下式推算出各边的坐标方位角：

$$
\begin{aligned}
\alpha_{12} &= \alpha_{AB} + 180^\circ - \beta_1 \\
\alpha_{23} &= \alpha_{12} + 180^\circ - \beta_2 \\
&\vdots \\
\alpha'_{CD} &= \alpha_{(n-1),n} + 180^\circ - \beta_n
\end{aligned} \tag{4-13}
$$

将以上各式等号两边相加，消去两边的相同项可得：

$$
\alpha'_{CD} = \alpha_{AB} + n \cdot 180^\circ - \sum \beta_i \tag{4-14}
$$

由此可以得出推导终边坐标方位角的一般公式如下：

若观测右角，则：

$$
\alpha'_{终} = \alpha_{始} + n \cdot 180^\circ - \sum \beta_{右} \tag{4-15}
$$

若观测左角，则：

$$
\alpha'_{终} = \alpha_{始} - n \cdot 180^\circ + \sum \beta_{左} \tag{4-16}
$$

由于存在测量角度误差，推算值 $\alpha'_{终}$ 与已知值 $\alpha_{终}$ 不相等，产生了附合导线的角度闭合差，即：

$$
f_\beta = \alpha'_{终} - \alpha_{终} \tag{4-17}
$$

附合导线角度闭合差的调整原则上与闭合导线相同，但需注意的是，当用右角计算时，角度闭合差应以相同符号平均分配在各角上；当用左角计算时，角度闭合差应以相反符号分配。

(2)坐标增量闭合差的计算。附合导线各边坐标增量的代数和理论上应该等于终点与始点已知坐标之差值，即：

$$\sum \Delta x_{理} = x_{终} - x_{始}, \sum \Delta y_{理} = y_{终} - y_{始} \tag{4-18}$$

由于测量误差的不可避免性，二者之间产生差值，这个差值称为附合导线坐标增量的闭合差，即：

$$f_x = \sum \Delta x_{测} - (x_{终} - x_{始}), f_y = \sum \Delta y_{测} - (y_{终} - y_{始}) \tag{4-19}$$

附合导线坐标增量闭合差的分配办法同闭合导线。

表 4-3 所示为一附合导线计算示例。

表 4-3　附合导线计算表

测站	右角观测值/(° ′ ″)	改正后右角/(° ′ ″)	坐标方位角/(° ′ ″)	边长/m	坐标增量		改正后坐标增量		坐标	
					$\Delta x'$	$\Delta y'$	Δx	Δy	x	y
Ⅱ-91										
			317 52 06							
Ⅱ-90	−05″ 267 29 58	267 29 53							4028.53	4006.77
			230 22 13	133.84	−0.02 −85.37	−0.05 −103.08	−85.39	−103.13		
1	−04″ 203 29 46	203 29 42							3943.14	3903.64
			206 52 31	154.71	−0.03 −138.00	−0.07 −69.94	−138.03	−70.01		
2	−05″ 184 29 36	184 29 31							3805.11	3833.63
			202 23 00	80.70	−0.02 −74.66	−0.03 −30.75	−74.68	−30.78		
3	−05″ 179 16 06	179 16 01							3730.43	3802.85
			203 06 59	148.93	−0.03 −136.97	−0.06 −58.47	−137.00	−58.53		
4	−04″ 81 16 52	81 16 48							3593.43	3744.32
			301 50 11	147.16	−0.03 +77.63	−0.06 −125.02	+77.60	−125.08		
Ⅱ-89	−05″ 147 07 34	147 07 29							3671.03	3619.24
			334 42 42							
Ⅱ-88										
Σ	1063 09 52	1063 09 24		665.34	−357.37	−387.26				

$$\alpha'_{终} = 317°52'06'' + 6 \times 180° - 1063°09'52'' = 334°42'14''$$

$$f_\beta = \alpha'_{终} - \alpha_{终} = 334°42'14'' - 334°42'42'' = -28'' < f_{\beta容} = \pm 60\sqrt{6}'' = \pm 147''$$

$$f_x = +0.13, f_y = +0.27$$

$$f_D = \sqrt{0.13^2 + 0.27^2} = 0.30$$

$$K = \frac{f_D}{\sum D} = \frac{0.30}{665.34} = \frac{1}{2218} < \frac{1}{2000}，合格$$

任务3　全站仪的基本结构及操作

一、全站仪概述

全站型电子速测仪简称全站仪(见图4-9),能够同时测角、测距,而且能自动显示、记录、存储数据,并能进行数据处理,可在野外直接测得点的平面坐标和高程。它的优点是电子经纬仪和测距仪使用共同的光学望远镜,方向和距离测量只需瞄准目标一次。大多数全站仪都具有双轴自动补偿功能,使得操作十分方便。

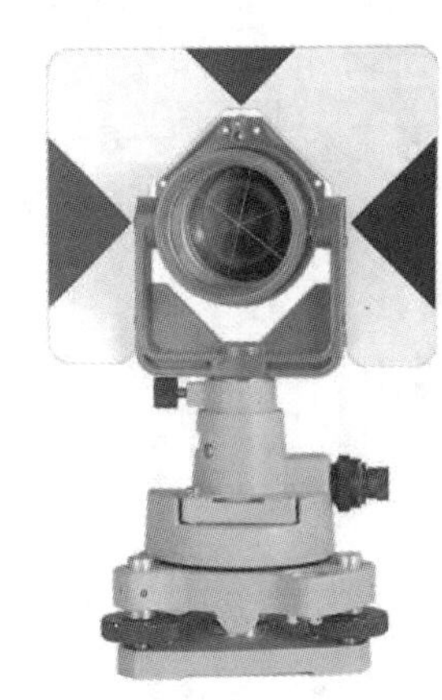

图4-9　全站仪

全站仪在测站点上开始观测后,只需观测人员照准目标的特定位置,操作一定的按键,则所需的观测数据,如斜距、天顶距、水平方向值等均能自动显示,也可显示平距、高程和点的坐标。全站仪的程序测量功能包括水平距离和高差测量(或斜距测量)、三维坐标测量、悬高测量、对边测量、偏心测量、后方交会测量、面积测量等。整个测量过程比较简单,避免了人为的差错,精度好,效率高。

二、全站仪的基本结构

1. 全站仪的基本组成

全站仪的基本组成包括电子经纬仪、光电测距仪和数据自动记录装置。

1)电子经纬仪

电子经纬仪的外形、机械转动部分及光学照准部分与一般光学经纬仪基本相同,其主要不同点在于,电子经纬仪采用电子手段测定不同方向的角度。在其内部还装置了一个微处理器,由它来控制电子测角、测距,以及各项固定参数(温度、气压等信息)的输入、输出,还由它进行安置观测误差的改正、有关数据的实时处理及电子手簿的控制。

2)光电测距仪

光电测距仪是利用调制的光波进行精密测距的仪器。光电测距仪根据测定时间 t 的方式,分为直接测定时间的脉冲测距法和间接测定时间的相位测距法。

3)数据自动记录装置

全站仪有数据自动记录装置,不仅具有自动数据记录功能,而且具有编程处理功能,还配有不少程序,如能进行自由设站的坐标计算、交会法计算和放样数据计算等。还可以配备高级语言编写应用程序,以方便用户。全站仪采用内存储器或插入式存储卡,实现了观测装置与存储装置一体化,可方便地进行数据自动记录和查询。

2. 测角设备的基本构造

要获得水平角和垂直角的正确值，必须正确确定视准线、铅垂线以及水平面和垂直面。因此，测角设备的基本结构必须能构成这些线、面，并保持正确关系。测角设备的基本结构如图 4-10 所示。

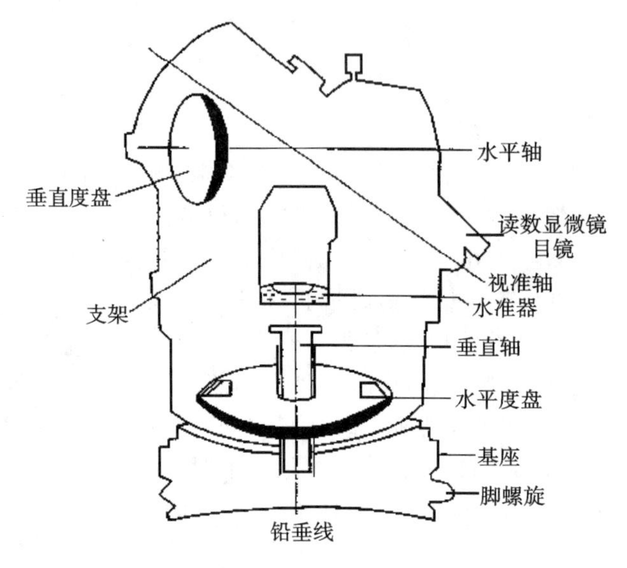

图 4-10　测角设备的基本结构

测角设备的主要部件如下：

(1)望远镜，构成视准轴，在照准目标时形成视准线，以便精确照准目标。

(2)照准部水准器，用来指示垂直轴的垂直状态，以形成水平面和垂直面。

(3)垂直轴，作为仪器的旋转轴，测定角度时，应与测站铅垂线一致。

(4)水平轴，作为望远镜俯仰的转轴，以便照准不同高度的目标。

(5)水平度盘，用来在水平面上度量水平角，应与水平面平行。

(6)垂直度盘，用来度量垂直角。

测角设备的以上部件，除水平度盘外，合称为仪器的照准部。照准部可以绕垂直轴旋转。

仪器的基座、水平度盘、垂直轴套和调平仪器的脚螺旋，是测角设备的基础部分，叫作基座。

三、各主要部件之间的相互关系

为了测得水平角和垂直角，测角设备不仅要具有上述各种主要部件，而且这些部件还应按下列关系组合成一个整体。

垂直轴与照准部水准器轴正交，即当照准部水准器气泡居中时，垂直轴与测站铅垂线一致。

垂直轴与水平度盘正交且通过其中心。这样，当垂直轴与测站铅垂线一致时，水平度盘就与测站水平面平行，在其上面量取的角度，才是正确的水平角。

水平轴与垂直轴正交，视准轴与水平轴正交，当垂直轴与测站铅垂线一致时，俯仰望远镜，视准轴所形成的面才是垂直照准面。

水平轴与垂直度盘正交，且通过其中心。满足此关系，当垂直轴与测站铅垂线一致，水平轴水平时，垂直度盘就平行于过测站的垂直照准面，在它上面量取的角度，才是正确的垂直角。

测角设备各主要部件的上述关系，总的来说，就是三轴（垂直轴、水平轴、视准轴）两盘（水平度盘和垂直度盘）之间的关系，一旦它们之间的关系被破坏，将给角度观测带来误差。

四、全站仪的操作

1. 全站仪界面符号

:该键为快捷功能键，包含激光指示、PPM 设置、合作目标、电子气泡、测量模式、激光对点。

:该键为数据功能键，包含原始数据、坐标数据、编码数据及数据图形。

:该键为测量模式键，可设置 N 次测量、连续精测或跟踪测量。

:该键为合作目标键，可设置目标为反射板、棱镜或无合作。

:该键为电子气泡键，可设置 X 轴补偿、Y 轴补偿或关闭补偿。

全站仪显示符号如表 4-4 所示。

表 4-4　全站仪显示符号

显示符号	内容	显示符号	内容
V	垂直角	VD	高差
V%	垂直角（坡度显示）	SD	斜距
HR	水平角（右角）	N	北向坐标
HL	水平角（左角）	E	东向坐标
HD	水平距离	Z	高程

“置零”：将当前水平角度设置为零（需先瞄准起始方向）。

“置盘”：通过输入设置当前的角度值（需先瞄准对应方向）。

设置好水平度盘后即可测角度，望远镜转到哪就显示哪个方向的角度值。

2. 对中整平

1）利用光学对点器对中

（1）架设三脚架。将三脚架升到适当高度，确保三腿等长、打开，并使三脚架顶面近似水平，且位于测站点的正上方。将三脚架腿支撑在地面上，使其中一条腿固定。

（2）安置仪器和对点。将仪器小心地安置到三脚架上，拧紧中心连接螺旋，调整光学对点器，使十字丝成像清晰。双手握住另外两条未固定的架腿，通过对光学对点器的观察调节两条腿的位置。当光学对点器大致对准测站点时，使三脚架三条腿均固定在地面上。调节全站仪的三个脚螺旋，使光学对点器精确对准测站点。

(3)利用圆水准器粗平仪器。调整三脚架三条腿的高度,使全站仪圆水准气泡居中。

(4)利用管水准器精平仪器。

①转动仪器,使管水准器平行于某一对脚螺旋A、B的连线。通过旋转脚螺旋A、B,使管水准气泡居中。

②将仪器旋转90°,使其垂直于脚螺旋A、B的连线。旋转脚螺旋C,使管水准气泡居中。

(5)精确对中与整平。通过对光学对点器的观察,轻微松开中心连接螺旋,平移仪器(不可旋转仪器),使仪器精确对准测站点。再拧紧中心连接螺旋,再次精平仪器。重复此项操作直到仪器精确整平对中为止。

2)利用激光对点器对中

(1)架设三脚架。将三脚架升到适当高度,确保三腿等长、打开,并使三脚架顶面近似水平,且位于测站点的正上方。将三脚架腿支撑在地面上,使其中一条腿固定。

(2)安置仪器和对点。将仪器小心地安置到三脚架上,拧紧中心连接螺旋,打开激光对点器。双手握住另外两条未固定的架腿,通过对激光对点器光斑的观察,调节两条腿的位置。当激光对点器光斑大致对准测站点时,使三脚架三条腿均固定在地面上。调节全站仪的三个脚螺旋,使激光对点器光斑精确对准测站点。

(3)利用圆水准器粗平仪器。调整三脚架三条腿的高度,使全站仪圆水准气泡居中。

(4)利用管水准器精平仪器。

①转动仪器,使管水准器平行于某一对脚螺旋A、B的连线。通过旋转脚螺旋A、B,使管水准气泡居中。

②将仪器旋转90°,使其垂直于脚螺旋A、B的连线。旋转脚螺旋C,使管水准气泡居中。

(5)精确对中与整平。

通过对激光对点器光斑的观察,轻微松开中心连接螺旋,平移仪器(不可旋转仪器),使仪器精确对准测站点。再拧紧中心连接螺旋,再次精平仪器。重复此项操作直到仪器精确整平对中为止。

(6)关闭激光对点器。

注:也可使用电子气泡代替上面的利用管水准器精平仪器部分。超出±3′范围会自动进入电子气泡界面。

3.建站

在进行测量和放样之前都要进行已知点建站工作(见图4-11)。

通过已知点进行后视的设置,设置后视有两种方式,一种是通过已知的后视点,一种是通过已知的后视方位角。

“测站”:输入已知测站点的名称,通过“+”可以调用或新建一个已知点作为测站点。

“仪高”:输入当前的仪器高。

“镜高”:输入当前的棱镜高。

“后视点”:输入已知后视点的名称,通过“+”可以调用或新建一个已知点作为后视点。

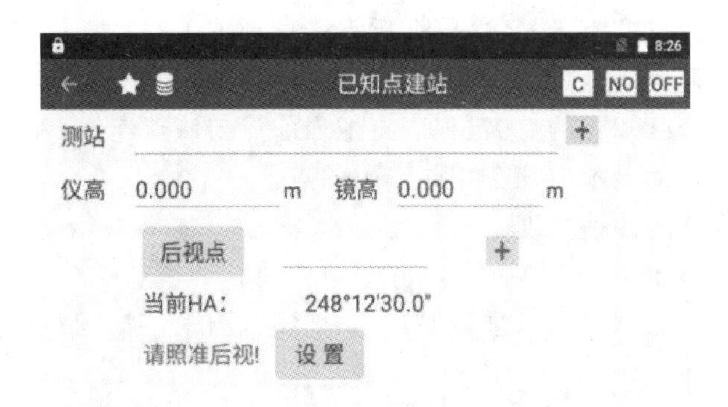

图 4-11　已知点建站

“当前 HA”：显示当前的水平角度。

“设置”：根据当前的输入对后视角度进行设置，如果前面的输入不满足计算或设置要求，将会给出提示。

通过直接输入后视方位角来设置后视（见图 4-12）：

后视角：输入后视方位角。

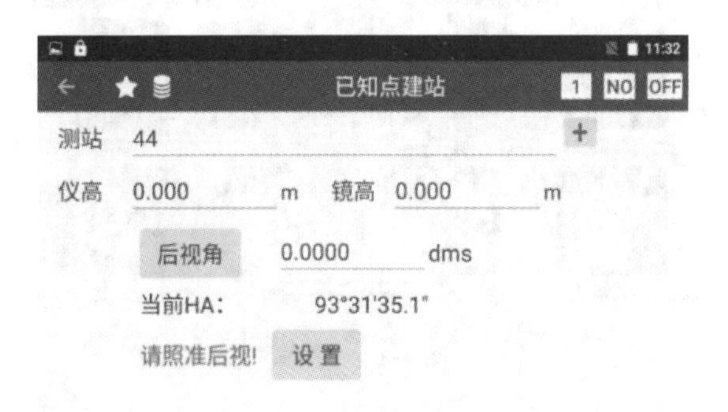

图 4-12　直接输入后视角

4. 点测量

点测量界面如图 4-13 所示。点击“测距”按钮后，改变垂直角时仪器将按照测量的水平距离及垂直角重新计算 VD 及 z 坐标，改变水平角时仪器将根据水平距离重新计算 N、E 坐标，这时点击“保存”按钮，仪器将按照重新计算的结果进行保存。

图 4-13　点测量

“点名”:输入测量点的点名,每次保存后点名自动加1。

“编码”:输入或调用测量点的编码。

“连线”:输入一个已知点的点名,程序将把当前点与该点连线,并在图形界面中显示,每次改变编码后,将自动显示前几个相同编码的点。

“镜高”:显示当前的棱镜高度。

“测距”:开始进行测距。

“保存”:对上一次的测量结果进行保存,如果没有测距,则只保存当前的角度值。

“测存”:测距并保存。

“数据”:显示上一次的测量结果。

测量键:仪器侧面的实体按键,起到同“测量”按钮相同的作用。

“测量”功能中,瞄准目标后按测量键可显示测得的坐标 x、y、z。

5.放样

在放样之前要先进行建站,之后打开放样界面菜单(见图4-14)。

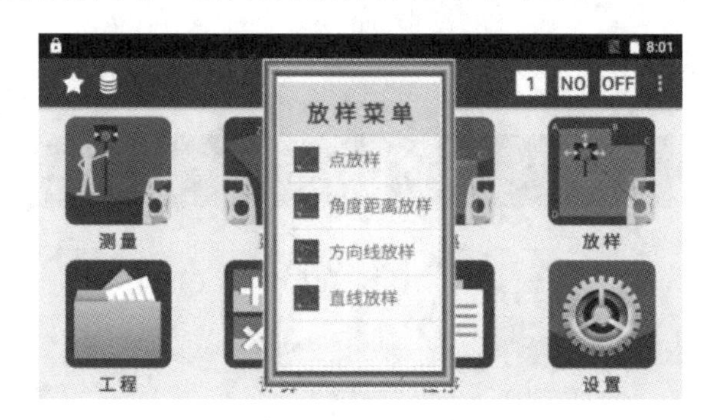

图4-14　放样

1)点放样

调用一个已知点进行放样(见图4-15)。

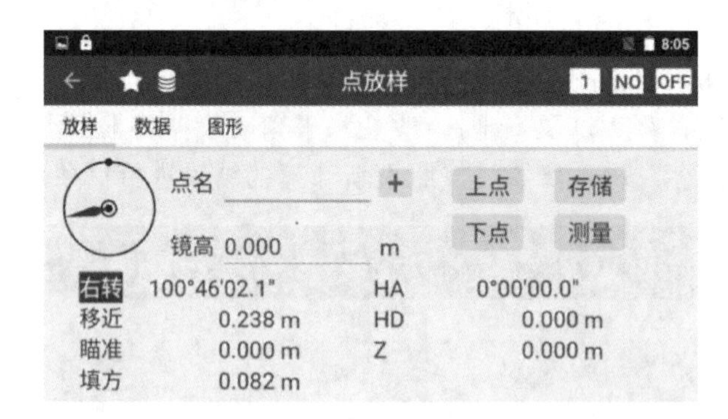

图4-15　点放样

“点名”:放样点的点名。

“+”:调用或者新建一个放样点。

“上点”:当前放样点的上一点,当是第一个点时将没有变化。

“下点”：当前放样点的下一点，当是最后一个点时将没有变化。

“右转”（“左转”）：仪器水平角应该向右（或者向左）旋转的角度。

“移近”（“移远”）：棱镜相对仪器移近（或者移远）的距离。

“向右”（“向左”）：棱镜向右（或者向左）移动的距离。

2）角度距离放样

通过输入测站与待放样点间的距离、角度及高程值进行放样（见图 4-16）。

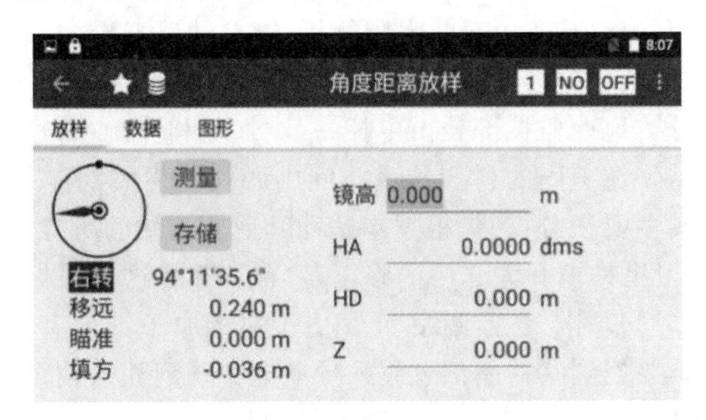

图 4-16　角度距离放样

“右转”（“左转”）：仪器水平角应该向右（或者向左）旋转的角度。

“移远”（“移近”）：棱镜相对仪器移远（或者移近）的距离。

“向右”（“向左”）：棱镜向右（或者向左）移动的距离。

任务 4　GNSS 静态控制测量

一、GNSS 概述

1. GNSS 简介

GNSS 的全称是全球导航卫星系统（global navigation satellite system），泛指所有的全球卫星导航系统以及区域和增强系统，它利用美国的 GPS、俄罗斯的 GLONASS、欧洲的 GALILEO、中国的北斗卫星导航系统、美国的 WAAS（广域增强系统）、欧洲的 EGNOS（欧洲静地导航重叠系统）和日本的 MSAS（多功能运输卫星增强系统）等卫星导航系统中的一个或多个系统进行导航定位，并同时提供卫星的完备性检验信息（integrity checking）和足够的导航安全性告警信息。

GNSS 测量技术能独立、迅速和精确地确定地面点的位置，与常规控制测量技术相比，其有如下优点：①不要求测站间的通视，因此可以按需要布点，并可以不用建造测站标志；②控制网的几何图形已不是决定精度的重要因素，点与点之间的距离可以自由布设；③可以在较短时间内以较少的人力来完成外业观测工作，观测（卫星信号接收）的全天候优势更为显著；④由于接收仪器的高度自动化，内、外业紧密结合，软件系统日益完善，可以迅速提交测量成果;⑤精度高;⑥节省经费和工作效率高。

2. 美国的GPS

美国的GPS主要由空间卫星部分、地面监控部分和用户设备部分组成。

(1)空间卫星部分。空间卫星部分由24颗GPS卫星组成GPS卫星星座。其中有21颗工作卫星、3颗备用卫星,其作用是向用户接收机发射天线信号。地球上任何地方的接收机都能至少同时观测到4颗卫星(接收电波),最多可达11颗。GPS卫星的主体呈圆柱形,直径约为1.5 m,两侧设有两块双叶太阳能板,能自动对日定向,以保证卫星正常工作的用电。每颗GPS卫星装有4台高精度原子钟,为GPS测量提供高精度的时间标准。

(2)地面监控部分。地面监控部分由主控站、注入站和监测站组成。

①主控站有1个,设在美国的科罗拉多空间中心。其主要功能是协调和管理所有地面监控系统的工作,其主要任务:一是根据本站和其他监测站的所有观测资料推算和编制各GPS卫星的星历、卫星钟差和大气层的修正参数等,并将这些数据传送到注入站;二是提供全球定位系统的时间基准,各监测站和GPS卫星的原子钟均应与主控站的原子钟同步或测出其间的钟差,并把这些钟差信息编入导航电文送到注入站;三是调整偏离轨道的GPS卫星,使之沿预定的轨道运行;四是启用备用卫星以代替失效的工作卫星。

②注入站现有3个,分别设在印度洋的迭戈加西亚、南大西洋的阿森松岛和南太平洋的卡瓦加兰。注入站包括天线、发射机和微处理机。其主要任务是在主控站的控制下,将主控站推算和编制的卫星星历、钟差、导航电文和其他控制指令注入相应GPS卫星的存储系统,并监测注入信息的正确性。

③监测站共有5个,除4个地面站具有监测站功能外,还在夏威夷设有一个监测站。监测站的主要任务是连续观测和接收所有GPS卫星发出的信号并监测GPS卫星的工作状况,将采集到的数据连同当地气象观测资料和时间信息经初步处理后传送到主控站。

整个系统除主控站外,不需人工操作,各站之间用现代化的通信系统联系起来,实现高度的自动化和标准化。

(3)用户设备部分。用户设备部分包括GPS接收机硬件、数据处理软件和微处理机及其终端设备等。GPS接收机的主要功能是捕获卫星信号,跟踪并锁定卫星信号,对接收的卫星信号进行处理,测量出GPS信号从卫星到接收机天线的传播时间,译出GPS卫星发射的导航电文,实时计算接收机天线的三维坐标、速度和时间。GNSS接收机的主要结构都相似,都包括接收机天线、接收机主机和电源3个部分。

3. 中国的北斗卫星导航系统

(1)北斗卫星导航系统的发展。中国北斗卫星导航系统是中国自行研制的全球卫星导航系统,也是继GPS、GLONASS之后的第三个成熟的全球卫星导航系统。

北斗卫星导航系统由空间段、地面段和用户段3部分组成,可在全球范围内全天候、全天时为各类用户提供高精度、高可靠定位的导航、授时服务,并具备短报文通信能力,已经初步具备区域导航、定位和授时能力,定位精度为10 m,测速精度为0.2 m/s,授时精度为10 ns。北斗卫星导航系统是全球四大卫星导航核心供应商之一,目前在轨卫星已达55颗。从2017年年底开始,"北斗三号"系统建设进入了超高密度发射阶段。2020年7月31日,"北斗三号"系统建设全面完成。

(2)北斗卫星导航系统的组成。

①空间段由若干地球静止轨道卫星、倾斜地球同步轨道卫星和中圆地球轨道卫星组成。

②地面段包括主控站、时间同步/注入站和监测站等若干地面站，以及卫星间链路运行管理设施。

③用户段包括北斗卫星导航系统及兼容其他卫星导航系统的芯片、模块、天线等基础产品，以及终端设备、应用系统与应用服务等。

(3)北斗卫星导航系统的特点。

①北斗卫星导航系统空间段采用 3 种轨道卫星组成的混合星座，与其他卫星导航系统相比高轨卫星更多，抗遮挡能力强，尤其低纬度地区性能特点更为明显。

②北斗卫星导航系统提供多个频点的导航信号，能够通过多频信号组合等方式提高服务精度。

③北斗卫星导航系统创新融合了导航与通信能力，具有实时导航、快速定位、精确授时、位置报告和短报文通信服务五大功能。

思政导读

在浩瀚星空中，有一颗颗璀璨的明珠，它们熠熠生辉，为我们的生活指引方向。这便是中国北斗卫星导航系统，它为全球用户提供精确、可靠的导航定位服务。

北斗卫星导航系统(Beidou navigation satellite system，简称 BDS，又称 COMPASS，中文音译名称为 BeiDou)是中国自行研制的全球卫星导航系统，也是继 GPS、GLONASS 之后的第三个成熟的卫星导航系统。北斗卫星导航系统(BDS)和美国 GPS、俄罗斯 GLONASS、欧盟 GALILEO，是联合国全球卫星导航系统国际委员会已认定的供应商。北斗卫星导航系统由空间段、地面段和用户段三部分组成，可在全球范围内全天候、全天时为各类用户提供高精度、高可靠定位、导航、授时服务，并且具备短报文通信能力，已经初步具备区域导航、定位和授时能力，定位精度为 10 m，测速精度 0.2 m/s，授时精度 10 ns。

我国自主研发的北斗卫星导航系统使我国彻底摆脱了美国 GPS 独霸的局面，成为中国科技创新的一面旗帜，作为中国测绘人，我们为之感到自豪。

4. GNSS 测量坐标系统

任何一项测量工作都需要一个特定的坐标系统(基准)。由于 GNSS 测量技术基于全球性的定位导航系统，其坐标系统也必须是全球性的，根据国际协议的规定，其坐标系统称为协议地球坐标系(coventional terrestrial system，CTS)。目前，GNSS 测量技术中使用的协议地球坐标系为 1984 年世界大地坐标系(WGS-84)。

5. GNSS 测量的定位原理

GNSS 定位是利用空间测距交会定点原理。GNSS 测量在定位时测量出已知位置的卫星到用户接收机之间的距离，然后综合多颗卫星的数据就可知道接收机的具体位置。要达到这一目的，卫星的位置可以根据星载时钟所记录的时间在卫星星历中查出。而用户到卫星的距离通过记录卫星信号传播到用户接收机所经历的时间，再将其乘以光速得到。

二、GNSS 静态控制测量的施测

与常规测量相似，GNSS 测量按其工作性质可分为外业工作和内业工作两大部分。外业工作主要包括选点、建立标志、野外观测作业等；内业工作主要包括 GNSS 控制网的技术设计、成果检核与数据处理等。

1. GNSS 控制网的技术设计

GNSS 控制网的技术设计是进行 GNSS 定位的基础，它依据国家有关规范（规程）、GNSS 网的用途和用户的要求来进行，其主要内容包括 GNSS 测量精度指标的确定和网形设计等。

（1）GNSS 测量精度指标的确定。GNSS 测量精度指标通常以网中相邻点的距离中误差来表示，其形式为：

$$M_R = \delta_D + pp \times D$$

式中：M_R ——网中相邻点的距离中误差，mm；

δ_D ——固定误差，mm；

pp ——比例误差，ppm；

D——相邻点的距离，km。

《全球定位系统（GPS）测量规范》（GB/T 18314—2009）将 GNSS 控制网分为 A、B、C、D、E 五级，A 级 GPS 网由卫星定位连续运行基准站构成，B、C、D、E 级的精度不低于表 4-5 的要求。

表 4-5　GNSS 控制网的级别划分及精度指标

级别	相邻点基线分量中误差		相邻点间平均距离/km
	水平分量/mm	垂直分量/mm	
B	5	10	50
C	10	20	20
D	20	40	5
E	20	40	3

由于精度指标的大小直接影响 GNSS 控制网的布设方案及 GNSS 测量作业模式，因此，在设计中应根据用户的实际需要及设备条件慎重确定。GNSS 控制网可以分级布设，也可以越级布设或布设同级全面网。

（2）网形设计。根据用途不同，GNSS 控制网的基本构网方式有点连式、边连式、网连式和边点混合连接 4 种。

①点连式。点连式是指相邻的同步图形（即多台接收机同步观测卫星所获基线构成的闭合图形，又称同步环）之间仅用一个公共点连接，如图 4-17(a)所示。这种方式所构成的网的几何强度很弱，一般不单独使用。

②边连式。边连式是指相邻同步图形之间由一条公共基线连接，如图 4-17(b)所示。这种布网方案中，复测的边数较多，网的几何强度较高。非同步图形的观测基线可以组成异步观测环（又称为异步环），异步环常用于检查观测成果的质量。边连式的可靠性优于

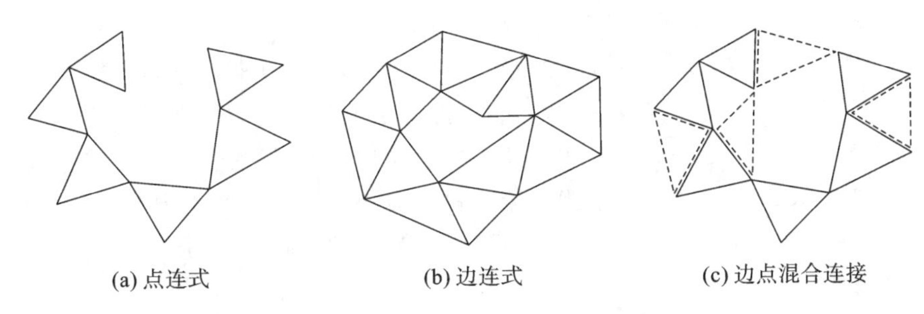

图 4-17　GNSS 控制网的基本构网方式

点连式。

③网连式。网连式是指相邻同步图形之间由两个以上的公共点连接。这种方法要求 4 台以上的接收机同步观测。这种方式所构成的网的几何强度和可靠性更高，但所需的经费和时间更多，一般仅用于较高精度的 GNSS 测量。

④边点混合连接。边点混合连接是指将点连式与边连式有机地结合起来组成 GNSS 控制网，如图 4-17(c)所示。它是在点连式的基础上加测 4 个时段，把边连式与点连式结合起来得到的。这种方式既能保证网的几何强度、提高网的可靠性，又能减少外业工作量、降低成本，因此是一种较为理想的布网方法。

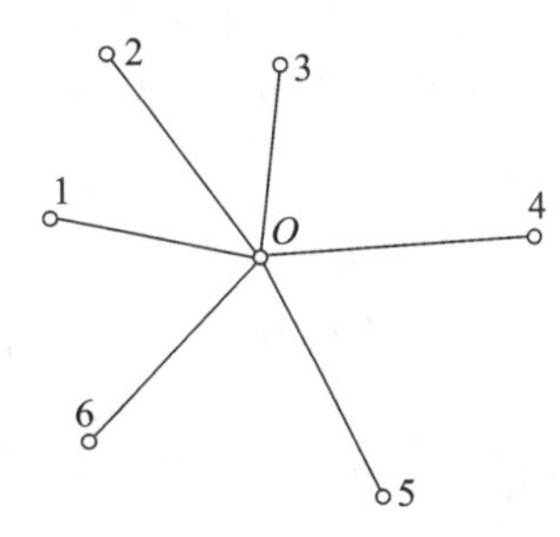

图 4-18　GNSS 控制网的星形布设方式

对于低等级的 GNSS 测量或碎部测量，也可采用图 4-18 所示的星形布设方式。这种方式的主要优点是观测中只需要两台 GNSS 接收机，作业简单。但由于直接观测边之间不构成任何闭合图形，所以其检查和发现粗差的能力比点连式差。这种方式常采用快速定位的作业模式。

注意事项

1. GNSS 控制网点一般应通过独立观测边构成闭合图形，以增加检核条件，提高网的可靠性。

2. GNSS 控制网点应尽量与原有地面控制网点重合。重合点一般不应少于 3 个(不足时应联测)且在网中应分布均匀。

3. GNSS 控制网点虽然不需要通视，但是为了便于使用常规方法联测和扩展，要求控制点至少与一个其他控制点通视，或者在控制点附近(300 m 外)布设一个通视良好的方位点，以便建立联测方向。

4. 为了利用 GNSS 进行高程测量，在测区内 GNSS 控制网点应尽可能与水准点重合，而非重合点一般应根据要求以水准测量方法(或相当精度的方法)进行联测，或在网中设一定密度的水准联测点，进行同等级水准联测。

5. GNSS 控制网点尽量选在天空视野开阔、交通方便的地点，并要远离高压线、变电所及微波辐射干扰源。

2. 选点与建立标志

由于 GNSS 测量测站之间不要求通视，且网的图形结构比较灵活，故选点工作较常规测量简便。但 GNSS 测量有其自身的特点，因此选点时应满足以下要求：

(1)观测站(即接收天线安置点)应远离大功率的无线电发射台和高压输电线，以避免其周围磁场对 GNSS 卫星信号的干扰。接收机天线与其距离一般不得小于 200 m。

(2)观测站附近不应有大面积的水域或对电磁波反射(或吸收)强烈的物体，以减弱多路径效应的影响。

(3)观测站应设在易于安置接收设备且视野开阔的地方，在视场内周围障碍物的高度角一般应大于 15°，以减弱对流层折射的影响。

(4)观测站应选在交通方便，并且便于用其他测量手段联测和扩展的地方。

(5)对于基线较长的 GNSS 控制网，还应考虑观测站附近是否具有良好的通信设施(电话与电报、邮电)和电力供应，以供观测站之间的联络和设备用电。

(6)点位(包括方位点)选定后，均应按规定制作点之记，其主要内容应包括点位及点位略图、点位的交通情况以及选点情况等。

在 GNSS 测量中，网点一般应设置在具有中心标志的标石上，以精确标志点位。埋石是指具体标石的设置，可参照有关规范。对于一般的 GNSS 控制网，只需要采用普通的标石，或在岩层、建筑物上做标志。

3. 野外观测作业

GNSS 外业工作中的野外观测作业主要包括天线安置、观测作业和观测记录等，下面分别进行介绍。

(1)天线安置。天线的相位中心是 GNSS 测量的基准点，所以妥善安置天线是实现精密定位的重要条件之一。天线安置的内容包括对中、整平、量测天线高。

进行静态相对定位时，天线应架设在三脚架上，并安置在标志中心的上方直接对中，天线基座上的圆水准器气泡必须居中(对中与整平方法与经纬仪相同)。天线高是指天线的相位中心至观测点标志中心的垂直距离，用钢尺在互为 120°的方向量 3 次，要求互差小于 3 mm，满足要求后取 3 次结果的平均值记入测量手簿中。

(2)观测作业。观测作业的主要任务是捕获卫星信号并对其进行跟踪、接收和处理，以获取所需的定位信息和观测数据。

天线安置完成后，将 GNSS 接收机安置在距离天线不远的安全处，接通 GNSS 接收机与电源、天线的连接电缆，经检查无误后，打开电源，启动 GNSS 接收机进行观测。

GNSS 接收机的具体操作步骤和方法，随 GNSS 接收机的类型和作业模式的不同而异，在随机的操作手册中都有详细的介绍。事实上，GNSS 接收机的自动化程度很高，一般仅需按动若干功能键(有的甚至只需按一个电源开关键)，即能顺利地完成测量工作。观测数据由 GNSS 接收机自动生成，并以文件形式保存在 GNSS 接收机存储器中。作业人员只需定期查看 GNSS 接收机的工作状况并做好记录。在观测过程中不得关闭或重新启动 GNSS 接收机；不得更改有关设置参数；不得触碰天线或阻挡信号；不准改变天线高。观测站的全部预定作业项目经检查均已按规定完成，且记录与资料完整无误后方可迁站。

(3)观测记录。观测记录的形式一般有两种，一种由 GNSS 接收机自动生成，并保存在 GNSS 接收机存储器中供随时调用和处理，这部分内容主要包括卫星星历和卫星钟差参数、观测历元及伪距和载波相位观测值、实时绝对定位结果、测站控制信息及 GNSS 接收机工作状态信息；另一种是测量手簿，由观测人员填写，内容包括天线高、气象数据测量结果、观测人员、仪器编号及观测时间等，同时，对于观测过程中发生的重要问题、问题出现的时间及处理方式也应记录。观测记录是 GNSS 定位的原始数据，也是进行后续数据处理的唯一依据，必须真实、准确，并妥善保管。

4. 成果检核

对观测成果应进行外业检核，这是确保野外观测作业质量和实现预期定位精度的重要环节。观测任务结束后，必须在测区及时对观测数据的质量进行检核，对于外业预处理成果，要按《全球定位系统（GPS）测量规范》（GB/T 18314—2009）的要求严格检查、分析，以便及时发现不合格成果，并根据情况采取重测或补测措施。成果检核无误后，即可进行内业数据处理。

5. 数据处理

内业数据处理过程大体可分为数据预处理、基线向量解算、无约束平差、约束平差。

（1）数据预处理。对观测数据进行检验，剔除粗差，将各种数据文件加工成标准化文件。

（2）基线向量解算。计算所有同步观测相邻点之间的三维坐标差（即独立基线向量），检核重复边，即同一基线在不同时间段测得的基线边长的较差，以及由基线向量构成的各种同步环和异步环的闭合差是否满足相应等级的限差要求。

（3）GNSS 网无约束平差。以解算的基线向量作为观测值，对 GNSS 网进行无约束平差，从而得到各 GNSS 点之间的相对坐标差值，再以基准点在 WGS-84 坐标系的坐标值为起始数据，即得各 GNSS 点的 WGS-84 坐标，以及所有基线的边长和相应的精度。

（4）GNSS 网约束平差。根据 GNSS 网和国家或城市控制网联测的结果，将联测的高级点的坐标、边长、方位角或高程作为强制约束条件，对 GNSS 网进行二维或三维约束平差和坐标转换，使所有 GNSS 点获得与国家或城市控制网相一致的二维或三维坐标值。

任务 5　RTK 平面控制测量

RTK 是实时动态测量技术（real time kinematic）的简称，是以载波相位观测为根据的实时差分技术。RTK 是一种全天候、全方位的测量方法，是目前实时、准确地确定待测点位置的最佳方式。RTK 技术一般可分为常规 RTK 测量技术和网络 RTK 测量技术。

常规 RTK 测量，需要一台基准站和一台流动站接收机以及用于数据传输的电台。RTK 定位技术是将基准站的相位观测值及坐标信息通过数据链方式及时传送给流动站，流动站将收到的数据链连同自采集的相位观测数据进行实时差分处理，实时解算出流动站的三维坐标及其精度（即基准站和流动站坐标差 ΔX、ΔY、ΔH，加上基准坐标得到的每个点的 WGS-84 坐标，通过坐标转换参数得出流动站每个点的平面坐标 X、Y 和海拔高 H）。

连续运行卫星定位服务系统(continuous operational reference system,简称 CORS)是 GNSS 测量技术发展的热点之一。网络 RTK 是 CORS 最主要的应用之一。连续运行参考站系统可以定义为一个或若干个固定的、连续运行的 GNSS 参考站,利用现代计算机、数据通信和互联网技术组成的网络,实时地向用户自动地提供经过检验的不同类型的 GNSS 观测值、各种改正数、状态信息,以及其他有关 GNSS 服务项目的系统。CORS 按基站数量主要分成单基站 CORS、多基站 CORS、网络 CORS。单基站 CORS 是单参考站模式,采用常规 RTK 技术,由每一个参考站服务于一定作用半径内所有的 GNSS 用户。

本任务介绍常规 RTK 测量技术。

一、RTK 系统组成

RTK 系统由数据实时处理系统、数据实时传输系统、信号接收系统三部分组成。信号接收系统包括基准站、移动站、无线电通信系统。

基准站由基准站 GNSS 接收机、基准站电台、基准站电台天线、电源组成。

移动站由移动站 GNSS 接收机、移动站电台、移动站电台天线、电源组成。

无线电通信系统:基准站与移动站之间使用数据链进行通信。

手簿连接基准站 GNSS 接收机、移动站 GNSS 接收机对其进行操作及测量。

二、RTK 测量技术要求

(1)RTK 测量卫星的状态应符合表 4-6 的规定。

表 4-6　RTK 测量卫星状态的基本要求

观测窗口状态	截止高度角 15°以上的卫星个数	PDOP 值
良好	≥6	<4
可用	5	≥4 且≤6
不可用	<5	>6

(2)经、纬度记录精确至 0.00001″,平面坐标和高程记录精确至 0.001 m。天线高量取精确至 0.001 m。

(3)RTK 平面控制点测量主要技术要求应符合表 4-7 的规定。

表 4-7　RTK 平面控制点测量主要技术要求

等级	相邻点间距离/m	点位中误差/cm	边长相对中误差	与参考站的距离/km	观测次数
一级	500	≤±5	≤1/20000	≤5	≥4
二级	300	≤±5	≤1/10000	≤5	≥3
三级	200	≤±5	≤1/6000	≤5	≥2

注:1. 点位中误差指控制点相对于起算点的误差。

2. 采用单参考站 RTK 测量一级控制点需更换参考站进行观测,每站观测次数不少于 2 次。

3. 采用网络 RTK 测量各级平面控制点可不受流动站到参考站距离的限制,但应在网络有效服务范围内。

三、RTK 平面控制测量

1. 架设基准站

1) 架设要求

(1) 基站脚架和天线脚架之间应该保持至少 3 m 的距离，避免电台干扰 GNSS 信号。

(2) 基准站应架设在地势较高、视野开阔的地方，避免高压线、变压器等强磁场，以利于 UHF 无线信号的传送和卫星信号的接收。若移动站距离较远，还需要增设电台天线加长杆。

2) 架设仪器

选择地势开阔、位置较高、无干扰（移动、联通发射塔等）位置架设好仪器，连接好仪器、电源，开机。

3) 设置基准站（移动网络模式）

长按开关键和 F 键，等六个灯同时闪烁时松开，按 F 键切换到基站模式（中间红灯），10 秒后，长按 F 键，听到第二声响时松开，按 F 键切换到移动网络模式。

4) 使用手簿操作

(1) 配置→仪器连接→扫描→选基准站蓝牙编码→连接。

(2) 配置→仪器设置→基准站设置→数据链（RTCM 3）→接收机移动网络→确定。

(3) 数据链设置→增加（输入账户、密码）→确定→连接→启动。

2. 架设流动站

流动站又称移动站，移动站需要 GNSS 接收机、对中杆、小天线、手簿。

将 GNSS 接收机安装在对中杆上，手簿与 GNSS 接收机使用蓝牙进行连接。RTK 测量结果均保存在手簿内。

小天线安装在接收机上，用来接收基准站的差分信息。

设置移动站（移动网络模式）：

长按开关键和 F 键，等六个灯同时闪烁时松开，按 F 键切换到移动站模式（中间红灯），10 秒后，长按 F 键，听到第二声响时松开，按 F 键切换到移动网络模式。

使用手簿操作：

(1) 配置→仪器连接→扫描→选移动站蓝牙编码→连接。

(2) 配置→仪器设置→移动站设置→数据链（RTCM 3）→接收机移动网络→确定。

(3) 数据链设置→点击设置基准站时建立的数据链设置项→连接，返回到主界面，显示固定解状态就可以进行控制点测量或碎部测量了。

3. 求转换参数

RTK 求解参数主要有四参数、七参数等两种方式。

采集已知控制点：

(1) 使用手簿操作：测量→控制点测量→保存→输入点名（K_1—G_1、K_2—G_2、K_3—G_3）、杆高（默认 1.8 米）开始（平滑采集）→停止→保存，去下一个点采集，直到已知控制点采集完毕。

(2) 已知控制点数据导入：点击屏幕右上方“已知点”→一键导入。

求转换参数的两种方式：

(1)多点求参数。

使用手簿操作：输入→求转换参数添加→平面坐标：点库获取→选已知控制点 K_1→大地坐标：点库获取→选已知控制点采集数据 G_1→平面坐标：点库获取→选已知控制点 K_2→大地坐标：点库获取→选已知控制点采集数据 G_2→平面坐标：点库获取→选已知控制点 K_3→大地坐标：点库获取→选已知控制点采集数据 G_3→确定(返回)计算→应用。

判定 RTK 坐标转换参数解算成果可靠应同时满足重合点坐标转换残差在限差范围内、比例因子小数点后连续 4 个 9 或 4 个 0。如坐标转换参数解算成果符合可靠性判断标准，可以保留满足坐标转换残差在限差范围内且数量足够(求 4 参数需至少 2 个重合点，求 7 参数需至少 4 个重合点)的参与解算参数的控制点。

(2)单点求校正。

使用手簿操作：输入→校正向导→移动站已知平面坐标：点库获取→选已知控制点 K_1→选择经纬度模式：点库获取→选已知控制点采集数据 G_1→校正。

4. RTK 控制点测量

求解转换参数完成，即可进行 RTK 控制点测量。测量 RTK 控制点平面坐标时，流动站采集卫星观测数据，并通过数据链接收来自基准站的数据，在系统内组成差分观测值进行实时处理，通过坐标转换方法将观测得到的地心坐标转换为指定坐标系中的平面坐标。

通过手簿使用蓝牙连接 RTK 流动站接收机，通过“测量”模块的“点测量”功能采集控制点坐标数据。

使用 RTK 流动站进行控制点测量应满足下列技术要求：

(1)RTK 流动站不宜设在隐蔽地带、成片水域和强电磁波干扰源附近观测。

(2)观测开始前对仪器进行初始化，并得到固定解，当长时间不能获得固定解时，断开通信链路，再次进行初始化操作。

(3)每次观测之前流动站重新初始化。作业过程中，出现卫星信号失锁，重新初始化，并经重合点测量检测合格后，继续作业。

(4)每次作业开始前或重新架设基准站后，均应进行至少一个同等级或高等级已知点的检核。检测高等级控制点时，其点位平面坐标互差不应大于 5 cm，检测同等级控制点时，其点位平面坐标互差不应大于 7 cm；高程较差不应大于 5 cm。

(5)RTK 平面控制点测量平面坐标转换残差不超过±2 cm，高程异常拟合残差不超过±3 cm。

(6)测量手簿设置控制点的单次观测的平面收敛精度不超过±2 cm，高程收敛精度不超过±3 cm。

(7)RTK 平面控制点测量流动站观测时采用三脚架对中、整平，每次观测历元数应大于 20 个，采样间隔 2～5 s，各次测量的平面坐标较差不超过±4 cm、高程较差不超过±4 cm。

(8)取各次测量的平面坐标中数作为最终结果。

5. 数据导出

可采用以下两种方法进行数据导出：

(1)打开要传输数据的工程→数据导入导出→选择导出数据的格式→选择测量文件→输入成果文件的文件名(不能与工程名一样)→连接电脑 EGJobs→Datas→找到相应的工程名,复制数据,用软件打开即可。

(2)使用 Microsoft ActiveSync,连接手簿与电脑,同步后,打开“我的电脑”找到“移动设备”,可浏览移动设备(手簿)中的所有内容。可进行文件的删除、拷贝等操作,将数据文件复制到电脑中的文件夹完成数据的导出。

思政导读

控制测量是测定和测设的基础和依据。控制测量如出现粗差或错误,将导致后面的测量成果不可靠,甚至导致返工。因此,我们必须秉持认真负责的工作态度,以保证测量成果的精度及可靠性。

认真负责的工作态度可以促进个人的职业发展。如果一个人在工作中表现出优秀的职业素养,如条理性强、对工作细致认真、始终保持高效率等,那么他的上司和同事自然会对他刮目相看。这种表现可以让他在职场上占据优势地位,有机会得到更多的晋升机会。

认真负责的工作态度有助于团队合作。在团队中,每个人都需要尽职尽责,以确保工作的顺利进行。如果有一个同事表现出漫不经心的态度或不负责任的行为,那么他的行为会影响整个团队的成果。因此,团队成员需要相互信任和支持,确保每个人都能够认真负责地完成自己的工作,而不是敷衍了事,然后把责任推到其他人身上。只有这样,才能确保团队的高效运作和共同取得成功。

认真负责的工作态度不仅与个人的职业发展和团队合作有关,也涉及公司的利益。公司中每个员工的行为都会影响公司的形象和业务表现。如果有一个员工表现出漫不经心或不负责任的态度,那么他的所作所为会给公司造成损失。相反,如果每个员工都能够认真负责地完成自己的工作,那么公司将获得一个优秀的形象,并且业务表现也将得到提高。这将帮助公司更好地在市场竞争中保持优势。

思考与练习题

1. 导线测量的布设形式有哪些?平面点位应如何选择?
2. 导线测量外业测量包含哪些内容?
3. 导线测量中坐标方位角如何推算?
4. 导线测量内业计算时,怎样衡量导线测量的精度?
5. 附合导线与闭合导线内业计算中有哪些相似点?又有哪些不同?
6. GNSS 控制点点位应如何选择?
7. 简述 GNSS 静态控制测量内业数据处理过程。
8. GNSS 控制网的基本构网方式有哪些?说明各种方式的适用性。
9. 简述使用 RTK 进行平面控制测量的操作过程。

10. 闭合导线如图 4-19 所示，其中 $x_1 = 5030.70$，$y_1 = 4553.66$，$\alpha_{12} = 97°58'08''$。各边边长与转折角角值均注于图中，求 2、3、4 点的坐标。

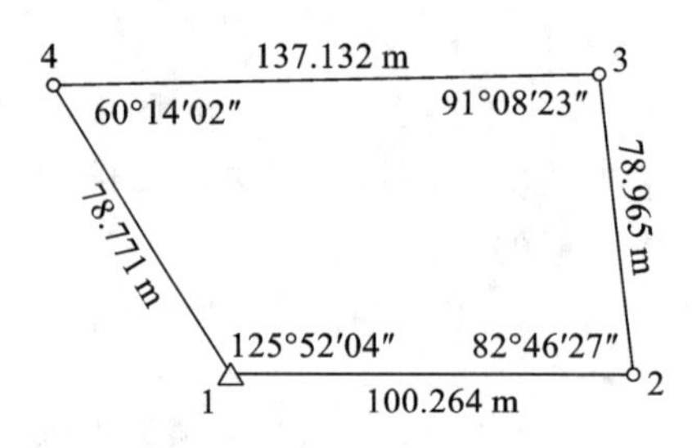

图 4-19　闭合导线示意图

项目5　工程建设数字地形图的测绘

【学习目标】

1.知识目标

(1)理解地形图的基本知识;

(2)熟悉地形图的测绘流程;

(3)理解地形图的应用。

2.能力目标

(1)具备大比例尺地形图测绘的能力;

(2)掌握水下地形测量的方法。

3.素养目标

通过本项目的学习,培养学生认真负责的工作态度。

任务1　地形图的基本知识

一、地形图

地面上自然形成或人工修建的有明显轮廓的物体称为地物,如道路、桥梁、房屋、耕地、河流、湖泊等。地面上高低起伏变化的地势,称为地貌,如平原、丘陵、山头、洼地等。地物和地貌合称为地形。

地形图是把地面上的地物和地貌形状、大小和位置,采用正射投影方法,运用特定符号、注记、等高线,按一定比例尺缩绘于平面的图形。它既表示地物的平面位置,也表示地貌的形态。如果图上只反映地物的平面位置,不反映地貌的形态,则称为平面图。

地形图上详细地反映了地面的真实面貌,人们可以在地形图上获得所需要的地面信息,例如某一区域高低起伏、坡度变化、地物的相对位置、道路交通等状况,可以量算距离、方位、高程,了解地物属性。

(1)地物:房、路、桥、河、湖等,人工形成。

(2)地貌:山岭、洼地、河谷、平原等,高低起伏、自然形成。

(3)比例尺:图上长度与实际长度之比。

二、比例尺的种类

地形图上某一直线段的长度 d 与地面相应距离的水平投影长度 D 之比，称地形图比例尺。地形图比例尺可分为数字比例尺和直线比例尺(图示比例尺)。

1. 数字比例尺

数字比例尺以分子为 1、分母为正数的分数表示，如 1/500、1/1000、1/2000，一般书写为比例式形式，如 1∶500、1∶1000、1∶2000。

当图上两点距离为 1 cm，实地距离为 10 m 时，该图比例尺为 1∶1000；若图上 1 cm 代表实地距离 5 m，该图比例尺为 1∶500。分母愈大，比例尺愈小。反之，分母愈小，比例尺愈大。比例尺的分母代表了实际水平距离缩绘在图上的倍数。

【例题 5-1】 在比例尺为 1∶1000 的图上，量得两点间的长度为 2.8 cm，求其相应的水平距离。

$$D = Md = 1000 \times 0.028\ \text{m} = 28\ \text{m}$$

【例题 5-2】 实地水平距离为 88.6 m，试求其在比例尺为 1∶2000 的图上的相应长度。

$$d = \frac{D}{M} = \frac{88.6\ \text{m}}{2000} = 0.044\ \text{m}$$

2. 直线比例尺

使用中的地形图，经长时间存放，将会产生伸缩变形，如果用数字比例尺进行换算，其结果包含着一定的误差。因此绘制地形图时，用图上线段长度表示实际水平距离，称为直线比例尺。如图 5-1 所示，直线比例尺由两条平行线构成，在直线上 0 点右端为若干个 2 厘米长的线段，这些线段称为比例尺的基本单位。最左端的一个基本单位分为 10 等份，以便量取不足整数部分的数。在右分点上注记的 0 向左及向右所注记数字表示按数字比例尺算出的相应实际水平距离。使用时，直接用图上的线段长度与直线比例尺对比，读出实际距离长度，不需要进行换算，还可以避免由图纸伸缩变形产生的误差。下面举例说明直线比例尺的用法。

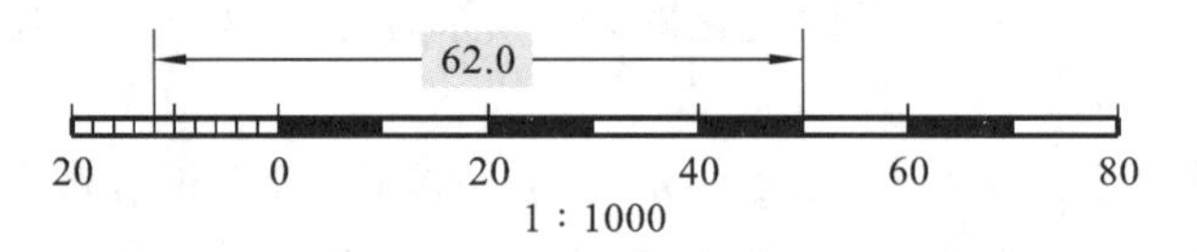

图 5-1　直线比例尺

【例题 5-3】 用分规的两个脚尖对准地形图上要量测的两点，再移至直线比例尺上，使分规的一个脚尖放在 0 点右面适当的分划线上，另一脚尖落在 0 点左面的基本单位上，如图 5-1 所示，实地水平距离为 62.0 m。

三、比例尺的精度

人们用肉眼在图上能分辨的最小距离为 0.1 mm，因此地形图上 0.1 mm 所代表的实地水平距离称为比例尺精度，即：

$$比例尺精度 = 0.1\ mm \times M \tag{5-1}$$

式中：M——比例尺分母。

比例尺大小不同，比例尺精度也不同，常用大比例尺地形图的比例尺精度如表 5-1 所示。

表 5-1　大比例尺地形图的比例尺精度

比例尺	1∶500	1∶1000	1∶2000	1∶5000	1∶10000
比例尺精度/m	0.05	0.1	0.2	0.5	1

比例尺精度的概念有两个作用。一是根据比例尺精度，确定实测距离应准确到什么程度。例如：选用 1∶2000 比例尺测绘地形图时，比例尺精度为 0.1×2000 mm＝0.2 m，测量实地距离最小为 0.2 m，小于 0.2 m 的长度图上就无法表示出来。二是按照测图需要表示的最小长度来确定采用多大的比例尺地形图。例如：要在图上表示出 0.5 m 的实际长度，则选用的比例尺应不大于 0.1/(0.5×1000)＝1/5000。

四、比例尺的分类

地形图比例尺通常分为大、中、小三类。

通常把 1∶500～1∶10000 比例尺的地形图，称为大比例尺地形图；1∶25000～1∶100000 比例尺的地形图，称为中比例尺地形图；1∶200000～1∶1000000 比例尺的地形图，称为小比例尺地形图。

五、地物符号

为了清晰、准确地反映地面真实情况，便于读图和应用地形图，在地形图上，地物用国家统一的图式符号表示。地形图的比例尺不同，各种地物符号的大小详略各有不同。如表 5-2 所示为国家测绘总局颁布实施的统一比例尺地形图图式。另外，根据行业的特殊需要，各行业再补充图式符号。

归纳起来，表示地物的符号有依比例符号、不依比例符号、半依比例符号和地物注记。

表 5-2　常用地形图图式符号

符号名称	图例	符号名称	图例
三角点 a. 土堆上的 张湾岭、黄土岗——点名 156.718、203.623——高程 5.0——比高	3.0 △ 张湾岭/156.718 a 5.0 △ 黄土岗/203.623	导线点 a. 土堆上的 Ⅰ16、Ⅰ23——等级、点号 84.46、94.40——高程 2.4——比高	2.0 ⊙ Ⅰ16/84.46 a 2.4 ⊙ Ⅰ23/94.40

续表

符号名称	图例	符号名称	图例
不埋石图根点 19——点号 84.47——高程	2.0 ⊡ 19/84.47	卫星定位等级点 B14——等级及点号 495.263——高程	3.0 B14/495.263
埋石图根点 a. 土堆上的 12、16——点号 275.46、175.64——高程 2.5——比高	2.0 12/275.46 a 2.5 16/175.64	水准点 Ⅱ京石5——等级及点名点号 32.805——高程	2.0 ⊗ Ⅱ京石5/32.805
池塘		水井、机井 a. 依比例尺的 b. 不依比例尺的 51.2——井口高程 5.2——井口至水面深度 咸——水质	a 51.2/5.2 b 咸
河流流向及流速 0.3——流速（m/s）	0.3 7.5	潮汐流向 a. 涨潮流 b. 落潮流	a 10.0 b
地面河流 a. 岸线（常水位岸线、实测岸线） b. 高水位岸线（高水界） 清江——河流名称	0.15 清 0.5 江 1.0 3.0 a b	沟渠 a. 低于地面的 b. 高于地面的 c. 渠首	a 0.3 b 2.0 2.5 0.3 3.0 c 0.5
贮水池、水窖、地热池 a. 高于地面的 b. 低于地面的——净化池 c. 有盖的	a b 净 c	干沟 2.5——深度	3.0 1.5 2.5 0.3 1.5 3.0

续表

符号名称	图例	符号名称	图例
堤 a. 堤顶宽依比例尺 24.5——坝顶高程 b. 堤顶宽不依比例尺 2.5——比高	a 24.5 4.0 2.0 b1 2.5 2.0 b2 2.0	加固岸 a. 一般加固岸 b. 有栅栏的 c. 有防洪墙体的 d. 防洪墙上有栏杆的	a 3.0 b 10.0 1.0 4.0 c 10.0 3.0 d 10.0 0.4
单幢房屋 a. 一般房屋 b. 裙楼 b1. 楼层分割线 c. 有地下室的房屋 d. 简易房屋 e. 突出房屋 f. 艺术建筑 混、钢——房屋结构 2、3、8、28——房屋层数 (65.2)——建筑高度 −1——地下房屋层数	a 混3　b1 0.1 b 混3 混8 0.2 c 混3-1　d 简2 e 钢28 f 艺28 0.2　艺(65.2) 0.2	棚房 a. 四边有墙的 b. 一边有墙的 c. 无墙的	a 1.0 b 1.0 c 1.0 1.0 0.5
		建筑中房屋	建 2.0 1.0
		破坏房屋	破 2.0 1.0
架空房、吊脚楼 4——楼层 3——架空楼层 /2——空层层数	砼4 砼3/2 砼4 2.5 0.5	廊房(骑楼)、飘楼 a. 廊房 b. 飘楼	a 混3 1.0 2.5 0.5 b 混3 2.5 0.5
简易房屋	简2	健身、娱乐设施	
挑廊	砼4	阳台	砖5
雨罩	混5 1.0 1.0 0.5	台阶	0.6 1.0 1.0

续表

符号名称	图例	符号名称	图例
悬空通廊	砼4 砼4 2.0 1.0	门洞、下跨道	砖 5
打谷场、贮草场、贮煤场、水泥预制场 谷——场地说明	谷	沙坑	沙坑 2.0 1.0
围墙 a. 依比例尺的 b. 不依比例尺的	a 10.0 b 10.0 0.5	栏杆、栅栏	10.0 1.0
铁丝网	10.0 1.0	地类界	1.6 0.3
旗杆	1.6 1.0 4.0 1.0	观礼台、观景台	台
移动通信塔、微波传送塔、无线电杆 a. 在建筑物上 b. 依比例尺的 c. 不依比例尺的	砼5 通信 b c	宣传橱窗、广告牌、电子屏 a. 双柱或多柱的 b. 单柱的	a 1.0 2.0 b 3.0
路灯、艺术景观灯 a. 普通路灯 b. 艺术景观灯	a b	亭 a. 依比例尺的 b. 不依比例尺的	a 2.0 1.0 b 2.4
雕塑、雕像		杆式照射灯	1.6 1.6 4.0
喷水池		假石山	
支柱、墩、钢架 a. 依比例尺的 b. 不依比例尺的	a a1 a2 1.0 0.5 b b1 1.0 1.0 b2 1.0	岗亭、岗楼、交通巡警平台 a. 依比例尺的 b. 不依比例尺的	a b

续表

符号名称	图例	符号名称	图例
管道检修井 a. 给水检修井 b. 中水检修井 c. 排水(污水)检修井 d. 排水暗井 e. 煤气、天然气、液化气检修井 f. 热力检修井 g. 工业、石油检修井 h. 公安检修井 i. 不明用途的井	 a 2.0 b 2.0 c 2.0 d 2.0 e 2.0 f 2.0 g 2.0 h 2.0 i 2.0	管道其他附属设施 a. 水龙头 b. 消火栓 c. 阀门 d. 污水雨水篦子	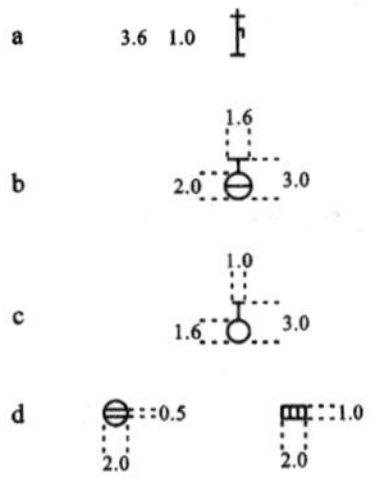 a 3.6 1.0 b 1.6 2.0 3.0 c 1.0 1.6 3.0 d 0.5 2.0 1.0 2.0
省道 a. 一级公路 a1. 隔离设施 a2. 隔离带 b. 二至四级公路 c. 建筑中的 ①、②——技术等级代码 (S305)、(S301)——省道代码及编号	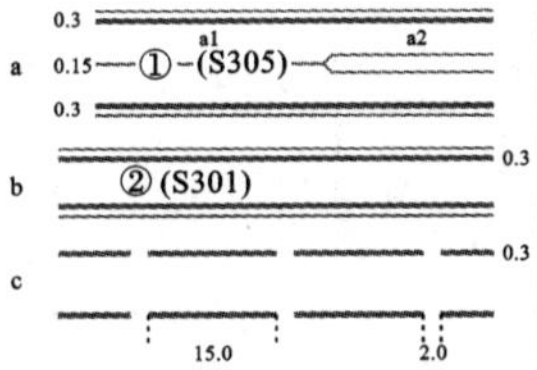 0.3 a1 a2 a 0.15 ①-(S305) 0.3 b ②(S301) 0.3 c 0.3 15.0 2.0	街道 a. 主干道 b. 次干道 c. 支线 d. 建筑中的	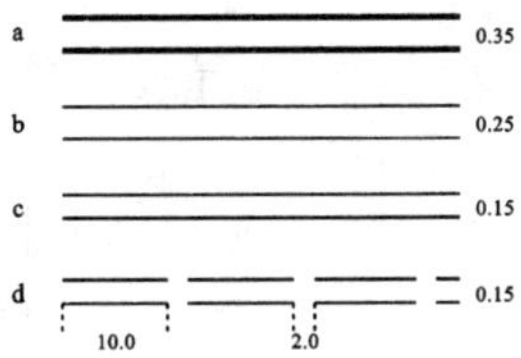 a 0.35 b 0.25 c 0.15 d 0.15 10.0 2.0
县道、乡道及村道 a. 有路肩的 b. 无路肩的 ⑨——技术等级代码 (X301)——县道代码及编号 c. 建筑中的	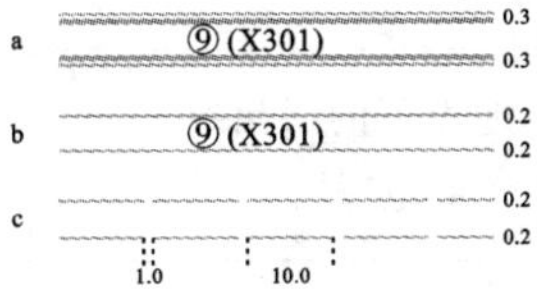 a ⑨(X301) 0.3 0.3 b ⑨(X301) 0.2 0.2 c 0.2 0.2 1.0 10.0	内部道路	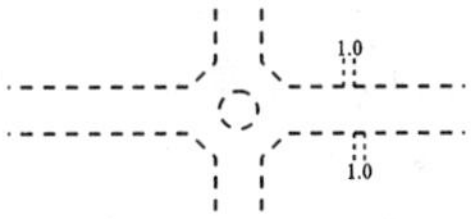 1.0 1.0
人行道(步道)	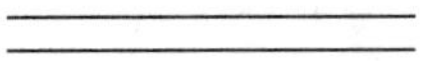	机耕路(大路)	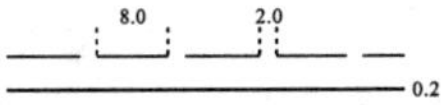 8.0 2.0 0.2
乡村路 a. 依比例尺的 b. 不依比例尺的	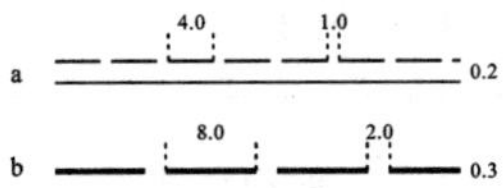 a 4.0 1.0 0.2 b 8.0 2.0 0.3	小路、栈道	 4.0 1.0 0.3

续表

符号名称	图例	符号名称	图例
车行桥	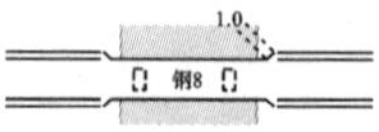	人行桥、时令桥 a. 依比例尺的 b. 不依比例尺的	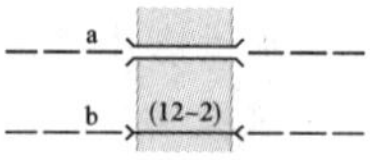
街道地名牌、路牌	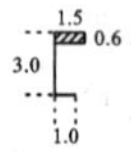	路标	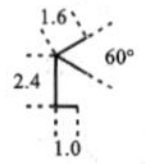
道路反光镜		车道信号灯	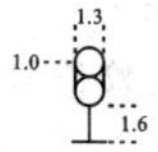
人行横道信号灯	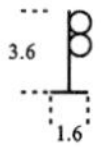	电子眼、交通测速器	
露天停车场		交通警示牌	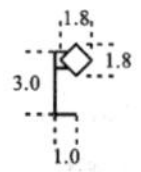
架空的高压输电线 a. 电杆 35——电压(kV)	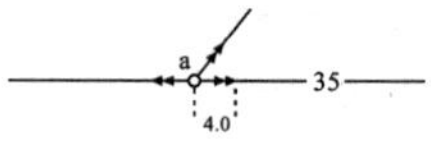	架空的配电线 a. 电杆	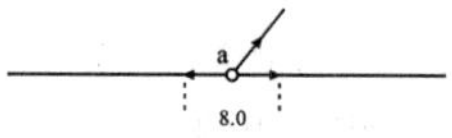
地面下的高压输电线 a. 电缆标	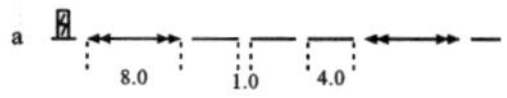	地面下的配电线 a. 电缆标	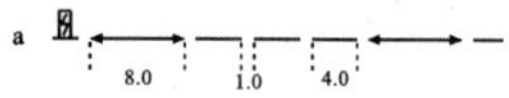
输电线入地口 a. 依比例尺的 b. 不依比例尺的	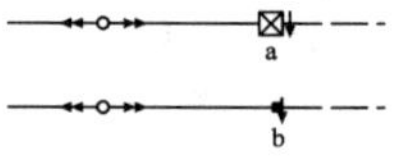	配电线入地口	
地面上的通信线 a. 电杆		地面下的通信线 a. 电缆标	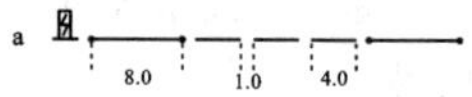
通信线入地口	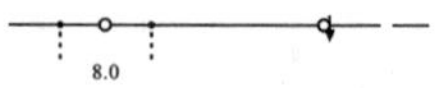	电缆交接箱	
通信交接箱		变压器	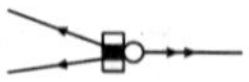
乡、镇级界线 a. 已定界 b. 未定界	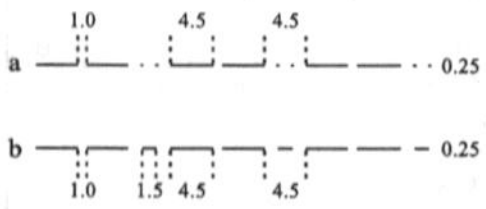	通信检修井孔 a. 电信人孔 b. 电信手孔	
村界	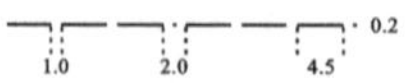	开发区、保税区界线	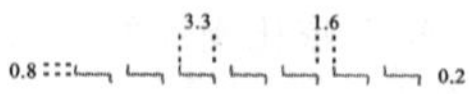

续表

符号名称	图例	符号名称	图例
斜坡 a. 未加固的 a1. 天然的 a2. 人工的 b. 已加固的	a a1 2.0 4.0 a2 b	人工陡坎 a. 未加固的 b. 已加固的	a 2.0 b 3.0
等高线及其注记 a. 首曲线 b. 计曲线 c. 间曲线 d. 助曲线 e. 草绘等高线 25——高程	a 0.15 b 25 0.3 c 1.0 6.0 0.15 d 1.0 3.0 0.12 e 1000 5–12 1.0	示坡线	0.8
		高程点及其注记	· 1520.3　· −15.3
		独立石 a. 依比例尺的 b. 不依比例尺的 2.4——比高	a 2.4 b 2.4
		石堆 a. 依比例尺的 b. 不依比例尺的	a　b
稻田 a. 田埂	0.2 a 10.0 2.5 10.0	草地 a. 天然草地 b. 改良草地 c. 人工牧草地 d. 人工绿地	a 2.0 1.0 10.0 10.0 b 10.0 10.0 c 10.0 10.0 d 1.6 0.8 5.0 10.0
旱地	1.3 2.5 10.0 10.0		
菜地	10.0 10.0		
行树 a. 乔木行树 b. 灌木行树	a b	花圃、花坛	1.5 1.5 10.0 10.0
独立树 a. 阔叶 b. 针叶	a　b	县级（市、区）政府驻地、（高新技术）开发区管委会	**安吉县** 粗等线体(6.0)

续表

符号名称	图例	符号名称	图例
村庄(外国村、镇) a. 行政村，外国村、镇，主要集、场、街、圩、坝 b. 村庄	甘家寨 正等线体(4.5) 李家村 张家庄 仿宋体(3.5 4.5)	居民地名称说明注记 a. 政府机关 b. 企业、事业、工矿、农场 c. 高层建筑、居住小区、公共设施	市民政局 宋体(3.5) 日光岩幼儿园 兴隆农场 宋体(2.5 3.0) 二七纪念塔 兴庆广场 宋体(2.5~3.5)

1. 依比例符号

地物的形状和大小，按测图比例尺进行缩绘，使图上的形状与实地形状相似，称为依比例符号，如房屋、居民地、森林、湖泊等。依比例符号能全面反映地物的主要特征、大小、形状、位置。

2. 不依比例符号

当地物过小，不能按比例尺绘出时，必须在图上采用一种特定符号表示，这种符号称为不依比例符号，如独立树、测量控制点、井、亭子、水塔、里程碑等。不依比例符号多表示独立地物，能反映地物的位置和属性，不能反映其形状和大小。

3. 半依比例符号

地物的长度按比例尺表示，则宽度不能按比例尺表示的狭长地物符号，称半依比例符号或线形符号，如电线、管线、小路、铁路、围墙等，这种符号能反映地物的长度和位置。

4. 地物注记

对于地物除了应用以上符号表示外，用文字、数字和特定符号对地物加以说明和补充，称为地物注记，如道路、河流、学校的名称，楼房层数、点的高程、水深、坎的比高、林木、田地类别等。

六、地貌的表示方法

地面上各种高低起伏的自然形态，在图上常用等高线表示。

1. 等高线的概念

等高线——地面上高程相等的相邻各点所连成的封闭曲线。如图 5-2 所示，用一组高差间隔(h)相同的水平面(p)与山头地面相截，其水平面与地面的截线就是等高线，按比例尺缩绘于图纸上，加上高程注记，就形成了表示地貌的等高线图。

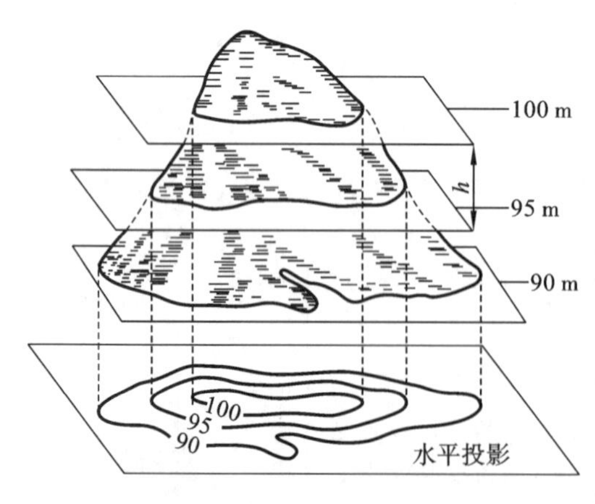

图 5-2 用等高线表示地貌的方法

表示地貌的符号通常用等高线。用等高线来表示地貌，除能表示出地貌的形态外，还能反映出某地面点的平面位置及高程和地面坡度等信息。

(1)等高线的概念：等高线是地面上高程相等的相邻点所连成的闭合曲线。

(2)等高距：相邻两条等高线间的高差叫等高距。

(3)等高线平距：相邻两条等高线间的水平距离叫等高线平距。

2. 等高距和等高线平距

如图 5-2 所示，地形图上相邻等高线的高差，称等高距，也称等高线间隔，同一幅图中等高距相同。相邻等高线之间的水平距离 d，称等高线平距。同一幅图中平距越小，说明地面坡度越陡；平距越大，说明地面坡度越平缓。地面坡度为实地两点间的高差 h 与水平距离 D 的比值，常用百分比表示。

3. 等高线的分类

为了更详细地反映地貌的特征并便于读图和用图，地形图常采用以下几种等高线，如图 5-3 所示。

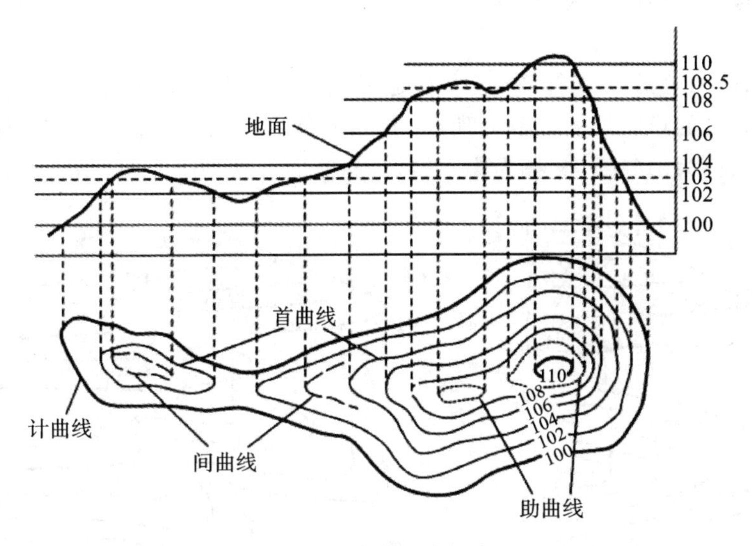

图 5-3　等高线的分类

(1)基本等高线：又称首曲线，是按基本等高距绘制的等高线，用细实线表示。

(2)加粗等高线：又称计曲线，以高程起算面为 0 m 等高线计，每隔四根首曲线用粗实线描绘的等高线。计曲线标注高程，其高程应等于五倍的等高距的整倍数。

(3)半距等高线：又称间曲线，是当首曲线不能显示地貌特征时，按二分之一等高距描绘的等高线。间曲线用长虚线描绘。

(4)辅助等高线：又称助曲线，是当首曲线和间曲线不能显示局部微小地形特征时，按四分之一等高距加绘的等高线。助曲线用短虚线描绘。

4. 基本地貌的表示

1)用等高线表示的基本地貌

(1)山头和洼地。

图 5-4(a)所示是山头等高线的形状，图 5-4(b)所示是洼地等高线的形状，两种等高线均为一组闭合曲线，可根据等高线高程字头朝向高处的注记形式加以区别，也可以根据示

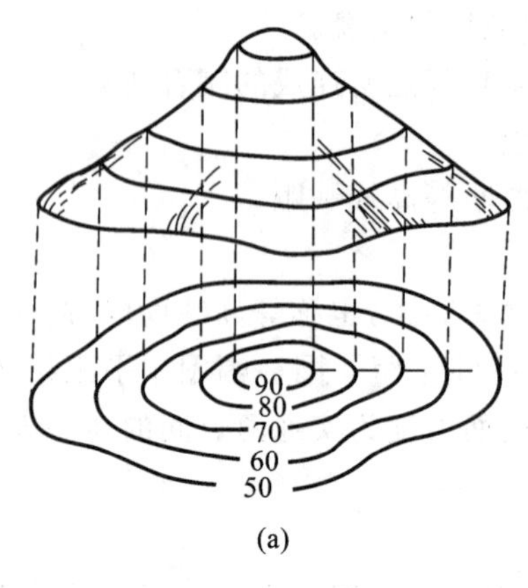

(a)

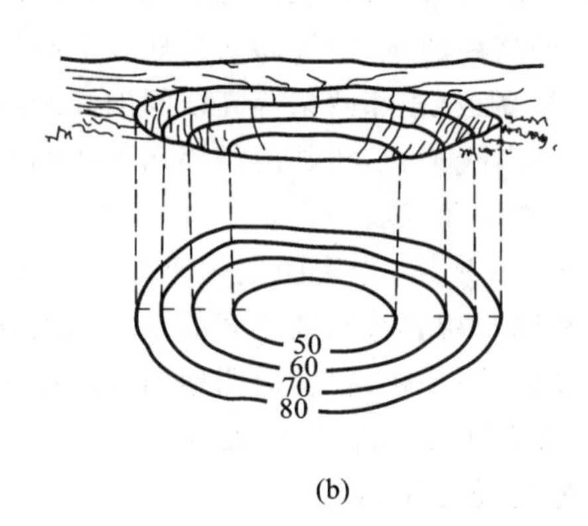

(b)

图 5-4 山头与洼地

坡线判断，示坡线是指向下坡的短线。

(2)山脊和山谷。

山脊是山的凸棱沿着一个方向延伸隆起的高地。山脊的最高棱线，称为山脊线，又称为分水线，等高线的形状如图 5-5(a)所示，是凸向低处。山谷是两山脊之间的凹部，谷底最低点的连线，称为山谷线，又称为集水线，等高线的形状如图 5-5(b)所示，是凸向高处。

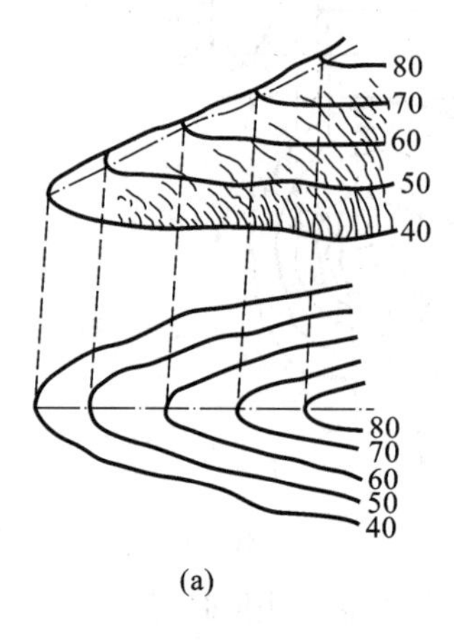

(a)

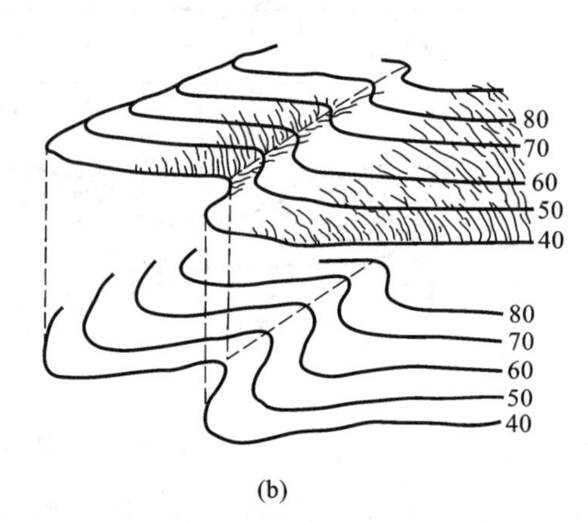

(b)

图 5-5 山脊与山谷

(3)阶地。

山坡上出现的较平坦地段称为阶地。

(4)鞍部。

相邻两个山顶之间的低洼处形似马鞍状，称为鞍部，又称垭口。等高线的形状如图 5-6 所示，是一组大的闭合曲线内套有两组相对称，且高程不同的闭合曲线。

2)用地貌符号表示的基本地貌

除上述用等高线表示的基本地貌外，还有不能用等高线表示的特殊地貌，例如峭壁、冲沟、梯田等。

(1)峭壁。山坡坡度在 70°以上，难于攀登的陡峭崖壁称为峭壁(陡崖)。由于等高线过于密集且不规则，用图 5-7 所示符号表示。

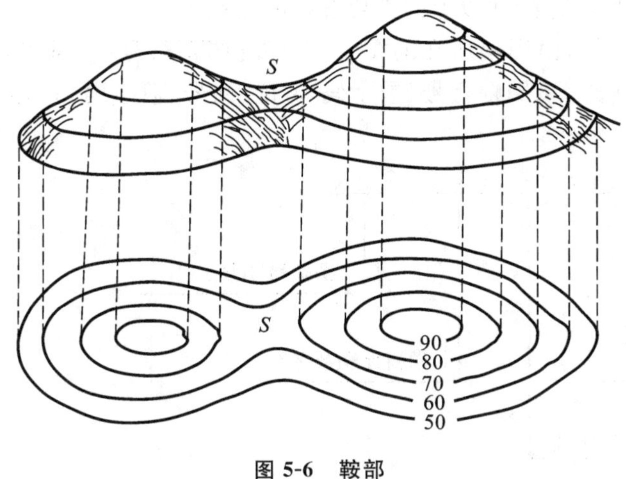

图5-6　鞍部

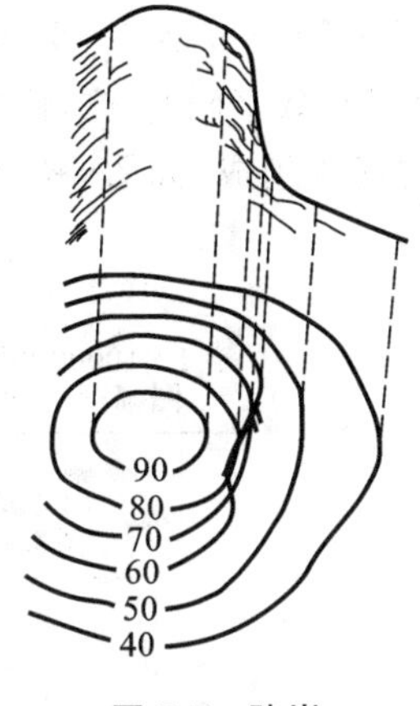

图5-7　陡崖

(2)冲沟。冲沟是由于斜坡土质松软,多雨水冲蚀形成两壁陡坡的深沟。

(3)梯田。由人工修成的阶梯式农田均称为梯田,梯田用陡坎符号配合等高线表示。

3)等高线的特性

掌握等高线的特性可以帮助我们测绘、阅读等高线图。综上所述,等高线有以下特性:

(1)在同一条等高线上的各点,其高程必然相等,但高程相等的点不一定都在同一条等高线上。

(2)凡等高线必定为闭合曲线,不能中断。闭合圈有大有小,若不在本幅图内闭合,则在相邻其他图幅内闭合。

(3)在同一幅图内,等高线密集表示地面的坡度陡;等高线稀疏表示地面坡度缓;等高线平距相等,地面坡度均匀。

(4)山脊、山谷的等高线与山脊线、山谷线正交。

(5)一条等高线不能分为两根,不同高程的等高线不能相交或合并为一根,在陡崖、陡坎等高线密集处用符号表示。

任务2　地形图的分幅和编号

地形图的分幅与编号有两种方法:一种是国际分幅法,另一种是矩形分幅法。

一、国际分幅法

1.分幅与编号方法概述

1∶1000000地形图的分幅采用国际1∶1000000地图分幅标准。每幅1∶1000000地形图范围是经差6°、纬差4°;纬度60°～76°之间为经差12°、纬差4°;纬度76°～88°之间为经差 24°、纬差 4°(在我国范围内没有纬度 60°以上的需要合幅的图幅)。

1∶500000 至 1∶5000 图幅的编号,由图幅所在的 1∶1000000 图幅行号(字符码)1 位、列号(数字码)2 位,比例尺代码 1 位,该图幅行号(数字码)3 位、列号(数字码)3 位共 10 位代码组成,如图 5-8 所示。

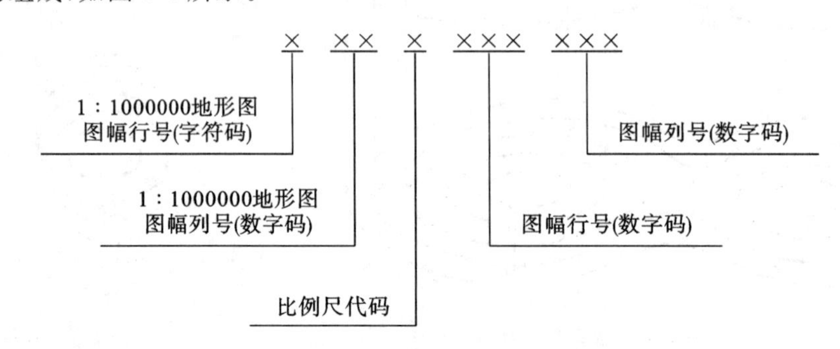

图 5-8　地形图编号示意图

国家基本比例尺地形图的比例尺代码及行列数见表 5-3。

表 5-3　国家基本比例尺地形图的比例尺代码及行列数

比例尺	1∶500000	1∶250000	1∶100000	1∶50000	1∶25000	1∶10000	1∶5000
代码	B	C	D	E	F	G	H
每幅 1∶1000000 划分行列数	2 行×2 列	4 行×4 列	12 行×12 列	24 行×24 列	48 行×48 列	96 行×96 列	192 行×192 列
图幅范围经差 ΔL	3°	1°30′	30′	15′	7′30″	3′45″	1′52.5″
图幅范围纬差 ΔB	2°	1°	20′	10′	5′	2′30″	1′15″

2. 编号应用实例

已知图幅内某点的经度、纬度或西南图廓点的经、纬度,计算图幅编号。

(1)按下列公式求出其在 1∶1000000 图幅的行号和列号。

$$a=\left[\frac{B}{4^\circ}\right]+1 \tag{5-2}$$

$$b=\left[\frac{L}{6^\circ}\right]+31 \tag{5-3}$$

式中:[　]表示商取整;

B——图幅内某点的纬度或西南图廓点的纬度;

L——图幅内某点的经度或西南图廓点的经度;

a——地形图所在 1∶1000000 地形图图幅的行号;

b——地形图所在 1∶1000000 地形图图幅的列号。

(2)按下式计算所求图号的地形图在 1∶1000000 图幅图号后的行号和列号:

$$c=\frac{4^\circ}{\Delta B}-\left[\left(\frac{B}{4^\circ}\right)/\Delta B\right] \tag{5-4}$$

$$d=\left[\left(\frac{L}{6^\circ}\right)/\Delta L\right]+1 \tag{5-5}$$

式中：[　]表示商取整；

(　)表示商取余；

B——图幅内某点的纬度或西南图廓点的纬度；

L——图幅内某点的经度或西南图廓点的经度；

ΔB、ΔL——所求图号的地形图图幅的纬差与经差；

c——所求图号的地形图所在1∶1000000地形图图幅图号后的行号；

d——所求图号的地形图所在1∶1000000地形图图幅图号后的列号。

【例题5-4】 求东经106°09′20″、北纬26°56′30″所在的1∶5000的图幅编号。

【解】 (1)按下列公式求出其在1∶1000000图幅的行号和列号。

$$a=\left[\frac{B}{4^\circ}\right]+1=\left[\frac{26^\circ56'30''}{4^\circ}\right]+1=7(\text{对应字符码 G})$$

$$b=\left[\frac{L}{6^\circ}\right]+31=\left[\frac{106^\circ09'20''}{6^\circ}\right]+31=48$$

(2)按下式计算所求图号的地形图在1∶1000000图幅图号后的行号和列号：

$$c=\frac{4^\circ}{\Delta B}-\left[\left(\frac{B}{4^\circ}\right)/\Delta B\right]=\frac{4^\circ}{1'15''}-\left[\left(\frac{26^\circ56'30''}{4^\circ}\right)/1'15''\right]=192-[2^\circ56'30''/1'15'']=51$$

$$d=\left[\left(\frac{L}{6^\circ}\right)/\Delta L\right]+1=\left[\left(\frac{106^\circ09'20''}{6^\circ}\right)/1'52.5''\right]+1=[4^\circ09'20''/1'52.5'']+1=133$$

(3)查表5-3，可知1∶5000比例尺代码为H。

所以该图幅编号为：G48H051133。

二、矩形分幅法

国际分幅法主要应用于国家基本图，工程建设中使用的大比例尺(1∶500、1∶1000、1∶2000)地形图，一般采用矩形分幅法。

矩形图幅的大小及尺寸如表5-4所示。

表5-4　矩形图幅的大小及尺寸

比例尺	正方形分幅		矩形分幅	
	图幅尺寸	实地面积	图幅尺寸	实地面积
1∶500	50 cm×50 cm	0.0625 km²	50 cm×40 cm	0.05 km²
1∶1000	50 cm×50 cm	0.25 km²	50 cm×40 cm	0.2 km²
1∶2000	50 cm×50 cm	1 km²	50 cm×40 cm	0.8 km²

采用矩形分幅时，大比例尺地形图的编号，一般采用图幅西南角纵横坐标千米数来表示。1∶500比例尺地形图公里数后保留2位小数，1∶1000、1∶2000比例尺地形图公里数后保留1位小数。

例如：1∶500地形图图幅西南角的坐标为$x=+2583.750$ km，$y=+472.250$ km。该图幅编号为2583.75-472.25。

任务3　地形图的测绘

地形测量是指按一定程序和方法，将地物、地貌及其他地理要素记录在载体上的测量工作，其主要任务是测绘地形图。

一、工程地形图测绘步骤

(1)资料收集与技术设计。

收集已有资料，根据任务要求、测区条件和本单位设备技术力量，确定作业方案，编制技术设计书、生产实施方案。

(2)基本控制测量和图根控制测量。

在已有控制点的基础上，加密控制点，以满足图根控制测量对已知点密度和精度的要求。然后在基本控制点的基础上，布设直接供野外数据采集的图根点。

(3)地形碎部测量。

利用图根点采集地形碎部点(简称碎部点)的位置、高程及其属性数据。

(4)地形图绘制与编辑。

根据碎部测量获取的地形数据，利用数字测图软件进行数字地形图的绘制与编辑。

(5)成果的检查与验收。

对全部控制资料和地形资料的正确性、准确性、合理性等进行概查、详查和抽查。

(6)技术总结、提交成果。

技术总结主要是对任务的完成情况、设计书的执行情况等做总结，对测图中遇到的问题及处理办法加以说明。

二、工程地形图测绘方案设计

1.测图比例尺选择

工程地形图的测图比例尺根据工程设计、规模大小和运营管理需要选择，具体要求见表5-5。

表5-5　测图比例尺的选择

比例尺	用途
1∶50000	大型水利枢纽、能源、交通等工程的可行性研究，总体规划
1∶25000	
1∶10000	可行性研究，总体规划，厂址选择，初步设计
1∶5000	
1∶2000	可行性研究，初步设计，矿山总图管理，城镇详细规划等

续表

比例尺	用途
1∶1000	初步设计，施工图设计，城镇、工矿总图管理，竣工验收，运营管理等
1∶500	

2. 基本等高距选择

地形类别应根据地面倾角(α)的大小确定，可分为平坦地、丘陵地、山地、高山地。地形的类别划分和地形图基本等高距的确定应符合表 5-6 的规定。

表 5-6　地形图基本等高距要求

地形类别	地形倾角 α/(°)	基本等高距			
		1∶500	1∶1000	1∶2000	1∶5000
平坦地	$\alpha<2°$	0.5 m	0.5 m	1 m	2 m
丘陵地	$2°\leqslant\alpha<6°$	0.5 m	1 m	2 m	5 m
山地	$6°\leqslant\alpha<25°$	1 m	1 m	2 m	5 m
高山地	$\alpha\geqslant25°$	1 m	2 m	2 m	5 m

注：1. 一个测区的同一比例尺，宜采用一种基本等高距。

2. 水域测图的基本等深距，可按水底的地形倾角比照地形类别和测图比例尺进行选择。

3. 地形测量的基本精度要求

地形测量的基本精度要求，应符合下列规定。

(1)地形图图上地物点相对于邻近图根点的点位中误差，不应超过表 5-7 的规定。

表 5-7　图上地物点的点位中误差

区域类型	一般地区	城镇建筑区、工矿区	水域
点位中误差/mm	0.8	0.6	1.5

注：1. 隐蔽或施测困难的一般地区测图，可放宽 50%。

2. 1∶500 比例尺水域测图、其他比例尺大面积平坦水域或水深超出 20 m 的开阔水域测图，根据具体情况，可放宽至 2.0 mm。

(2)等高(深)线的插求点或数字高程模型格网点相对于邻近图根点的高程中误差不应超过表 5-8 的规定。

表 5-8　等高(深)线插求点或数字高程模型格网点高程中误差

地形类别	平坦地	丘陵地	山地	高山地
地形倾角 α/(°)	$\alpha<2°$	$2°\leqslant\alpha<6°$	$6°\leqslant\alpha<25°$	$\alpha\geqslant25°$
一般地区	$\frac{1}{3}h_d$	$\frac{1}{2}h_d$	$\frac{2}{3}h_d$	$1h_d$
水域	$\frac{1}{2}h_d$	$\frac{2}{3}h_d$	$1h_d$	$\frac{3}{2}h_d$

注：1. h_d 为地形图基本等高距。

2. 隐蔽或施测困难的一般地区可放宽 50%。

3. 当作业困难、水深大于 20 m 或工程精度要求不高时，水域测图可放宽一倍。

(3)工矿区细部坐标点的点位和高程中误差,不应超过表5-9的规定。

表5-9 细部坐标点的点位和高程中误差

地物类别	点位中误差/cm	高程中误差/cm
主要建(构)筑物	5	2
一般建(构)筑物	7	3

注:细部坐标点的精度指标相较于普通地物点要高得多,竣工地形图的精度要求与其相同。

三、工程地形图测绘

1. 地形图测绘方法

目前,地形图主要采用数字地面测图,以及数字摄影测量与遥感测图方法。

1)数字地面测图

数字地面测图主要采用全站仪及RTK测图两种方法。

全站仪测图有数字测记和电子平板两种作业模式。数字测记模式是利用全站仪与电子手簿(或存储卡)进行数据采集,内业成图;电子平板模式是利用全站仪与便携式计算机(或掌上电脑),现场成图。

RTK测图方法与全站仪测图类似,只是用RTK代替了全站仪进行数据采集。

2)数字摄影测量与遥感测图

数字摄影测量与遥感测图方法常用于大面积工程地形图测绘,详见项目12。

3)车载移动测图系统测图

近年来,车载移动测图技术快速发展,并广泛应用。车载移动测图系统(车载MMS,亦称道路测图系统)是以车辆为移动平台,集成GPS接收机、视频系统、惯性导航系统(INS)等传感器和设备的测图系统,在车辆行进过程中快速采集道路及其两侧的地形数据,经事后编辑处理,制作数字地形图。

车载移动测图系统测图方法可用于道路沿线带状工程地形图测绘。

2. 图根控制测量

图根点是直接供测图使用的测图控制点,平面控制常采用图根导线、GPS-RTK等方法施测。一般在基本控制网下加密,布设时不超过2次附合,极端条件不超过3次。

图根高程控制通常采用图根水准、图根三角高程导线等方法施测,起算点的精度不应低于四等水准高程点。

图根点相对于邻近等级控制点的点位中误差不应超过图上0.1 mm,高程中误差不应超过所选基本等高距的1/10。

图根点的密度根据基本控制点分布,地形复杂、破碎程度或隐蔽情况决定。对于平坦而开阔地区,图根点的数量要求见表5-10。

表5-10 每平方千米图根点数量

比例尺	1∶500	1∶1000	1∶2000
图根点数量	64	16	4

注:对于数字成图法,每幅图(50 cm×50 cm)要求的图根点都是4个,换算成每平方千米的图根点数量,如1∶500的图,1平方千米等于16幅图,其图根点数量应该为16×4=64个。

3.碎部测量与绘图

1)全站仪数字测图的流程

若是使用全站仪测图,则要在图根点布设好以后,在图根点上架设全站仪进行地物点坐标采集,其工作流程如下:

(1)数据采集(碎部测量)。

①仪器设置。仪器对中、整平、定向完成后,须通过测定另一图根点来检核。检核点的平面位置较差不应大于图上0.2 mm,高程较差不应大于基本等高距的1/5。

②数据采集。根据国家基本比例尺地图图式的规定,地形要素可分为定位基础、水系、居民地及设施、交通、管线、境界、地貌、植被与土质、注记等九类。应按照要求的内容,采集碎部点坐标数据(x,y,h)。碎部点分为地物特征点和地貌特征点。

地物特征点是能够代表地物平面位置,反映地物形状、性质的特殊点位,简称地物点。地物特征点是地物平面形状的轮廓点、中心点、线型和线条方向变化点,如地物轮廓线的转折、交叉和弯曲等变化处的点;地物的形象中心,路线中心的交叉点,电力线的走向中心,独立地物的中心点等。

地貌特征点是体现地貌形态,反映地貌性质的特殊点位,简称地貌点。地貌特征点位于地表面不同方向、不同坡度平面的交线的方向和坡度的变化处,如山顶、鞍部、变坡点、地性线、山脊点和山谷点等。

③数据记录。存储记录坐标数据、编码、点号、连接点、连接线型及工作草图等。

(2)数据处理与成图(地形图编绘)。

①数据预处理。将数据传输到计算机中,检查、修改数据错误,生成图形数据。

②数据编辑。人机交互编辑图形数据,利用碎部点高程生成等高线,进行作业区间图形拼接。

③地形图制作。采用正方形(50 cm×50 cm)或矩形(40 cm×50 cm)分幅,裁切编辑完成的图形数据,经图幅整饰,制作分幅地形图。图幅编号一般采用图廓西南角坐标公里数编号法,带状测区或小面积测区可按测区统一顺序编号。采用图廓西南角坐标公里数编号时,x坐标公里数在前,y坐标公里数在后;1∶500地形图取至0.01 km(如10.40-27.75),1∶1000、1∶2000地形图取至0.1 km(如10.0-21.0)。

2)RTK测图的要求

(1)作业前,宜检测2个以上不低于图根精度的已知点。检测结果与已知成果的平面较差不应大于图上0.2 mm,高程较差不应大于基本等高距的1/5。(与全站仪相同)

(2)参考站的有效作业半径不得超过10 km,用于水下地形图测量时可以放宽到20 km。

(3)使用前,应对转换参数的精度、可靠性进行分析和实测检查,检查点应分布在测区的中部和边缘。检测结果,平面较差不应大于5 cm,高程较差不应大于$30D$(D为参考站到检查点的距离,单位为千米);超限时,应分析原因并重新建立转换关系。

(4)使用RTK在不同参考站作业时,流动站应检查一定数量的地物重合点,重合点的点位较差不应大于图上0.6 mm,高程较差不应大于基本等高距的1/3。

4.定位符号的定位点和定位线

(1)符号图形中有一个点的,该点为地物的实地中心位置。

(2)圆形、正方形、长方形等符号,定位点在其几何图形中心。

(3)宽底符号(蒙古包、烟囱、水塔等)定位点在其底线中心。

(4)底部为直角的符号(风车、路标、独立树等)定位点在其直角的顶点。

(5)几种图形组成的符号(敖包、教堂、气象站等)定位点在其下方图形的中心点或交叉点。

(6)下方没有底线的符号(窑、亭、山洞等)定位点在其下方两端点连线的中心点。

(7)不依比例尺表示的其他符号(桥梁、水闸、拦水坝、岩溶漏斗等)定位点在其符号的中心点。

(8)线状符号(道路、河流等)定位线在其符号的中轴线;依比例尺表示时,在两侧线的中轴线。

5.等高线的绘制

等高线是表示地貌的符号之一,它是地面上高程相等的相邻各点相互连接而成的闭合曲线(见图 5-9)。

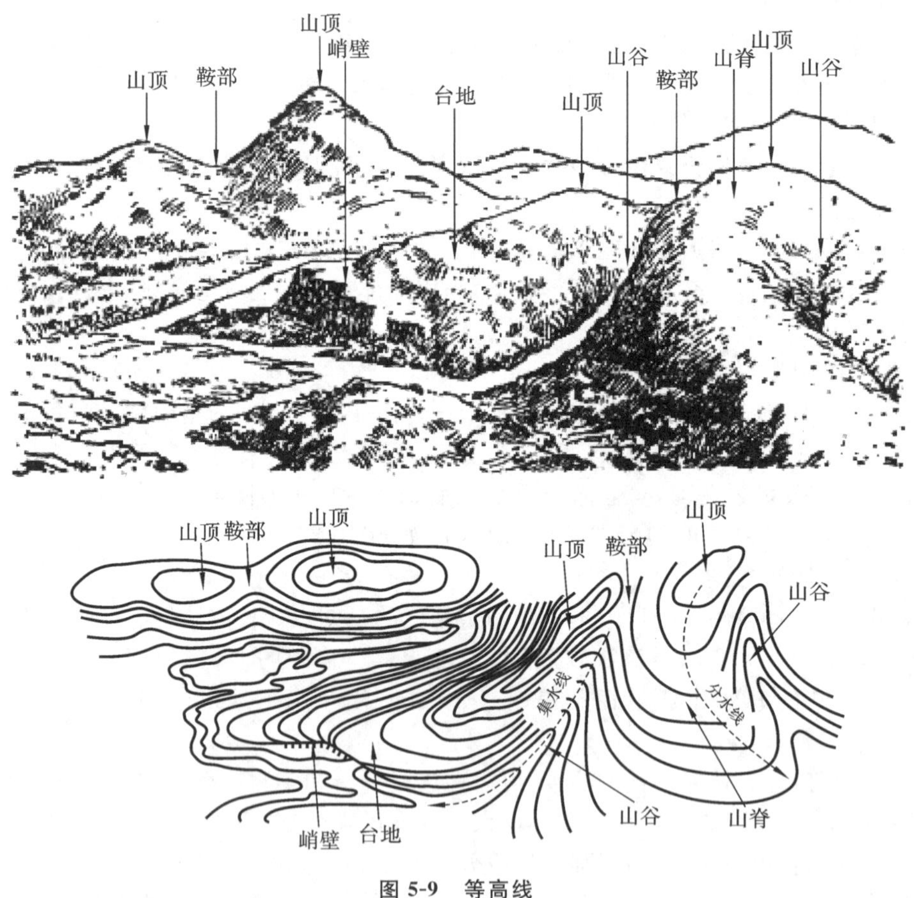

图 5-9 等高线

6.高程注记点的分布

图上高程注记点应分布均匀,丘陵地区高程注记点间距宜符合表 5-11 的规定,平坦及地形简单地区可放宽至 1.5 倍,地貌变化较大的丘陵地、山地与高山地应适当加密。地面倾斜变换处，应注记高程注记点。当基本等高距为 0.5 m 时，高程注记点应精确至 0.01 m；当基本等高距大于 0.5 m 时，应精确至 0.1 m。

表 5-11　丘陵地区高程注记点间距(m)

比例尺	1∶500	1∶1000	1∶2000
高程注记点间距	15	30	50

测区划分及分工组织：

①外业数字测图一般以所测区域(测区)为单位统一组织作业和组织数据。当测区较大或有条件时，可在测区内以自然带状地物(如街道线、河沿线等)为边界线构成分区界线，分成若干相对独立的分区。

②各分区的数据组织、数据处理和作业应相对独立，分区内及各分区之间在数据采集和处理时不应存在矛盾，避免造成数据重叠或漏测。

③当有地物跨越不同分区时，该地物数据应完整地在某一分区内采集完成。

四、水下地形测量

和传统地形图测绘不同的是，水下地形图测绘多一个水深的获取步骤，水下地形测量包括测点的平面位置和水深测量。平面位置主要采用 GNSS 定位技术确定(可达到厘米级的实时定位)，水深主要通过各种类型的测深仪得到，由水面高程(水位)减去水深可得测点的水底高程。通过无数个测点的平面位置和水深位置的获取，水下地形即可被测量展现出来。

在工程建设中，对于近海、江河、湖泊的水下大比例尺地形图测绘，主要采用 GNSS 技术和水深测量技术，即用 GNSS 技术进行平面定位，用水深测量技术同步测量水深。定位精度可达到 1～5 m，水深测量的精度与测深仪和水的深度有关。

1. 平面定位测量

采用 GNSS 技术进行平面定位主要包括单点定位、单基准站或多基准站的差分定位和实时动态载波相位差分定位(RTK)。对于湖泊、水库和江河的水下地形测量，差分定位用单基准站即可；对于沿海近岸约 400 km 范围内海域的海底地形图测绘，常采用无线电指向标差分全球定位系统(RBN-DGPS，radio beacon-differential global position system)或广域差分 GNSS 定位系统。上述技术在有关课程中有详细讲述，在此从略。

2. 回声测深仪基本原理

水深测量主要采用回声测深仪、多波束测深系统和机载激光雷达测深系统等仪器技术。测深仪的种类很多，主要是向高精度、高效率、高水深、自动化和数字化方向发展。下面简要介绍用于湖泊、水库和江河水下地形测量的回声测深仪基本原理。设测量声波从某一水面至水底往返的时间为 Δt，可按下式计算水深：

$$S = \frac{1}{2}v \cdot \Delta t \tag{5-6}$$

式中：v——超声波在水中的传播速度，约为 1500 m/s。

回声测深仪由换能器和控制器两部分组成。在控制器指挥下，发射换能器按预定的时间间隔发出电脉冲，并转换成超声波向水下发射，自水底反射后垂直向上传播，一部分被接收换能器接收并转换为电脉冲，经放大后输入控制器。发射脉冲与接收脉冲之时间间隔即 Δt 。有的测深仪把发射脉冲在纸上或记录器上记录为基线，回声波脉冲因延迟而与基线有一段距离，把两记录线的间隔换算为水深。

3. 双波束回声测深仪

该仪器采用宽窄两种波束相结合进行水深测量，窄波束的精度高，宽波束的作业深度大，可避免在水流湍急的峡谷河段作业时窄波束丢失水深数据造成空白。通过控制窄波束宽度可提高测深精度。宽窄波束发射机在同一换能器上同时发射声波信号。机器记录的两种测深扫描显示在同一记录面上，两种回波记录在模拟记录面的灰度有明显差异，亮度也不同。如双波束回声测深仪采用 200 kHz、7.5°窄波束与 2 kHz、25°宽波束，宽波束记录呈深色轨迹，窄波束记录呈浅灰色，在河床平坦段两种轨迹线几乎重叠在一起。

回声测深仪的工作频率是仪器测深能力的重要指标，因频率与波长互成反比，声波的辐射能力与波长密切相关。DF-3200MKII 回声测深仪的窄波束工作频率为 200 kHz，波长约为 5×10^{-6} m。窄波束换能器向水下发射声波时，当其波长比河床泥沙粒径小很多时泥沙颗粒表面为反射体，使声波返回；而仪器的宽波束工作频率较低，其波长比河床泥沙粒径大得多，大部分入射波可以绕过泥沙颗粒向前传播，直到大于宽波波长的界面，才反射至换能器。因此，两种波束在有泥沙淤积的河床中测深时，其测深值不会相同，窄波束的测深值代表水深，宽波束测深值为水深加上泥沙厚度，所以双波束回声测深仪还可测泥沙和淤积的厚度。

4. 回声测深仪的安装和校准

测深前，要先安装和校准回声测深仪。安装时，将换能器头与空心钢管连接并固定在船中部的舷侧，电缆通过空心钢管接到换能器，以减小船起伏对测深的影响。根据所测水域水深、流速和船的航速及吃水深度，换能器的入水深度为 0.3～1 m。声速与水的温度、含盐量以及压力的变化有关，在不同水体和季节，仪器的声速不同，测定声波在水中的传播速度很重要。可采用比对法在现场检测和校准测深仪，测船行驶到一定水深处，同时用测深杆（或测深锤）和测深仪测量水深，若相差不超过限值，说明测深仪声波的声速是适当的，否则需要按下式进行改正：

$$S_{\mathrm{n}}=\frac{D_{\mathrm{r}}}{D_{\mathrm{e}}}S_{\mathrm{pre}} \tag{5-7}$$

式中：S_{n}、S_{pre} ——改正前、后的声速；

D_{r}、D_{e} ——用测深杆、测深仪测量的水深。

需要在不同水深处进行比较，取改正后声速的平均值。

5. 水位观测

水位是指水体的自由水面高出固定基面以上的高程。水位观测是通过观测水尺读数来确定水位的一项作业。在河流和海洋测绘水下地形图时，必须考虑水面高程随时间的变化。要通过水位观测将测深数据与地面高程系统联系起来，进而获得水底高程。一个简单的水位观测站，在岸边水中设立一根标尺，标尺起点高程 H_0 可通过与陆地水准点联测得到。水下地形图测绘期间，按一定时间间隔（如 10 min 或 30 min）对标尺进行读数，并绘制水位-时间曲线图，即可得测深时水面的瞬间高程 $H_0+\Delta Z(t_i)$ ，则水底的高程为

$H_0+\Delta Z(t_i)-S(t_i)$。

在水下地形图测绘中，有时需用水深描述水下地形点，如用等深线表示的水深图或海图，为此，还要引入深度基准面的概念。海图及各种水深资料所载深度的起算面称为深度基准面(datum for sounding reduction)。水深测量通常是在变化的水面上进行，不同时刻测量同一点的水深是不相同的，这个差数随各地的潮差大小而不同，在有些海域十分明显。为了测得水深中的潮高，必须确定一个起算面，把不同时刻测得的某点水深归算到这个面上，这个面就是深度基准面。深度基准面通常取在当地多年平均海面下深度为 L 的位置。确定深度基准面的原则，是既要保证舰船航行安全，又要考虑航道利用率。由于各国求 L 值的方法有别，因此采用的深度基准面也不相同。我国在 1956 年以后采用理论深度基准面，即理论最低潮面，在内河及湖泊用最低水位(lowest water level)、平均低水位(mean-low water level)或设计水位(projected water level)作为深度基准面。水下某地形点 A 的水深值，等于深度基准面的高程 H_0 与 A 点高程 H_A 之差，即：

$$S_A=H_0-H_A \tag{5-8}$$

水下地形外业测量时，要将 GNSS 定位系统与测深仪器组合，用前者定位，用后者同时进行水深测量。目前，水下地形图测绘的自动化程度很高，都是采用数字化测图方法，配备有相应的控制和数据采集与处理软件，组成水下地形自动测量系统。为了保证成图质量，一般要在室内的图上设计测深断面线，测深断面线和测深点的间距与测图比例尺有关，可参见有关规范。因为水下地形点的平面位置和高程(水位和水深)测量是分别进行的，应特别注意同步性，采用 RTK 定位时，同步性是易于实现的。内业工作主要有：定位、测深数据汇总与检核；根据水位观测计算测点高程；绘制各种比例尺的水下数字地形图、纵横断面图和水下数字地形模型。

完成测量后，需要对测得的数据进行处理和分析。首先，需要进行数据校正。校正的目的是消除测量仪器和环境因素对测量数据的影响。例如，根据控制点的坐标和测量仪器的误差，对测量数据进行精确的修正。其次，需要进行数据编辑和过滤。通过删除异常数据和噪声，保留有效的测量数据。最后，可以通过插值等方法，将测量数据绘制成水深等值线图或立体图，以展示测量结果。

思政导读

工程建设所使用的地形图主要是大比例尺地形图，其内容详细、几何精度高。大比例尺地形图详细地表示地面各地理要素的分布、数量和质量特征，其精度较高，可以在图上进行量算工作或进行有关工程量计算。在测绘工程建设用途的大比例尺地形图时，需秉持严谨细致的工作态度，以保证地形图的精度以及与实地的符合性，从而满足工程建设地形图应用的需要。

严谨细致是一种工作态度，反映了一种工作作风。严谨细致，就是对一切事情都有认真、负责的态度，一丝不苟、精益求精，于细微之处见精神，于细微之处见境界，于细微之处见水平；就是把做好每件事情的着力点放在每一个环节、每一个步骤上，不心浮气躁，不好高骛远；就是从一件一件的具体工作做起，从最简单、最平凡、最普通的事情做起，特别注重把自己岗位上的、自己手中的事情做精做细，做得出彩，做出成绩。

思考与练习题

1. 地物符号有哪些类型?

2. 等高线有哪些特性? 什么是地性线? 地性线及山头、谷地、鞍部等地貌在地形图上如何表示?

3. 简述野外数字测图的基本原理。什么是地形特征点? 测定地形特征点的常用方法有哪些?

4. 简述工程地形图测绘步骤。

5. 大比例尺地形图一般如何进行分幅和编号?

6. 水下地形图测绘和陆上地形图测绘有何相同点和不同点?

项目6　施工测量的基本方法

【学习目标】

1.知识目标

(1)熟悉施工测量的任务、内容、特点及精度要求；

(2)熟悉施工测量的三项基本工作；

(3)掌握直角坐标法、极坐标法等点的平面位置测设方法；

(4)掌握使用全站仪、RTK坐标放样方法。

2.能力目标

(1)具备高程放样能力；

(2)能应用直角坐标法、极坐标法测设点的平面位置；

(3)具备全站仪坐标放样的能力；

(4)具备RTK坐标放样的能力。

3.素养目标

通过施工测量的任务、内容、特点及精度要求的学习，理解工匠精神的内涵；培养学生严谨细致的工作态度。

任务1　概　　述

一、施工测量的任务

施工测量是指建筑工程在施工阶段所进行的测量工作。施工测量的任务是根据设计和施工的需要，用测量仪器将设计图纸上所设计的建筑物和构筑物的平面位置、高程位置，按设计要求以一定的精度测设(放样)到施工场地上，作为工程施工的依据，并在施工过程中进行一系列的测量工作，以指导和衔接各施工阶段、各工种间的施工。

施工测量的内容具体包括：施工前施工控制网的建立或复测及加密，施工期间将图纸上所设计建(构)筑物的平面和高程位置标定在施工场地上；工程竣工后测绘各种建(构)筑物建成后的实际情况的竣工测量；在施工和运营(使用)期间测量建筑物的平面和高程方面产生的位移和沉降的变形观测。

由于施工测量为施工提供依据，是直接为施工服务的，施工测量工作中任何一点微小的差错，都将直接影响工程的质量和施工的进度。因此，要求施工测量人员要具有高度的责任心，认真熟悉设计文件，掌握施工计划，结合现场条件，精心放样，并随时检查、校核，以确保工程质量和施工的顺利进行。

二、施工测量的特点

1. 施工测量的进度与施工进度相一致

施工测量的进度必须与工程建设的施工进度相一致，既不能提前，也不能延后。提前是不可能的，因为施工作业面未出现时，无法给出测量标志点，有时即使给出测量标志点，可能未到利用时就已经被破坏；当然，给定测量标志点也不能落后于施工进度，没有测量标志点将严重影响后续施工。施工测量影响施工进度，进而影响工程建设的工期，所以施工测量的进度要与施工进度相一致。施工测量人员应熟悉设计图纸，了解设计意图、施工现场情况、施工方案和进度安排，才能使测量工作与施工密切配合。

2. 施工测量安全的重要性

施工测量的安全主要是指测量人员、仪器和测量标志的安全。在施工现场，由于人来车往及堆放材料，测量标志很难保存，易遭到碰动和破坏，所以设置测量标志时，应尽量避开人、车和材料堆放的影响。同时，要求在测量标志点设置醒目的保护标志物。使用中，随时注意测量点位的检查和校核。这项工作处理不好，极易给工程建设造成严重损失。

施工测量人员在施工现场进行测量工作时，必须注意自身和仪器的安全。确定安放仪器的位置时，应确保下面牢固，上面无杂物掉下来，周围无车辆干扰。进入施工现场的测量人员一定要戴安全帽。同时要保管好仪器、工具和施工图纸，避免丢失和损坏。

三、施工测量的原则

为了保证各种工程建(构)筑物在平面和高程上符合设计和施工要求，互相连成统一的整体，施工测量和测绘地形图一样，必须遵循“由整体到局部，先控制后碎部”的原则，即先在施工现场建立统一的平面和高程控制网，然后以此为基础测设工程建(构)筑物的细部。

四、施工测量的精度

施工测量的精度要求比地形图测绘的精度要求高，它包括施工控制网的精度和工程建(构)筑物细部测设的精度两个部分。施工测量的精度要求，取决于工程建(构)筑物的大小、结构、建筑材料、施工方法等因素。一般情况下，桥梁工程的放样精度高于道路工程，钢结构的放样精度高于钢筋混凝土工程。在施工放样中必须严格按照设计尺寸放样到实地上，放样误差的大小将影响工程建(构)筑物的尺寸和形状。

思政导读

测绘数据讲求精度，可谓“失之毫厘，差之千里”。比如，施工测量的精度，会直接影响到施工的质量，施工测量的错误，将会直接给施工带来不可弥补的损失，甚至导致重大质量事故。因此，测量人员必须在测量工作中严肃认真、小心谨慎，坚持“边工作边检核”的原则，秉持严谨细致的工作态度。

任务2　测设的基本工作

在建筑场地上根据设计图纸所给定的条件和有关数据，为施工做出实地标志而进行的测量工作，称为测设(也称放样)。测设主要是定出建(构)筑物特征点的平面和高程位置，而点的平面位置的测设是在测设已知水平距离、已知水平角、已知高程和已知坡度线4项基本工作的基础上完成的。

一、已知水平距离的放样

已知水平距离放样，是指从某一已知点出发，沿某一已知方向，量出已知(设计)的水平距离，标定出另一端点的位置。长度测量常用的方法有皮尺丈量、钢尺丈量、测距仪或全站仪测量等，具体方法的选取，可根据现场地形条件及精度要求确定。

1. 钢尺测设法

1)一般方法

往返测设法，如图6-1所示，在已知的方向线AB上，从A点向B点测设水平距离D，定出另一个点C，使AC等于D，放样方法如下：

在已知方向线AB直线上定线，从A点开始沿AB方向用钢尺量出水平距离D，定出C'点的位置。再从C'点返测，回到A点。计算出：

$$\Delta D = D_{返} - D_{往}$$

当ΔD为正时则将C'向A点方向移动ΔD，反之反移，定出C点。

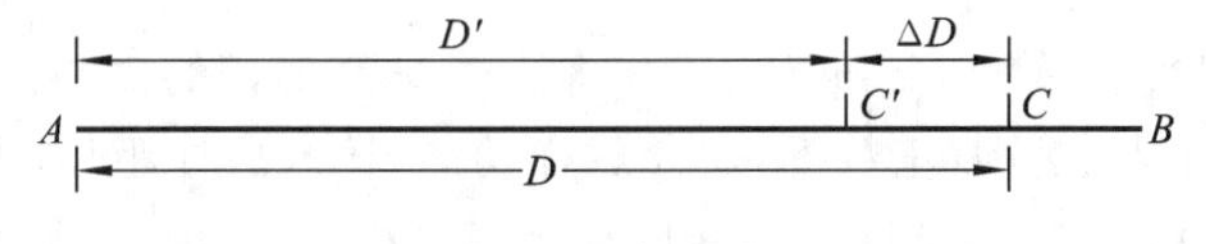

图6-1　距离的放样

2)精密方法

精密方法即距离改正法，其步骤为：

(1)在AB直线上根据设计的水平距离D从A点开始沿AB方向用钢尺量出水平距离D，概定出C'点。

(2)精确测量AC'，并进行尺长、温度和倾斜改正，求出AC'的精确水平距离D'。

(3)如果$\Delta D = D' - D$，则C'点即为C点。

(4)当ΔD为正时则将C'向A点方向移动ΔD，反之反移，定出C点。

2. 全站仪放样

1)全站仪距离放样前的作业准备

在进行距离放样前，应对仪器进行仪器加常数、棱镜常数、大气改正系数的设置。

(1)仪器加常数设置。

测量规范规定仪器加常数应定期检定,经检定的仪器加常数可在观测前置入仪器。仪器常数不需要每次都检测和设置,一般在进行一个新的工程项目或有特殊情况时再检测和设置。仪器加常数简易测定方法如下:

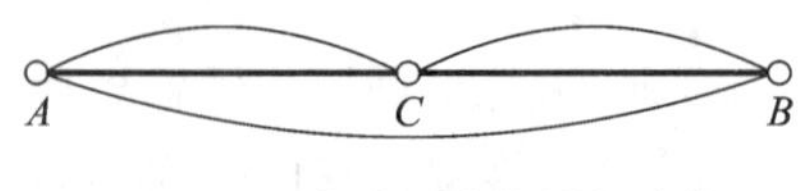

图 6-2　三段法测定仪器加常数

如图 6-2 所示,在一条近似水平、长约 100 m 的直线 AB 上,选择一点 C,在预设仪器常数为零的情况下重复观测直线 AB、AC 和 CB 的长度,观测数次后取其平均值,作为最终数值。根据图 6-2 可得出:$AB + K_i = AC + K_i + CB + K_i$,式中 K_i 为仪器加常数。则:

$$K_i = AB - (AC + CB) \tag{6-1}$$

(2)棱镜常数设置。

一般来说,棱镜常数可由厂家按设计精确制定,且一般不会因经年使用而变动。棱镜常数一般可在观测前置入仪器。一旦设置了棱镜常数,则关机后该常数仍被保存。

(3)大气改正系数设置。

光在大气中的传播速度并非常数,而是随大气的温度和气压而改变,这就必然导致距离观测值含有系统性误差,为了解决这一问题,需要在全站仪中对距离观测值加入大气改正系数。

全站仪中一旦设置了大气改正系数,即可自动对测距结果进行大气改正。在短程测距或一般工程放样时,由于距离较短,湿度的影响很小,大气改正可忽略不计。

根据测量的温度和气压,利用说明书中提供的大气改正系数的计算公式,即可求得大气改正数(PPM)。

也可以直接输入温度和大气压,由全站仪自行计算大气改正系数。

2)距离放样

(1)将全站仪安置在 A 点,瞄准 B 点,并将棱镜安置在 C 的概略位置。

(2)打开电源,输入各种改正数据,启动放样功能,输入放样距离 D 的值。

(3)放样。根据极差 ΔD,指挥棱镜前后移动直到极差 $\Delta D=0$ 时为止。

(4)在棱镜的位置处钉上木桩,即为 C 点的实际位置。

二、已知水平角的放样

水平角放样,一般简称角度放样,俗称拨角,是以设站点的某一已知方向为起始方向,按设计水平角放样出待放方向。

1. 直接法放样水平角

如图 6-3(a)所示,A、B 为已知点,需要放样出 AC 方向,设计水平角(顺时针)$\angle BAC = \beta$。

1)一般方法(盘左放样)

当水平角放样精度要求较低时,可置全站仪于点 A,以盘左位置照准后视点 B,设水平度盘读数为零(或任意值 α),再顺时针旋转照准部,使水平度盘读数为 β(或 $\alpha + \beta$),则此时视准轴方向即为所求。

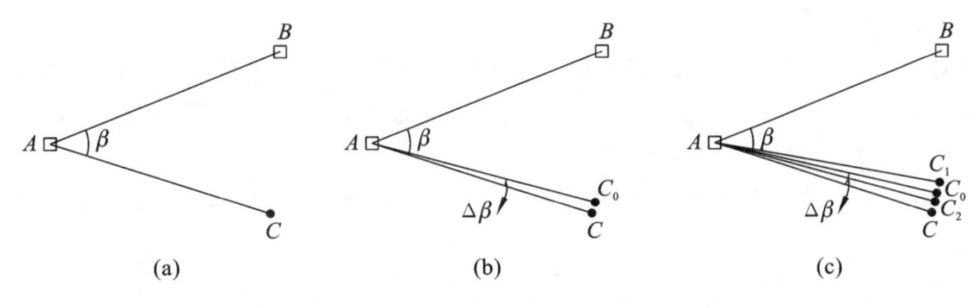

图 6-3　直接法放样水平角

将该方向测设到实地上，并于适当位置标定出点位 C_0（先打下木桩，在放样人员的左右指挥下，使定点标志与望远镜竖丝严格重合，然后在桩顶标定出 C_0 点的准确位置）。

理论上，AC_0 方向应该与 AC 方向严格重合，但由于仪器误差等因素的影响，两方向实际上会有一定偏差，出现水平角放样误差 $\Delta\beta$，如图 6-3(b)所示。

2)正倒镜分中法(双盘放样)

全站仪盘左位置又称为正镜，盘右称为倒镜。水平角放样时，为了消除仪器误差的影响以及校核和提高精度，可用前述一般方法中同样的操作步骤，分别采用盘左(正镜)、盘右(倒镜)在桩顶标定出两个点位 C_1、C_2，最后取 C_1、C_2 连线中点 C_0 作为正式放样结果，如图 6-3(c)所示。

虽然正倒镜分中法比一般方法精度高，但放样出的方向和设计方向相比，仍会有微小偏差 $\Delta\beta$。

2. 归化法放样水平角

归化法实质上是将上述直接放样的方向作为过渡方向，再实测放样水平角，并与设计水平角进行比较，把过渡方向归化到较为精确的方向上来。

如图 6-4 所示，当采用直接法放样出 AC_0 方向后，选用适当的仪器，采用测回法观测 $\angle BAC_0$ 若干测回(测回数可根据放样精度要求具体确定)后取平均值。设角度观测的平均值为 β'。

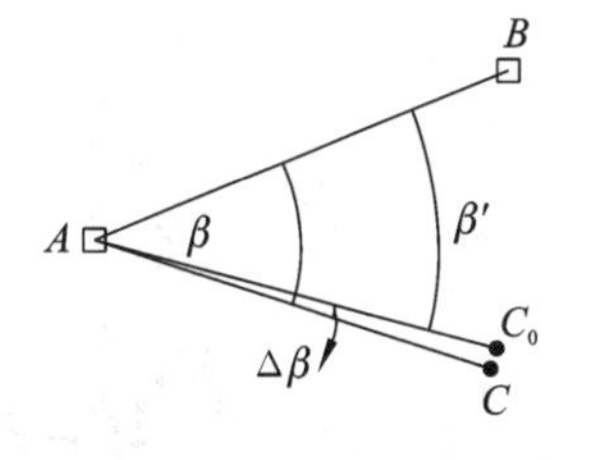

图 6-4　归化法放样水平角

设实测水平角与设计水平角之间的差值为 $\Delta\beta$，则有：

$$\Delta\beta = \angle BAC_0 - \angle BAC = \beta' - \beta \tag{6-2}$$

如 C 点至 A 点的设计水平距离为 D_{AC}，由于 $\Delta\beta$ 较小(一般以秒为单位)，故可用式(6-3)计算垂距 C_0C：

$$C_0C = \frac{\Delta\beta}{\rho}D_{AC} \tag{6-3}$$

式中：$\rho = 206265''$。

从 C_0 点起沿 AC_0 边的垂直方向量出垂距 C_0C，定出 C 点，则 AC 即为设计方向线。必须注意的是，从 C_0 点起向外还是向内量取垂距，要根据 $\Delta\beta$ 的正负号来决定。若 $\beta' < \beta$，$\Delta\beta$ 为负值，则从 C_0 点起向外归化，反之则向内归化。

3. 提高水平角放样精度的措施

为了消除仪器误差的影响，在水平角放样以前，应对仪器进行仔细的检验和校正。作业时，应尽量采用仪器的盘左、盘右进行双盘放样。

为了消除外界条件的影响(如旁折光影响、仪器受热不均匀影响、风的影响等)，应选择适当的作业时间，合理布置设站点和后视点。比如视线远离旁边的地物、斜坡以及各种堆积物，避免太阳直射，时间选择在无大风的适宜时间段等。

为了消除仪器对中误差的影响，选择的设站点应靠近放样点，后视方向点应远离设站点，作业时应仔细对中仪器。

标定点位时，一般使用较小的定点标志，且应使定点标志与视准轴竖丝严格重合。

三、高程放样

高程放样的任务是将设计高程测设在指定桩位上。在工程建筑施工中，例如在平整场地、开挖基坑、定路线坡度和定桥台桥墩的设计标高等场合，经常需要高程放样。高程放样最常用的方法是水准测量法，有时也采用钢尺直接丈量竖直距离或全站仪三角高程测量法。

高程放样与水准测量的不同之处在于：不是测定两固定点之间的高差，而是根据一个已知水准点，并根据设计的高差(或高程)标定出放样点的高程。

1. 水准测量法

如图 6-5 所示，设水准点 A 的高程为 H_A，要求放样出 B 点的竖向位置，使其高程为 H_B。为此，在 A、B 两点中间安置水准仪，设读得 A 点上水准标尺读数为 a，由此得到水准仪的视线高程为：

$$H_i = H_A + a \tag{6-4}$$

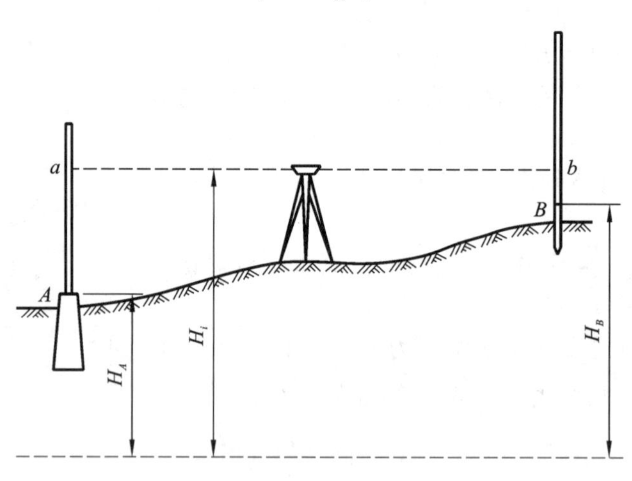

图 6-5　水准测量法高程放样

在 B 点竖立水准标尺，设水准仪瞄准 B 点水准标尺的读数为 b，则 b 应满足方程：

$$b = H_i - H_B \tag{6-5}$$

也即：

$$b = H_A + a - H_B \tag{6-6}$$

升高或降低 B 点上所立标尺，使标尺读数恰好等于 b，此时可沿标尺底部在木桩侧面或墙上画线，即可确定 B 点的竖向位置。

当高程测设的精度要求较高时，可在木桩的顶面旋入螺钉作为测标，拧入或退出螺钉，可使测标顶端到所要求的高程，如图 6-6 所示。

2. 高程传递

若待放高程点的设计高程与水准点的高程相差很大，如测设较深的基坑标高或测设高层建筑物的标高，只用标尺已无法放样，此时可借助钢尺或钢丝将地面水准点的高程传递到坑底或高楼上。

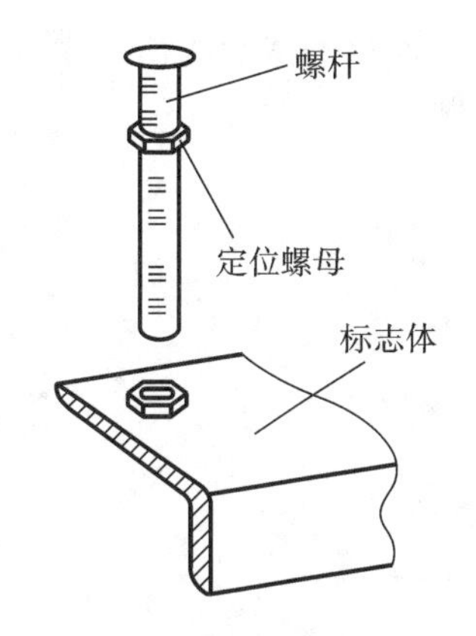

图 6-6　旋转式螺钉顶部作为高程放样位置

如图 6-7(a)所示，已知水准点 A 的高程为 H_A，需要在深基坑内测设出 B 点竖向位置，使其设计高程等于 H_B。

在深基坑一侧悬挂钢尺(标尺零点在下端，并挂一个重量约等于钢尺检定时拉力的重锤，为减少摆动，重锤放入盛废机油或水的桶内)代替一根水准尺。先在地面上的图示位置安置水准仪，读出 A 点水准标尺上的读数 a_1、钢尺上的读数 b_1；将水准仪移至基坑内安置在图示位置，读出钢尺上的读数 a_2。假设 B 点水准标尺上的读数为 b_2，则有下列方程成立：

$$H_A + a_1 = H_B + b_2 + (b_1 - a_2) \tag{6-7}$$

也即：

$$b_2 = H_A + a_1 - (b_1 - a_2) - H_B \tag{6-8}$$

升高或降低 B 点上所立标尺，使标尺读数恰好等于 b_2，采用水准测量法测设高程的方法，即可确定 B 点的竖向位置。

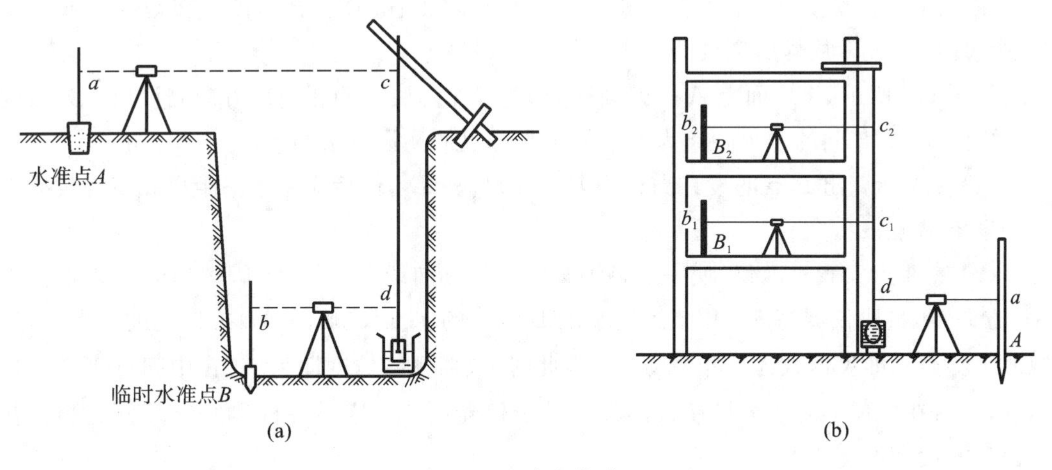

图 6-7　高程传递

如图 6-7(b)所示，是将已知水准点 A 的高程传递到高层建筑物上的情况，方法与上述相似，此处不再赘述。

当高程传递要求的精度较高时，应对钢尺传递的高度值 $b_1 - a_2$ 进行尺长改正、温度改正及自重改正等。

3.三角高程法测设高程

如图 6-8 所示，设待测设点 P 的高程为 H_P，已知点 A 的高程为 H_A。依据测定的 A 点至 P 点的水平距离 S、竖直角 α、量取的仪器高 i 及觇标高 v，按式(6-9)式计算 P'点的高程。

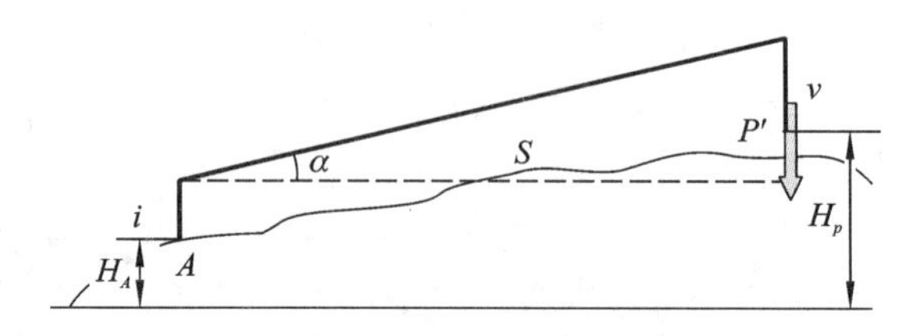

图 6-8　三角高程法测设高程

$$H_P' = S \cdot \tan\alpha + i - v + H_A \tag{6-9}$$

将计算的 P'点高程与 P 点的设计高程比较，求其差值 Δh，再从 P'点量 Δh 值来确定 P 点。

测设步骤：

(1)在点 A 安置经纬仪，测定 A 点至 P 点的水平距离 S 及竖直角 α；

(2)量取仪器高 i 及觇标高 v(测前和测后应分别量取 2～3 次，取均值为量测结果)；

(3)按式(6-9)计算 P'点的高程 H_P'，并计算该高程与设计高程的差 Δh；

(4)从 P'点起量 Δh 确定 P 点位置；

(5)测设完后再测 P 点高程，检查是否合格。

4.测设坡度线

在修筑道路，敷设上、下水管道和开挖排水沟等工程的施工中，需要在地面上放样设计的坡度线。坡度放样所用仪器有水准仪和全站仪等。

如图 6-9 所示，设地面上 A 点的高程为 H_A，现要从 A 点沿 AB 方向测设出一条坡度为 i 的直线，A、B 间的水平距离为 D。使用水准仪的测设方法如下：

(1)首先计算出 B 点的设计高程为 $H_B = H_A - iD$，然后应用水平距离和高程放样方法测设出 B 点。

(2)在 A 点安置水准仪，使一个脚螺旋在 AB 方向线上，另两个脚螺旋的连线垂直于 AB 方向线，量取仪器高 i_A，用望远镜瞄准 B 点上的水准尺，旋转 AB 方向上的脚螺旋，使视线倾斜至水准尺读数为仪器高 i_A 为止，此时，仪器视线坡度即为 i。在中间点 1、2 处打木桩，然后在桩顶上立水准尺使其读数均等于仪器高 i_A，这样各桩顶的连线就是测设在地面上的设计坡度线。

当设计坡度 i 较大，超出了水准仪脚螺旋的最大调节范围时，应使用全站仪进行放样，方法同上。当使用全站仪放样时，可以将其竖直度盘显示单位切换为“坡度”单位，直接将望远镜视线的坡度值调整到设计坡度 i 即可，不需要先测设出 B 点的平面位置和高程。

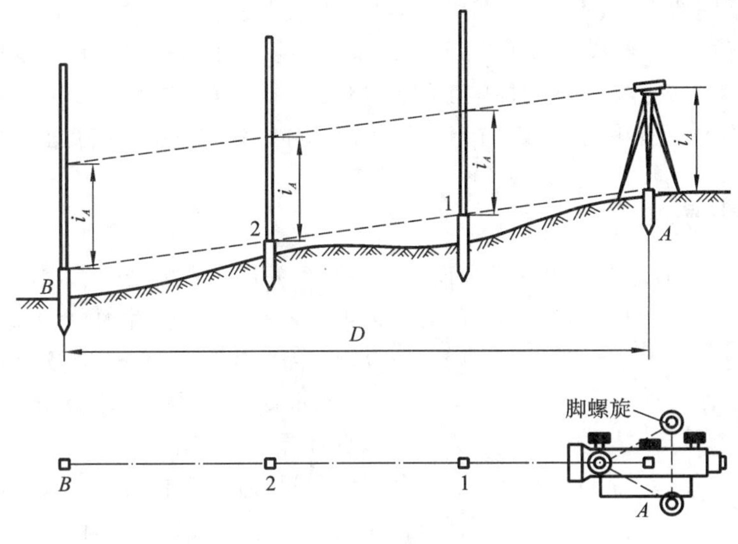

图 6-9　使用水准仪测设坡度

任务 3　点的平面位置的测设方法

任何工程建筑物的位置、形状和大小，都是通过其特征点在实地上表示出来的。例如圆形建筑物的中心点、矩形建筑物的四个角点、线形建筑物的端点和转折点等。因此，放样建筑物归根结底是放样点位。常用的设计平面点位放样方法有直角坐标法、极坐标法、方向线交会法、前方交会法、距离交会法、轴线交会法、自由设站法、正倒镜投点法等。

设地面上至少有两个施工测量控制点，如 $A,B,\cdots$，其坐标已知，实地上也有标志，待定点 P 的设计坐标也为已知。点位放样的任务是在实地上把点 P 标定出来。

一、直角坐标法

当建筑场地的施工控制网为方格网或建筑基线形式时，采用直角坐标法较为方便。这时待放样的点 P 与控制点之间的坐标差就是放样元素，如图 6-10 所示。

用直角坐标法定点的操作步骤为：

(1)在点 A 架设全站仪，后视点 B 定线，并放样水平距离 Δy，得垂足点 E。

(2)在点 E 架设全站仪，采用水平角放样方法，拨角 90°得方向 EP，并在此方向上放样水平距离 Δx，即得待定点 P。

为保证放样的绝对正确，要尽可能由不

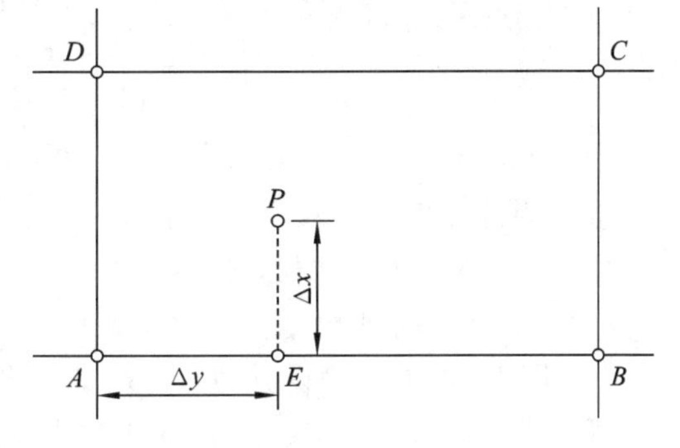

图 6-10　直角坐标法

同的人，采用不同的方法、不同的计算工具对放样数据进行检核对比；要按比例绘制放样略图；放样过程中要有放样记录手簿；放样结束后必须采用多种方法和手段进行放样成果的校核工作。鉴于放样后一般随即施工的特殊性，要求放样工作不允许存在返工，故“检核”概念必须融入放样过程中的任何一个环节。下面几种放样方法中检核要求一样，不再重复。

二、极坐标法

极坐标法实质上是水平角放样和设计水平距离放样两者的结合。如图 6-11 所示，A、B 为已知平面控制点，其坐标值分别为 $A(x_A,y_A)$、$B(x_B、y_B)$，P 点为建筑物的一个角点，其坐标为 $P(x_P、y_P)$。现根据 A、B 两点，用极坐标法测设 P 点，其测设数据计算方法如下。

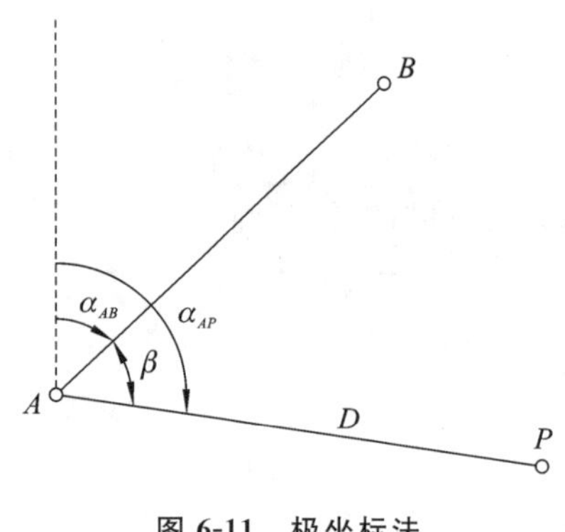

图 6-11　极坐标法

(1)计算 AB 边的坐标方位角 α_{AB} 和 AP 边的坐标方位角 α_{AP}，按坐标反算公式计算：

$$\alpha_{AB}=\arctan\frac{\Delta y_{AB}}{\Delta x_{AB}},\alpha_{AP}=\arctan\frac{\Delta y_{AP}}{\Delta x_{AP}}$$

注意：每条边在计算时，应根据 Δx 和 Δy 的正负情况，判断该边所属象限，换算成方位角。

(2)计算 AP 与 AB 之间的夹角：

$$\beta=\alpha_{AP}-\alpha_{AB} \tag{6-10}$$

(3)计算 A、P 两点间的水平距离：

$$D_{AP}=\sqrt{\Delta x_{AP}{}^2+\Delta y_{AP}{}^2}=\sqrt{(x_P-x_A)^2+(y_P-y_A)^2} \tag{6-11}$$

当放样精度要求较高时，需先在 P 点的概略位置打一个木桩，然后，方向放样与距离放样均在桩顶面进行。

用全站仪按极坐标法放样更为方便，因为全站仪都有按设计点位坐标进行放样的功能，具体操作见后文。

【例题 6-1】 已知 $x_P=370.000\ \text{m}$，$y_P=458.000\ \text{m}$，$x_A=348.758\ \text{m}$，$y_A=433.570\ \text{m}$，$\alpha_{AB}=103°48'48''$，试计算测设数据 β 和 D_{AP}。

【解】

$$\alpha_{AP}=\arctan\frac{\Delta y_{AP}}{\Delta x_{AP}}=\arctan\frac{458.000\ \text{m}-433.570\ \text{m}}{370.000\ \text{m}-348.758\ \text{m}}=48°59'34''$$

$$\beta=\alpha_{AB}-\alpha_{AP}=103°48'48''-48°59'34''=54°49'14''$$

$$D_{AP}=\sqrt{(370.000\ \text{m}-348.758\ \text{m})^2+(458.000\ \text{m}-433.570\ \text{m})^2}=32.374\ \text{m}$$

点位测设方法：

(1)在 A 点安置经纬仪，瞄准 B 点，按逆时针方向测设 β 角，定出 AP 方向。

(2)沿 AP 方向自 A 点测设水平距离 D_{AP}，定出 P 点，作出标志。

(3)用同样的方法测设其他点。全部测设完毕后，检查建筑物四角是否等于 90°，各边长是否等于设计长度，其误差均应在限差以内。

同样，在测设距离和角度时，可根据精度要求分别采用一般方法或精密方法。

三、角度交会法

角度交会法是根据测设出的两个或三个已知水平角而定出的直线方向，交会出点的平面位置的方法。角度交会法适用于待测设点距控制点较远，且量距较困难的建筑施工场地。

1. 计算测设数据

如图 6-12(a)所示，A、B、C 为已知平面控制点，P 为待测设点，现根据 A、B、C 三点，用角度交会法测设 P 点，其测设数据计算方法如下：

(1)按坐标反算公式，分别计算出 α_{AB}、α_{AP}、α_{BP}、α_{CB}、α_{CP}。

(2)计算水平角 β_1、β_2 和 β_3。

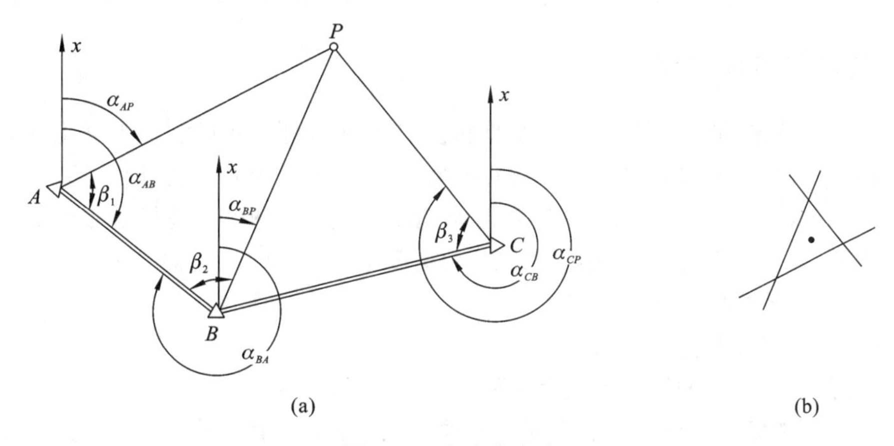

图 6-12　角度交会法

2. 点位测设方法

(1)在 A、B 两点同时安置经纬仪，同时测设水平角 β_1 和 β_2 定出两条视线，在两条视线相交处钉下一个大木桩，并在木桩上依 AP、BP 绘出方向线及其交点。

(2)在控制点 C 上安置经纬仪，测设水平角 β_3，同样在木桩上依 CP 绘出方向线。

(3)如果交会没有误差，CP 方向线应通过前两方向线的交点，否则将形成一个“示误三角形”，如图 6-12(b)所示。若示误三角形边长在限差以内，则取示误三角形重心作为待测设点 P 的最终位置。

测设 β_1、β_2 和 β_3 时，视具体情况，可采用一般方法和精密方法。

四、距离交会法

距离交会法是根据测设出的两个已知的水平距离，交会出点的平面位置的方法。此法适用于施工场地平坦，量距方便且控制点距离测设点不超过一尺的情况。

1. 计算测设数据

如图 6-13 所示，A、B 为已知平面控制点，P 为待测设点，现根据 A、B 两点，用距离交会法测设 P 点，其测设数据计算方法如下。

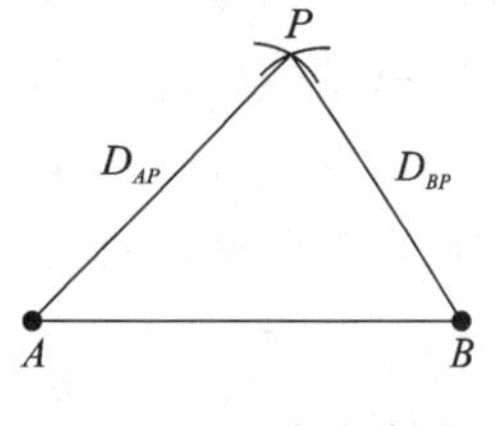

图 6-13　距离交会法

根据 A、B、P 三点的坐标值，分别计算出 D_{AP} 和 D_{BP}：

$$D_{AP}=\sqrt{(x_P-x_A)^2+(y_P-y_A)^2}$$

$$D_{BP}=\sqrt{(x_P-x_B)^2+(y_P-y_B)^2}$$

2. 点位测设方法

(1)将钢尺的零点对准 A 点，以 D_{AP} 为半径在地面上画一圆弧。

(2)将钢尺的零点对准 B 点，以 D_{BP} 为半径在地面上再画一圆弧。两圆弧的交点即为 P 点的平面位置。

(3)用同样的方法，测设出 Q 的平面位置。

(4)丈量 P、Q 两点间的水平距离，与设计长度进行比较，其误差应在限差以内。

五、全站仪坐标放样

全站仪是由电子测角、光电测距、微型机及其软件组合而成的智能型光电测量仪器。全站仪的基本功能是测量水平角、竖直角和斜距，借助于机内固化的软件，可以组成多种测量功能，如可以计算并显示平距、高差以及镜站点的三维坐标，进行偏心测量、悬高测量、对边测量、面积计算等，同时还可以进行数据采集、坐标放样、存储管理等。

全站仪坐标放样的操作过程如下。

1. 全站仪内放样数据的输入

待放样点坐标数据的输入方式有 3 种。

(1)放样时现场输入待放样点坐标。这种方法一般用于待放样点较少，且放样次数也比较少的情况。

(2)在全站仪内建立放样数据文件，并预先输入所有待放样点坐标，放样时只需要输入待放样点点号。这种方法用于待放样点位较多，或需要多次重复放样的情况。当输入全部放样数据且未用这些数据放样之前，必须重新逐点校对全站仪中输入的坐标是否正确，以确保数据的正确性。

(3)在计算机上生成待放样点坐标数据文件，然后将数据传输到全站仪内。这种方法在线路中线放样工作中常用，因为可以在计算机中由专业软件自动生成线路中桩坐标数据文件。我们只需要把该文件转换成全站仪能够接收的标准文件格式，即可把待放样点坐标数据上传到全站仪中。

需要注意的是，在向全站仪传输数据之前，全站仪中也必须进行相应的设置和操作，才能保证上传通信的顺利进行。当从计算机向全站仪上传数据时，必须在全站仪全部设置完毕并开始接收后，计算机上才可以开始发送，否则容易丢失上传数据。

2. 全站仪坐标放样

全站仪坐标放样是角度放样、水平距离放样、高程放样的结合。由于涉及距离放样，故在放样之前必须进行距离放样前的作业准备，对仪器进行仪器常数、棱镜常数、大气改正系数等的设置。

1)测站点设置

在“放样”模式下，输入测站点坐标数据(可点库输入测站点点号调用)，输入仪器高。

2)后视点设置

在“放样”模式下，输入后视点坐标数据(可点库输入后视点点号调用)，等出现后视方位角时，转动望远镜瞄准后视点后配置好后视方位；如已知测站点到后视点的坐标方位角，也可瞄准后视点后配置水平度盘为该坐标方位角。

3)放样

在“放样”模式下，启动放样功能，提示输入待放样点坐标(可点库输入待放样点点号调用)。

在窗口中显示测站点到待放样点的坐标方位角 dHR 及测站点到待放样点的水平距离 dHD。转动望远镜直到 dHR＝0°00′00″，此时望远镜视线方向即为待放样方向，然后指挥司镜员左右移动棱镜，直到棱镜中心与望远镜视线方向重合。然后选择测距模式，指挥司镜员前后移动棱镜至 dHD＝0.000，把棱镜位置在实地标定出来，该点即放样完毕。

需要注意的是，放样精度要求较低时，司镜员可以直接用棱镜杆或简易对中杆放样点位。当放样精度要求较高时，司镜员最好用棱镜杆和脚架配合放样点位。先用棱镜杆粗略放样点位，再架设仪器，进行精密放样。

六、RTK 坐标放样

下面以南方测绘仪器公司的 RTK 仪器为例介绍 GNSS 坐标放样的操作方法。

(1)进入“工程之星”界面，点击“测量”菜单，选择“点放样”，进入“点放样”界面，点击“目标”，进入点放样坐标管理库，选择待放样点确定，进入放样指示界面。

(2)在放样指示界面，显示了当前点与放样点之间的距离，向北的距离，向东的距离，根据提示移动位置进行放样。点击“选项”，进入“点放样选项”界面，可进行放样设置，设置后点击“确定”。

在放样过程中，当前点移动到离目标点 1 m 的距离以内时，软件会进入局部精确放样界面，同时软件会给控制器发出声音提示指令，控制器会有“嘟”的一声长鸣音提示，可在“点选项”界面根据需要选择或输入相关的参数。

(3)按照提示移动到限差范围之内时，在实地标定点的位置，完成一个点的放样。

思考与练习题

1.测设的基本工作有哪几项？各项工作在什么条件下进行？

2.测设已知水平角与测量水平角有何区别？

3.试述测设已知坡度线的基本方法。

4.测设点的平面位置有哪些方法？这些方法各适用于什么情况？

5.试述极坐标法点位放样方法。

6.在平整后的建筑场地上有控制点 A 和 B，其中 B 点的坐标为 $x_B = 1568.685$，$y_B = 2462.126$，$\alpha_{AB} = 86°18'24''$，用极坐标法测设点 P，P 点设计坐标为 $x_P = 1595.620$，$y_P = 2482.380$ 。计算测设数据。

项目 7　建筑施工测量

【学习目标】

1. 知识目标

(1)熟悉建筑轴线、建筑方格网的测设方法；

(2)掌握建筑物定位、放线的方法；

(3)掌握民用建筑基础施工测量的内容及方法；

(4)掌握民用建筑、工业建筑轴线投测的方法；

(5)掌握标高传递的方法。

2. 能力目标

(1)具备建筑轴线、建筑方格网的测设能力；

(2)具备建筑物定位、放线的能力；

(3)具备建筑基础施工测量的能力；

(4)具备轴线投测的能力；

(5)具备标高传递的能力。

3. 素养目标

通过本项目的学习，体验团队合作的重要性，培育团队合作精神。

建筑施工测量是按照设计图样的要求，在地面上测设出工业与民用建筑物和构筑物的位置。建筑施工测量的工作内容主要包括：施工控制测量；定位、放线测量（细部放样）；竣工测量；施工期间的变形监测等。为了确保施工质量，使建筑物的平面位置和高程符合设计要求，建筑施工测量亦必须遵循“从整体到局部、先控制后碎部”的原则，即首先在施工场地上，建立统一的施工控制网，然后根据施工控制网来测设建（构）筑物的轴线，再根据轴线测设建筑物的细部（基础、墙体、门窗等）。施工控制网不单是施工放样的依据，也是变形观测及将来建筑物改、扩建的依据。

任务 1　建筑施工控制网

建筑施工控制网分为平面控制网和高程控制网。施工平面控制网经常采用的形式有三角形网、导线网、建筑基线或建筑方格网。选择平面控制网的形式，应根据建筑总平面图、建筑场地的大小、地形、施工方案等因素进行综合考虑。对于地面平坦而简单的小型建筑场地，常布置一条或几条建筑基线，组成简单的图形并作为施工放样的依据；对于地势平坦，建筑物众多且分布比较规则和密集的工业场地，一般采用建筑方格网；对于地形平坦而通视条件比较困难的地区，如扩建或改建的施工场地，或建筑物分布很不规则时，则可采用导线网；对于地形起伏较大的山区或丘陵地区，常用三角测量或边角测量方法建立施工控制网；现代随着 GNSS 测量的广泛应用，在民用与工业建筑场地中也开始采用 GNSS 控制网。施工高程控制网主要采用水准网，通常采用三、四等水准测量。

一、建筑轴线的测设

当建筑场地比较狭小，平面布置又相对简单时，常在场地内布置一条或几条基准线，作为施工测量的平面控制，称为建筑基线。建筑基线也称为建筑轴线。对不同的场地而言，地形条件、建筑物的布置及测图控制点的分布均有差别，因而建筑基线的形式也灵活多样，常用的有“一”字形、“L”形、“十”字形，“T”形等，如图 7-1 所示。

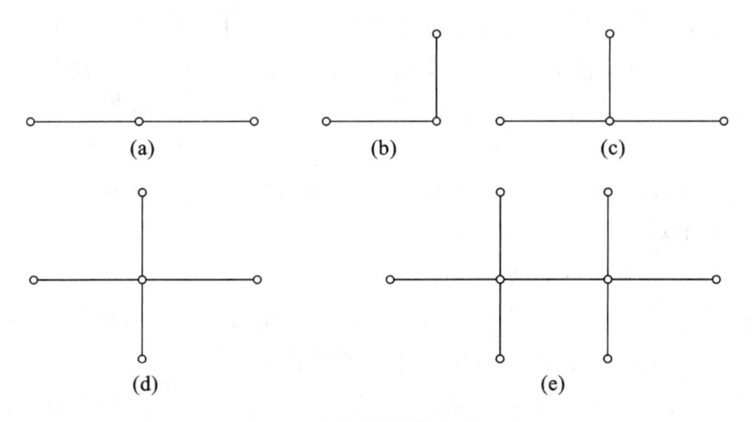

图 7-1　建筑基线的布设形式

布置建筑基线应遵守以下原则：建筑基线要与建筑物主要轴线平行或垂直；建筑基线的定位点不应少于三个，以便检查点位是否稳定；基线点位应选在通视良好而不易被破坏的地方，为了长期保存，要埋设永久性的混凝土桩；在不受挖土破坏的条件下，应使基线尽量靠近主要建筑物。

建筑基线可以根据已有控制点采用极坐标法、前方交会法等直接测设，也可以根据原有建筑物位置与设计建筑基线的相对关系进行测设。测设完毕后必须对建筑基线进行检核。

由于测量误差的存在，检核的实测角度与设计角度之差，可能会出现大于规定限差的情况，此时就必须进行点位的调整与改正，以保证建筑基线的放样精度。

二、建筑方格网的测设

在新建的大中型建筑场地上，施工控制网一般布设成矩形或正方形格网形式，称建筑方格网，如图 7-2 所示。

1. 建筑方格网的设计

建筑方格网的布置是根据建筑设计总平面图上各建筑物、构筑物和各种管线的布设，

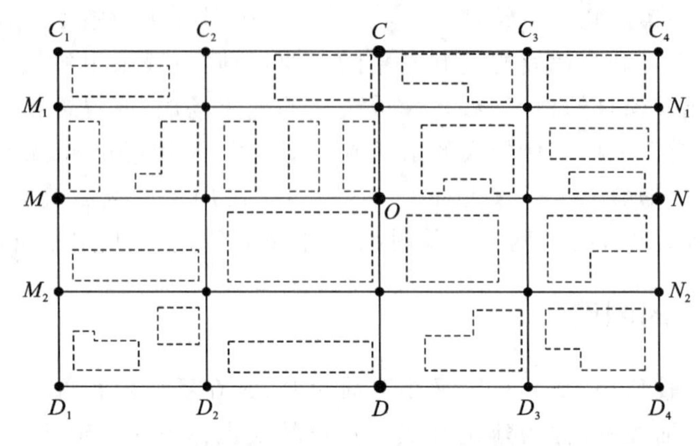

图 7-2　建筑方格网

并结合现场的地形情况拟定的。布置时，应先定方格网的主轴线，然后布置其他方格点。格网可布置成正方形或矩形。现在，建筑工程的规划设计普遍使用 AutoCAD 进行，可以在设计单位提供的 DWG 格式图形文件的基础上，在 AutoCAD 中设计建筑方格网，并标注各方格网点的设计坐标、相邻方格网点间的平距等。方格网布置时，应注意以下几点：

(1)方格网的主轴线应布设在整个建筑场地的中部，并与总平面图上所设计的主要建筑物的基本轴线相平行。

(2)方格网的转折角应严格成 90°。

(3)方格网的边长一般为 100～200 m，尽量是 5 m 或 10 m 的整倍数，不要零数。

(4)桩点位置应选在不受施工影响并能长期保存之处。

(5)建筑方格网采用施工坐标系统，坐标原点一般选在厂区的西南角，方格网的纵轴、横轴分别与施工坐标系的 x' 轴、y' 轴平行，以使厂区各建筑物的施工坐标均为正值。

(6)当场地面积不大时，则尽量布设成全面方格网；当面积较大时，应分两级布网，首级可布设成“十”字形、“口”字形或“田”字形的建筑主轴线，然后加密二级方格网。

(7)最好是高程控制点与平面控制点共用同一标石。

(8)施工控制网应具有唯一的起始方向。当测定好主轴线或长轴线后，其往往作为施工平面控制网的起始方向，在控制网加密或建筑物定位时，不再利用测量控制点来定向，否则将会使建筑物产生不同位移和偏差，影响工程质量。

2. 建筑方格网测设

建筑方格网测设时，一般先测设出方格网的主轴线，再全面扩展成方格网。当场地面积较大时，须分级测设，即先测设“十”字形、“口”字形或“田”字形的主轴线，然后进行加密。

1)主轴线测设

主轴线的定位是根据测量控制点来测设的。由于建筑方格网采用施工坐标系统，故首先应将主轴线点的施工坐标换算成测量坐标。再依据附近的测量控制点，用适当的测设点的平面位置的方法，测设出主轴线。

主轴线放样时，一般应放样出长轴线，然后根据长轴线，放样与长轴线垂直的短轴线。

长轴线放样方法有很多，如极坐标法、前方交会法等，如图 7-3 所示。

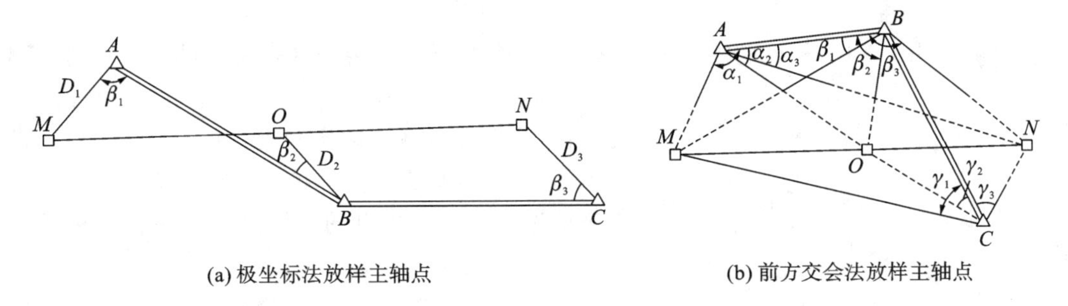

(a) 极坐标法放样主轴点　　(b) 前方交会法放样主轴点

图 7-3　主轴线放样

由于测量误差的影响，测设出的三个主轴线点 M、O、N 可能不在同一条直线上，可采用“一”字形建筑基线的调整方法将三个主轴线点严格调整到一条直线上。

长轴线 MON 测设好后，应把长轴线点作为已知点，来放样与轴线 MON 相垂直的另一短轴线 COD，如图 7-4 所示。

主轴线初步测设完毕后，应用高精度的全站仪精确测定主轴线上各点间长度，并按设计距离调整，最后确定各主方格点的点位。

主轴线点标定时，应埋设混凝土桩，在其顶部设置一块 10 cm×10 cm 的钢板，并把调整后的主轴线点位在标板上精确标定。最好在钢板上钻一个直径为 1～2 mm 的小孔，通过中心画一十字线。小孔周围用红漆画一个圆圈，使点位醒目。

2）建筑方格网的详细测设

在主轴线测定以后，即可详细测设方格网。在主轴线的四个端点 M、N、C、D 上分别安置经纬仪，每次都以 O 点为起始方向，分别向左、右测设 90°角，这样，就交会出方格网的四个角点 C_1、C_4、D_1、D_4，如图 7-5 所示。

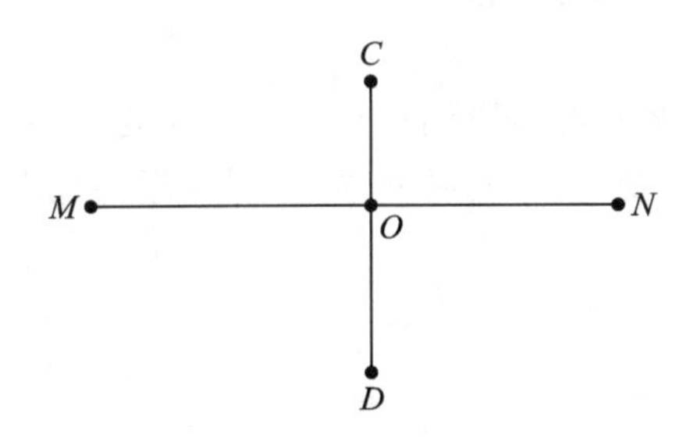

图 7-4　方格网短轴线测设图

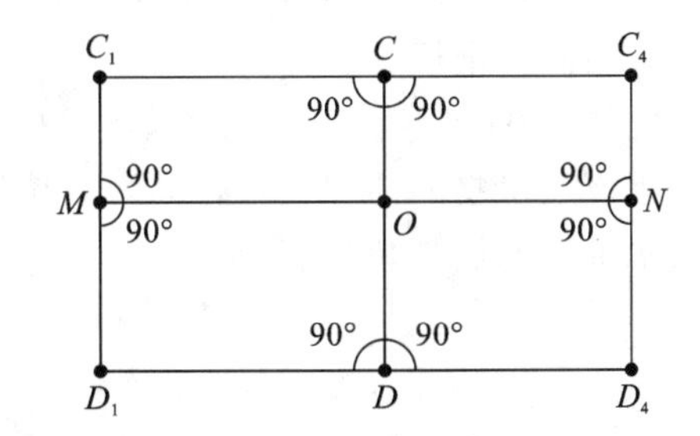

图 7-5　方格网“田”字形基本方格网点测设

为了进行检核，还要量出 C_1C、C_4C、C_4N、D_4N、D_4D、D_1D、D_1M 和 C_1M 各段距离。如果量测的距离值不等于设计距离，则说明角度交会出的点位存在误差，则可采用“L”形建筑基线调整中“调整角点”方法对四个角点进行调整，并同样用混凝土桩标定点位。

以上述构成“田”字形的基本方格网点为基础，即可加密测设出设计格网中的所有方格网点，形成如图 7-5 所示的建筑方格网。

3）建筑方格网的归化改正

用上述方法测设的方格网一般用于精度要求不高的中小型建筑场地。对于精度要求较高的大型建筑场地，则应在上述方法的基础上对各方格网点进行归化改正，以进一步提高方格网的精度。

可以采用任何一种控制测量方法（如三角测量、导线测量或 GNSS 测量等）来精确测定各方格网点的坐标（$x_{实测}$，$y_{实测}$）。由于测设误差的存在，每个方格网点的实测坐标（$x_{实测}$，$y_{实测}$）与设计坐标不一致，则需要在标桩上进行调整。其调整的方法是先计算出方格点的实测坐标与设计坐标的坐标差，计算式是：

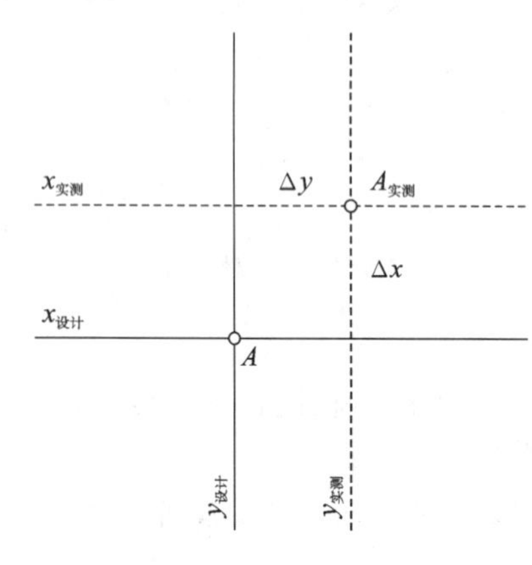

图 7-6　方格网点归化改正图

$$\Delta x = x_{设计} - x_{实测}$$

$$\Delta y = y_{设计} - y_{实测}$$

然后，以实际点位至相邻点在标板上定向，用三角尺在定向边上量出 Δx 和 Δy，如图 7-6 所示，并依据其数值平行推出设计坐标轴线，其交点即为方格点正式点位。标定后，将原点位消去。

三、高程控制网

高程控制网一般分级布设，即首级控制网和加密控制网，相应的水准点称为基本水准点和施工水准点。

首级控制一般采用三等水准测量施测，其位置应该在不受施工影响、无振动、便于施测和永久保存的地方，通常应埋设永久性水准标石，间距 500～1000 m，凡重要建筑物附近均应设点，整个场地内形成一环或多环的闭合水准网，以控制整个场地。

加密控制一般按四等水准施测，点间距不大于 200 m，以保证建筑物各个高度上都有临时水准点，且放样时安置一次仪器即可将待放样点高程测设出来，其点位标志可与方格网点共用同一个标石。

此外，为了施工放样的方便，在每栋较大建筑物附近还要测设 ±0.000 水准点（其高程等于该建筑物的地坪设计标高），其位置多选在较稳定的墙、柱侧面上，用红漆绘成上顶线为水平线的倒三角（▼±0.000）。

任务 2　民用建筑施工测量

民用建筑指的是住宅、学校、办公楼、医院、商场等建筑物。施工测量的任务是按照设计的要求，配合施工进度，测设建筑物的平面位置和高程，以保证工程各部分按图施工。

一、施工测量前的准备工作

1. 熟悉图纸

设计图纸是施工测量的依据，在测设前，应熟悉建筑物的设计图纸，了解施工的建筑物与相邻地物的相互关系，以及建筑物的尺寸和施工的要求等。测设时必须具备如下图纸资料：总平面图、建筑平面图、基础平面图、基础详图即基础大样图、立面图和剖面图。

在施工测量之前，应建立健全的测量组织和检查制度，并核对设计图纸，检查总尺寸和分尺寸是否一致，总平面图和大样详图尺寸是否一致，不符之处要向设计单位提出，进行修正。

2. 现场踏勘

现场踏勘的目的是了解现场的地物、地貌和原有测量控制点的分布情况，并调查与施工测量有关的问题。注意现场情况对人身和仪器安全的影响，特别是在高空和危险地区进行测量时，必须采取防护措施。

3. 仪器检验与控制点复测

要对施工过程中使用的所有仪器进行必要的检验和校正，以保证测设的正确性和准确性，并保存所有的仪器检定书，以备检查。要用检验过的仪器对已有的测量控制点进行复测，以检核已有控制点成果。当发现点位发生变动时，应及时上报，并改用复测后的正确成果。

4. 制订施工测量的作业方案

了解现场的地物、地貌和地质、水文、气象等资料，了解施工方法和进度，并和施工人员协商，共同制订施工测量的作业方案，如测设的等级、精度、方法、作业次序等。根据实际情况编制测设详图，计算测设数据。测设数据应仔细核对，以免出现差错。

二、建筑物的定位

建筑物的定位，就是把建筑物外廓各轴线交点测设在地面上，然后根据这些点进行细部放样。如现场已有建筑方格网或建筑基线时，可直接采用直角坐标法进行定位，也可以根据已有建筑物进行定位。

1. 根据已有建筑物定位

在原有建筑群内新增建筑物时，一般设计图上都是绘出新建筑物和附近原有建筑物的相互关系，如图7-7所示。图中画有斜线的为原有建筑物，粗虚线区域均为设计建筑物。

图7-7(a)中的M_1N_1轴线应在A_1B_1的延长线上，应先作边A_1B_1的平行线$A_1'B_1'$。为此，首先将C_1A_1和D_1B_1外延距离p_1至A_1'、B_1'，在$A_1'B_1'$延长线上根据设计所给的B_1M_1、M_1N_1尺寸q_1、l_1，用钢尺量距，依次定出M_1'和N_1'点。再安置仪器于M_1'和N_1'点，在垂直于M_1N_1的方向上量距p_1，从而得到轴线M_1N_1。从M_1和N_1点量距d_1得到P_1、Q_1点。

图7-7(b)所示的$M_2N_2Q_2P_2$建筑物可用直角坐标法测出。

如图7-7(c)所示，拟建建筑物的主轴线平行于已有道路中心线，则先找出路中线，然后用全站仪测设垂线和量距，即可得建筑物轴线。

用以上几种方法测设出设计建筑物后，均要实地量测两对边是否相等、对角线是否相等，以作校核。

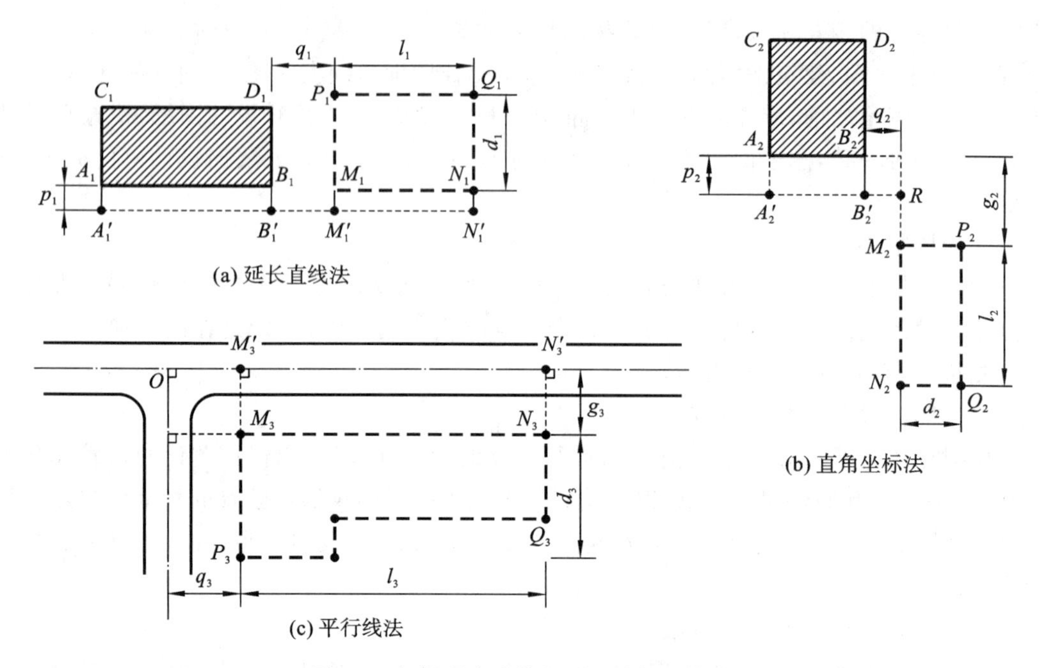

图 7-7　根据现有建筑物测设建筑物轴线

2. 根据建筑方格网定位

若施工场地内已有建筑方格网，可根据建筑物和附近方格网点的坐标，用直角坐标法进行测设。如表 7-1 和图 7-8 所示，测设建筑物 $ABDC$ 时，先在 6-2 点安置经纬仪照准 8-2 点，在视线上自 6-2 点量取至 A' 点的横坐标差（430.00 m－395.00 m＝35.00 m）得 A'，在视线上自 A' 点量取建筑物长（478.24 m－430.00 m＝48.24 m）得 B' 点，然后在 A' 上设站，后视 8-2 点，反拨直角得 $A'A$ 方向，并于视线上量取距离 AA'（25.00 m）即得 A 点，由 A 再量取建筑宽度 AC（10.24 m）即得 C 点，同法可定出 B、D 点。为了校核，应实测 AB、CD 长度，检查对角线是否一致或检查 $\angle C$、$\angle D$ 是否等于 90°。

表 7-1　建筑物四角坐标数据

点名	横坐标 y/m	纵坐标 x/m
A	430.00	225.00
B	478.24	225.00
C	430.00	235.24
D	478.24	235.24

3. 根据测量控制点定位

在山区多根据场地附近的导线点、三角点或原测图控制点，用极坐标法或角度交会法测设建筑物位置。如图 7-9 所示，三角点 M、N、E 的坐标已知，建筑物 $ABCD$ 各点设计坐标也已设计出来，通过坐标反算求得交会角度或距离后，即可进行建筑物现场定位。

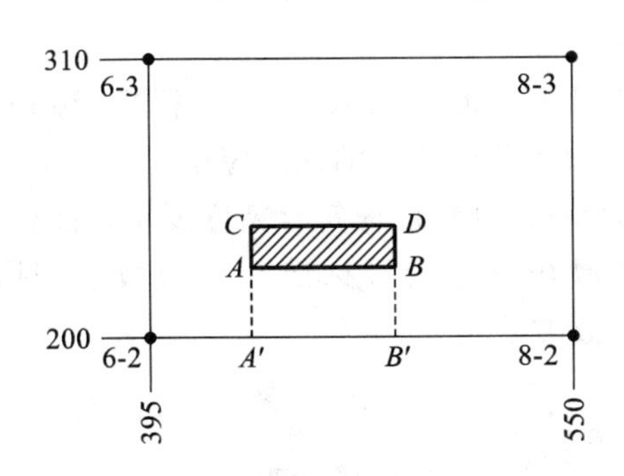

图 7-8　根据建筑方格网定位

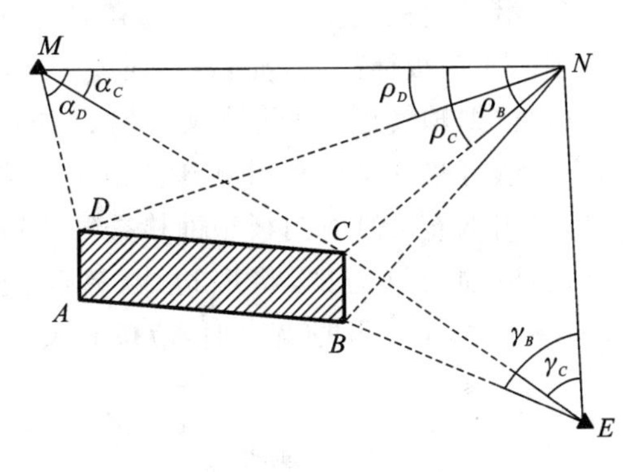

图 7-9　根据测量控制点定位

三、建筑物放线

建筑物定位以后，即可详细测设出建筑物各轴线的交点位置，并以桩顶钉一小钉的木桩作为标志(称为中心桩)，测设后检查房屋轴线距离，其误差不得超过 1∶2000。最后根据中心轴线，用石灰在地面上撒出基槽开挖边界线，如图 7-10 所示。

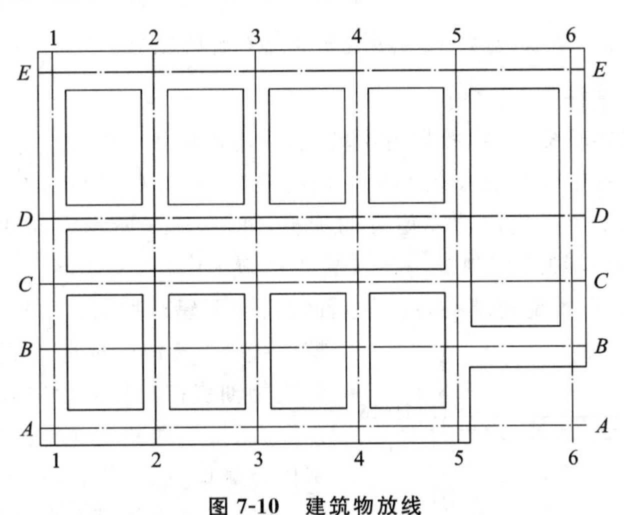

图 7-10　建筑物放线

由于基槽开挖后，角桩和中心桩会被挖掉，为了便于在施工中恢复各轴线位置，应把各轴线延长到槽外安全地点，并做标志，其方法有设置龙门板和测设轴线控制桩两种形式。

1. 设置龙门板

在一般民用建筑中，常在基槽开挖线外一定距离处钉设龙门板，步骤如下：

(1)在建筑物四角和中间定位轴线的基槽开挖线外 1.5～3 m(根据土质和槽深而定)处设置龙门桩，桩要钉得竖直、牢固，桩外侧一面应与基槽平行。

(2)根据场地内的水准点，在每个龙门桩上测设±0.000 m 标高线，在现场条件不许可时，也可测设比±0.000 m 高或低一定数值的标高线。

(3)沿龙门桩上测设的同一标高线钉设龙门板,这样龙门板的顶面标高就在一个水平面上了。龙门板标高测定的容许误差为±5 mm。

(4)根据轴线桩,用全站仪将墙、柱的轴线投到龙门板上,并钉上小钉标志(称轴线钉)。同法可将各轴线都引测到各相应的龙门板上。引测轴线点的误差应小于±5 mm。

(5)用钢卷尺沿龙门板顶面检查轴线钉之间的距离,其精度应符合精度要求。经检核合格后,以轴线钉为准,将墙边线、基础边线、基槽开挖边线等标定在龙门板上(见图7-11),标定槽上口开挖宽度时,应按有关规定考虑放坡的尺寸。

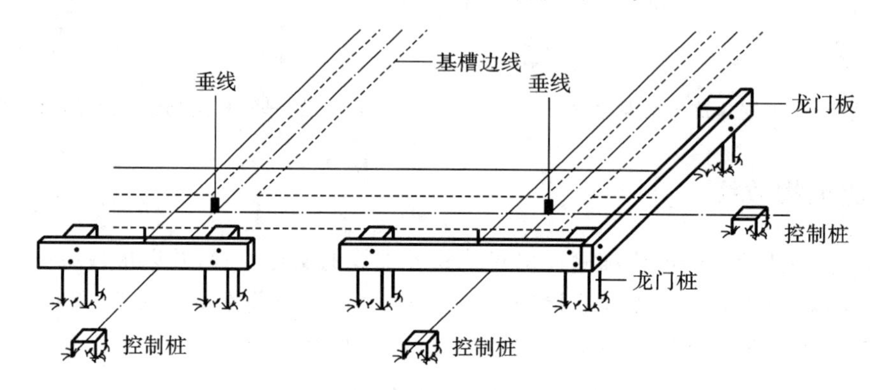

图 7-11 施工控制桩、龙门桩和龙门板

2. 测设轴线控制桩

由于龙门板需要较多木料,而且占用场地,使用机械挖槽时龙门板更不易保存,因此,目前常用在基槽外各轴线的延长线上测设轴线控制桩(又称引桩)的方法来代替龙门桩,作为开槽后各阶段施工中确定轴线位置的依据,如图7-12所示。即使采用龙门板,为了防止被碰动,也应测设轴线控制桩。在多层建筑施工中,为便于向上投测轴线,应在较远的地方测定,如附近有固定建筑物,最好把轴线投测至建筑物上。引桩一般应钉在基槽开挖边线外2~4 m的地方,防止破坏。中、小型建筑物轴线控制桩测设时,将全站仪安置在角桩上,以另一角桩定向,沿视线方向用钢尺向基槽外侧量取2~4 m,打下木桩,桩顶钉上小钉,准确标志出轴线位置,并用混凝土包裹木桩即可。大型建筑物放线时,为了确保轴线控制桩的精度,通常是在基础的开挖线以外4 m左右,测设一个与房屋外墙轴线平行的矩形控制网,作为房屋定位和细部放线的依据。

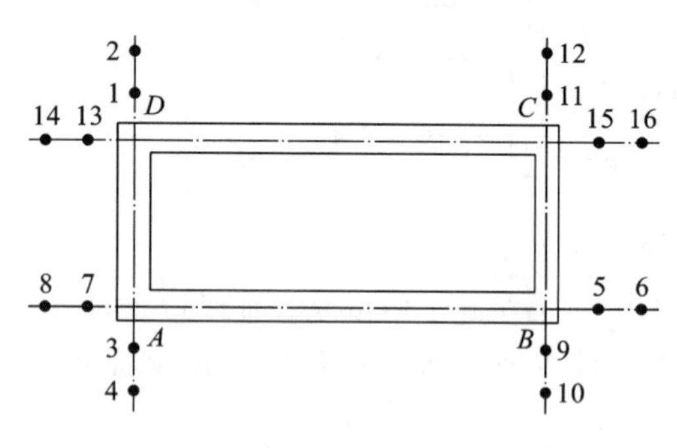

图 7-12 轴线控制桩设置示意图

四、基础施工测量

基础开挖前,要根据龙门板或轴线控制桩的轴线位置和基础宽度,并顾及放坡尺寸,在地面上用石灰撒出基础的开挖边界线,施工时按此线进行开挖。

1. 基槽及基坑抄平

为了控制基槽开挖深度，在即将挖到槽底设计标高时，用水准仪在槽壁上测设一些水平的小木桩，使木桩上表面离槽底设计标高为一固定值（如 0.5 m），用以控制挖槽深度，这些小木桩称为腰桩（见图 7-13）。为了施工时使用方便，一般在槽壁各拐角处和槽壁每隔 3～4 m 处均测设一个腰桩，必要时可沿腰桩的上表面拉上白线绳，作为清理槽底和打基础垫层时掌握标高的依据。腰桩高程测设的允许误差为±10 mm。

在建筑施工中，将高程测设称为抄平。

基槽开挖完成后，应根据控制桩或龙门桩，复核基槽宽度和槽底标高，合格后方可进行垫层施工。

2. 垫层和基础放样

基槽或基坑开挖完成后，应利用腰桩在基槽或基坑底部设置垫层标高桩，使桩顶顶面高程等于垫层设计高程，作为垫层施工的依据。

基础垫层打好后，根据龙门板上的轴线钉或轴线控制桩，用经纬仪或用拉绳挂垂球的方法，把轴线投测到垫层上，并用墨线弹出墙中心线和基础边线，以便砌筑基础，如图 7-14 所示。由于整个墙身砌筑均以此线为准，这是确定建筑物位置的关键环节，所以要严格校核后方可进行砌筑施工。

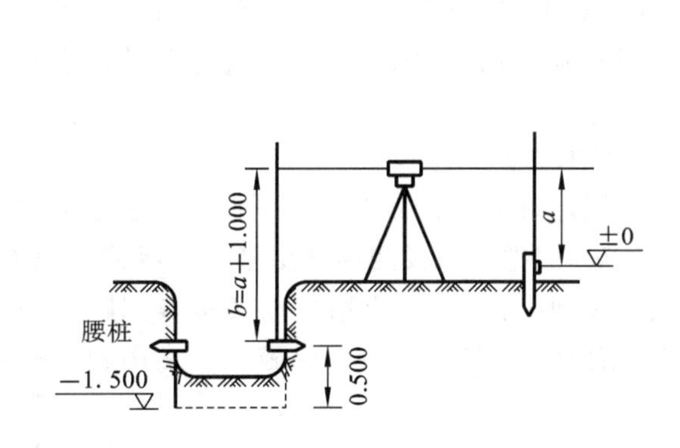

图 7-13　基槽及基坑腰桩设置示意图(单位:m)

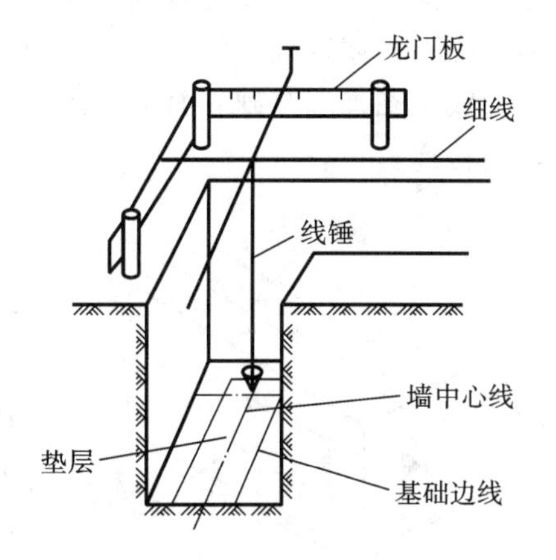

图 7-14　投测墙中心线

3. 基础墙标高控制

房屋基础（±0.000 以下的砖墙）的高度是利用基础皮数杆来控制的。基础皮数杆是一根木制的杆子（见图 7-15），在杆上事先按照设计尺寸，将砖、灰缝厚度画出线条，并标明±0.000 和防潮层等的标高位置。立皮数杆时，可先在立杆处打一木桩，用水准仪在木桩侧面定出一条高于垫层标高某一数值（如 10 cm）的水平线，然后将皮数杆上标高相同的一条线与木桩上的水平线对齐，并用大铁钉把皮数杆与木桩钉在一起，作为基础墙标高控制的依据。

基础施工结束后，应检查基础面的标高是否符合设计要求（也可检查防潮层）。可用水准仪测出基础面上若干点的高程和设计高程比较，允许误差为±10 mm。

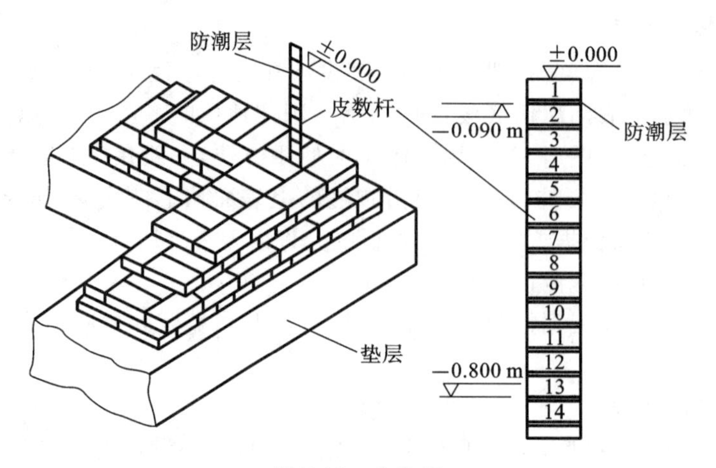

图 7-15　皮数杆

五、墙体施工测量

当基础墙砌筑到±0.000 标高下一层砖时，应将轴线投测到基础面或防潮层上，然后用墨线弹出墙中线和墙边线。检查外墙轴线交角是否等于 90°，符合要求后，把墙轴线延伸并画在外墙基础上(见图 7-16)，作为向上投测轴线的依据。同时，把门、窗和其他洞口的边线也在外墙基础立面上画出。建筑物墙体施工时，其测量工作主要包括轴线投测和标高传递。

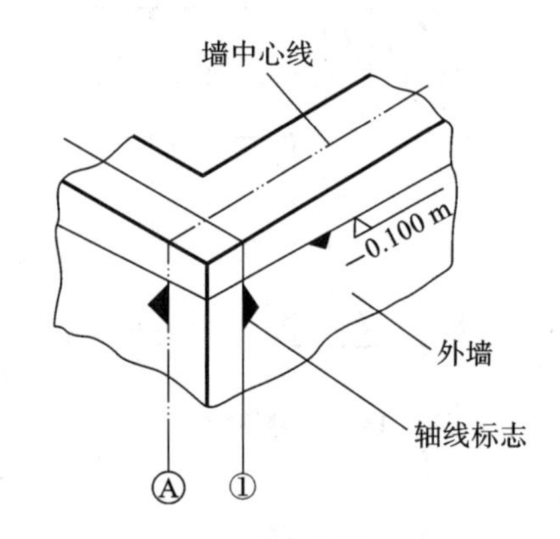

图 7-16　基础墙轴线引测

1. 轴线投测

在多层建筑墙身砌筑过程中，为了保证建筑物轴线位置正确，应把轴线投测到各层楼板边缘或柱顶上。当各轴线投到楼板上后，应用钢尺实量其间距作为校核。校核合格后，方可开始该层施工。常用轴线投测方法如下。

1)吊垂球法投测

用较重的垂球悬吊在楼板或柱顶边缘，当垂球尖对准基础墙面上的轴线标志时，线在楼板或柱边缘的位置即为楼层轴线端点位置，并画出标志线。同法投测各轴线端点。经检测各轴线间距符合要求后即可继续施工。这种方法简便易行，一般能保证施工质量，但当测量时风力较大或建筑物较高时，投测误差较大，应采用全站仪投测法。

2)全站仪投测法

如图 7-17 所示，向上投测轴线时，将全站仪设置在引桩 A 上，严格对中整平，照准基础侧壁上的轴线标志 C_1，然后用正倒镜分中法把轴线投测到所需的楼面上，正、倒镜所投的中点即为投测轴线的一个端点 C。同法分别在引桩 B、C、D 上安置全站仪，分别投测出 3、C'、$3'$点。连接轴线上的 CC'和 $33'$即得到楼面上相互垂直的两条中心轴线，根据这两条轴线，用平行推移的方法确定出其他各轴线，并弹上墨线。

当楼高超过 10 层时，为避免投测时仰角过大而影响测设精度，须把轴线再延长，在距建筑物更远处或附近大楼屋面上，重新建立引桩。其轴线传递的方法与上述相同。

为保证测量精度，投测前应严格检查仪器，特别是仪器的水准器轴与竖轴、横轴和竖轴要严格垂直。仪器应尽量安置在轴线的延长线上，观测仰角不大于 45°。为避免日照、风力的影响，应选择在无风、阴天或早晨进行测设。

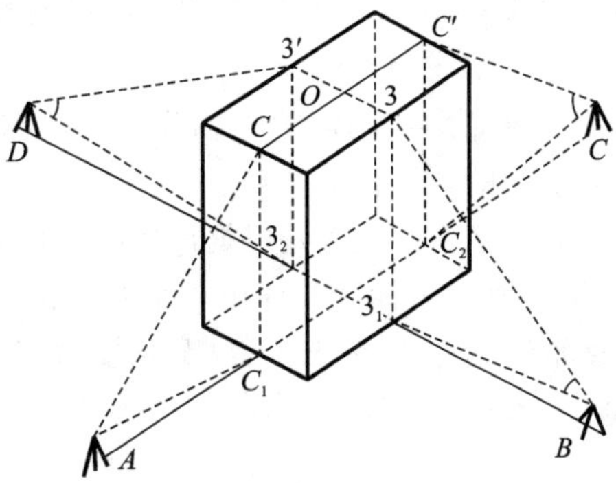

图 7-17　全站仪轴线投测

2. 标高传递

1）皮数杆传递高程

在墙体施工中，墙身各部位高程通常也用皮数杆控制。在墙身皮数杆上根据设计尺寸按砖、灰缝厚度画出线条，并标明±0.000、门、窗、楼板等的标高位置。墙身皮数杆的设立与基础皮数杆相同。一层楼砌好后，则从一层皮数杆起，一层、一层往上推。框架结构的民用建筑，墙体砌筑是在框架施工后进行，故可在柱面上画线，代替皮数杆。

2）钢尺丈量法

当精度要求较高时，可用钢尺沿结构外墙、边柱、楼梯间等自±0.000 起向上直接丈量至楼板外侧。

任务 3　工业建筑施工测量

在工业建筑场地，为了放样各厂房轴线以及各生产车间的联系设备（如皮带运输机、管道、道路等），首先应布设在整个场地起总体控制作用的厂区施工控制网。由于厂房各部分及设备基础工程相对于厂房主要轴线的细部放样精度的要求往往很高，厂区控制网点的密度和精度一般不能满足厂房细部及设备基础放样的需要，因此还应在厂区控制网的基础上，布设能满足厂房及基础设备精度要求，适应厂房规模大小和外围轮廓的厂房矩形控制网，作为厂房施工测量的基本控制。

一、厂房矩形控制网的测设

厂房施工中多采用由柱列轴线控制桩组成的厂房矩形控制网，其测设方法有两种，即角桩测设法和主轴线测设法。

1. 角桩测设法

角桩测设法是首先以厂区控制网放样出厂房矩形网的两角桩或称一条基线边（如图 7-18 中的 S_1— S_2），再据此拨直角，设置矩形网的两条短边，并埋设距离指标桩。距离指标桩的间距一般是等于厂房柱子间距的整倍数（但以不超过使用尺子的长度为限）。此法简单方便，但由于其余三边系由基线推出，误差集中在最后一边 N_1— N_2（见图 7-18）上，其精度较差，故用此形式布设的矩形网只适用于一般的中小型厂房。

2. 主轴线测设法

厂房矩形控制网的主轴线，一般应选在与主要柱列轴线或主要设备基础轴线相互一致或平行的位置上。

如图 7-19 所示，先根据厂区控制网定出矩形控制网的主轴线 AOB，再在 O 点架设仪器，采用直角坐标法放样出短轴线 CD，其测设与调整方法与建筑方格网主轴线相同。在纵横轴线的端点 A、B、C、D 分别安置经纬仪，都以 O 点为后视点，分别测设直角交会定出 E、F、G、H 四个角点。

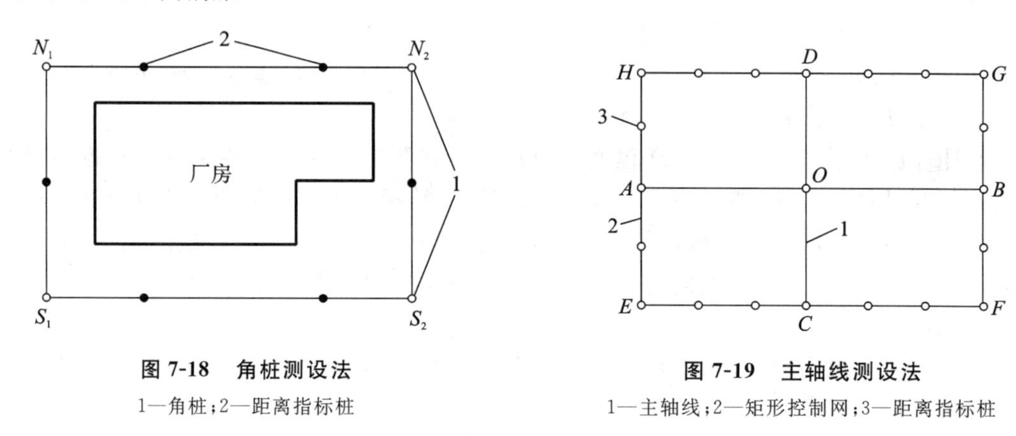

图 7-18　角桩测设法

1—角桩；2—距离指标桩

图 7-19　主轴线测设法

1—主轴线；2—矩形控制网；3—距离指标桩

为了便于以后进行厂房细部的施工放线，在测定矩形网各边长时，应按施测方案确定的位置与间距测设距离指标桩。厂房矩形控制网角桩和距离指标桩一般都埋设在顶部带有金属标板的混凝土桩上。当埋设的标桩稳定后，即可采用归化改正法，按规定精度对矩形网进行观测、平差计算，求出各角桩点和各距离指标桩的平差坐标值，并和各桩点设计坐标相比较，在金属标板上进行归化改正，最后再精确标定出各距离指标桩的中心位置。

二、柱子基础施工测量

1. 柱列轴线放样

根据柱列中心线与矩形控制网的尺寸关系，从最近的距离指标桩量起，把柱列中心线一一测设在矩形控制网的边线上，并打下木桩，以小钉标明点位，作为轴线控制桩，用于放样柱基，如图 7-20 所示。柱基测设时，应注意定位轴线不一定都是基础中心线。

2. 基坑开挖边界线放样

用两台全站仪安置在两条相互垂直的柱列轴线的轴线控制桩上，沿轴线方向交会出每一个柱基中心的位置。在柱列中心线方向上，离柱基开挖边界线 0.5～1 m 以外处各打四个定位小木桩，上面钉上小钉标明，作为中心线标志，供基坑开挖和立模用。

按柱基平面图和大样图所注尺寸，顾及基坑放坡宽度，放出基坑开挖边界，用石灰线标明基坑开挖范围。

3. 基坑的高程测设

当基坑挖到一定深度时，要在基坑四壁离基坑底设计高程高出 0.5 m 处设置几个水

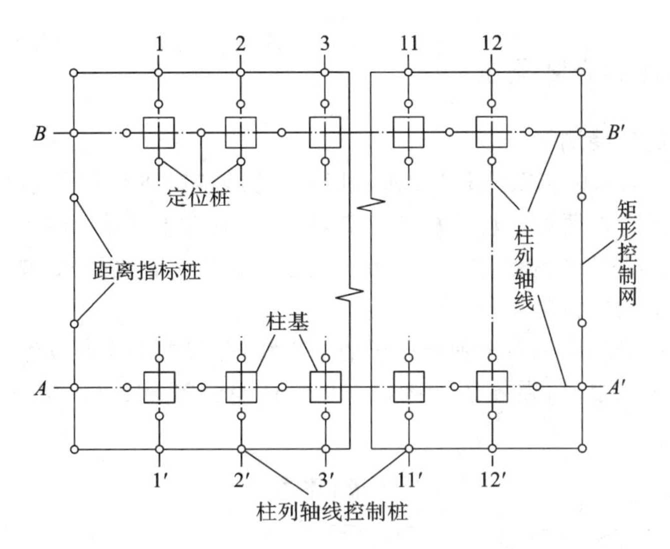

图 7-20　柱列轴线放样

平桩(腰桩)作为基坑修坡和清底的高程依据。此外还应在基坑内测设垫层的标高,即在坑底设置小木桩,使桩顶高程恰好等于垫层的设计高程,如图 7-21(a)所示。

4. 基础模板定位

打好垫层后,根据坑边定位小木桩,用拉线的方法,吊垂球把柱基定位线投到垫层上,如图 7-21(b)所示。用墨斗弹出墨线,用红漆画出标记,作为柱基立模板和布置钢筋的依据。立模板时,将模板底线对准垫层上的定位线,并用垂球检查模板是否竖直,最后将柱基顶面设计标高测设在模板内壁。

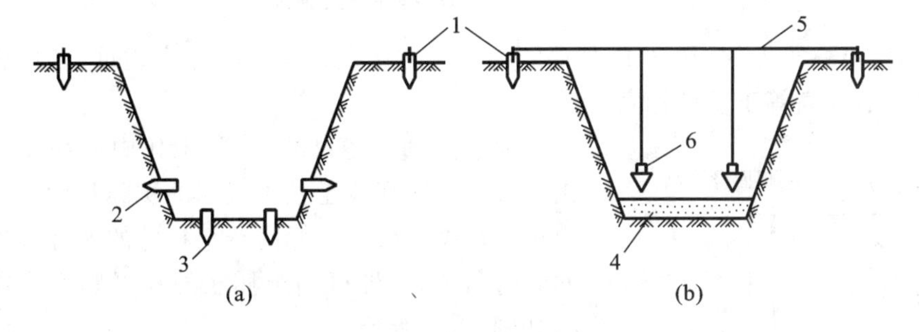

图 7-21　基坑的高程测设与基础模板定位示意图

1—柱基定位小木桩;2—腰桩;3—垫层标高桩;4—垫层;5—钢丝;6—垂球

拆模以后柱子杯形基础的形状如图 7-22 所示。根据柱列轴线控制桩,用全站仪正倒镜分中法,把柱子中心线测设到杯口顶面上,弹出墨线。再用水准仪在杯口内壁四周各测设一个－0.6 m 的标高线或距杯底设计标高为整分米的标高线,用红漆画出"▼"标志,注明其标高数字,用以修整杯口内底部表面,使其达到设计标高。

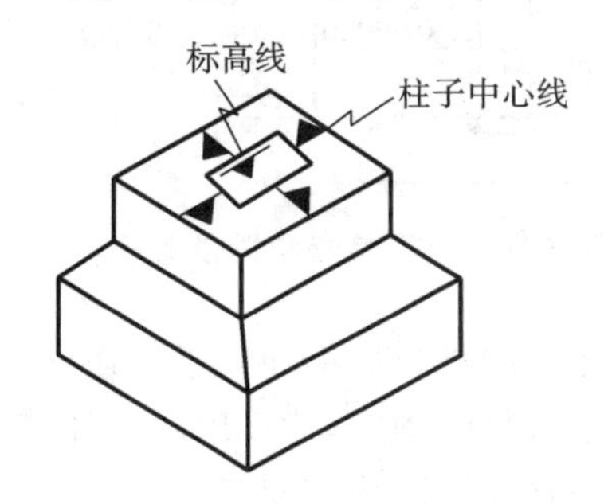

图 7-22　杯口标高线和柱子中心线

三、厂房构件的安装测量

1. 厂房柱子的安装测量

柱子安装之后，应满足以下设计要求：柱脚中心线应对准柱子中心线，偏差不应超过±5 mm；牛腿面标高必须等于它的设计标高，误差不应超高±5 mm；柱子全高竖向允许偏差不应超高1‰，最大不应超过±20 mm。为了满足以上精度要求，具体做法如下。

1）柱子安装前的准备工作

在预制好的柱子三个侧面上弹出柱子的中心线，并根据牛腿面设计标高，利用钢尺从牛腿面起向柱底丈量距离，在柱子上画出－0.6 m 标志线和±0.000 标高线，如图 7-23 所示。

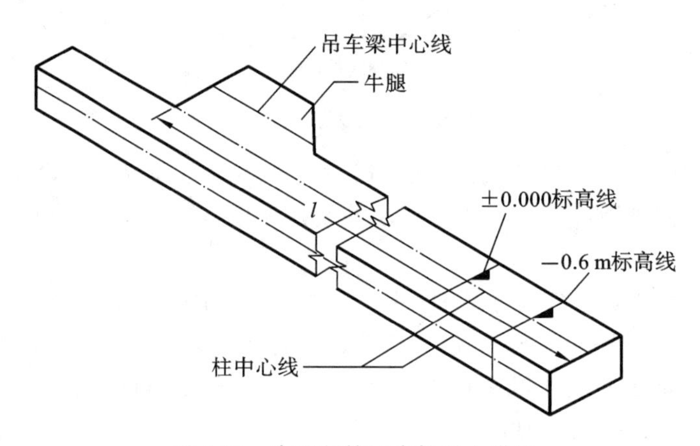

图 7-23　在预制的厂房柱子上弹线

安装时，当柱子上的－0.6 m 标高线与杯口内壁的－0.6 m 标高线重合时，就能恰好保证牛腿面的标高等于设计标高。

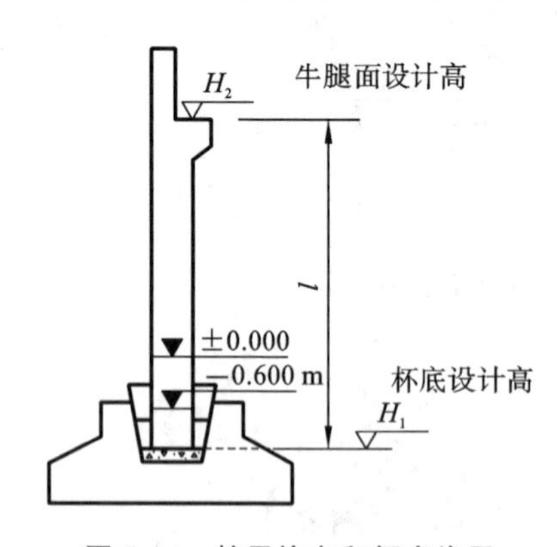

图 7-24　柱子检查和杯底找平

为了达到上述目的，实际工作中往往在柱子上量出－0.6 m 标高线至柱子底部的实际长度 d_1，同时量出杯口内壁－0.6 m 标高线至杯底的实际长度 d_2，将两者进行比较，即可确定杯底的找平厚度或垫板厚度 h，如图 7-24 所示。

$$h = d_1 - d_2 \tag{7-1}$$

用水泥砂浆根据找平厚度进行杯底修平后，用水准仪进行测量，杯底平整度误差应在±3 mm 以内。

2）柱子安装测量

柱子安装时，应保证其平面位置、高程及柱身的垂直度符合设计要求。预制的钢筋混凝土柱子插入杯形基础的杯口后应使柱子三面的中心线与杯口中心线对齐吻合（容许误差为±5 mm），用木楔做临时固定，然后用两台经纬仪安置在距离约 1.5 倍柱高的纵、横两条轴线附近，同时进行柱身的垂直校正。

用经纬仪做柱子竖直校正是利用置平后的经纬仪视准轴上、下转动成一竖直平面的特点进行的。具体做法如下：先用竖丝瞄准柱子根部的中心线，制动照准部，缓缓抬高望远镜，观测柱子中心线是否偏离竖丝的方向；如有偏差，应指挥安装人员调节缆绳或用千斤顶进行调整，直至从两台经纬仪中都观测到柱子中心线从下到上都与十字丝竖丝重合，如图 7-25 所示。然后，在杯口与柱子的缝隙中浇入混凝土，以固定柱子的位置。

为了提高安装速度，常先将若干柱子分别吊入杯口内，临时固定，将经纬仪安置在柱列轴线的一侧，夹角最好不超过 15°，然后成排进行校正，如图 7-26 所示。

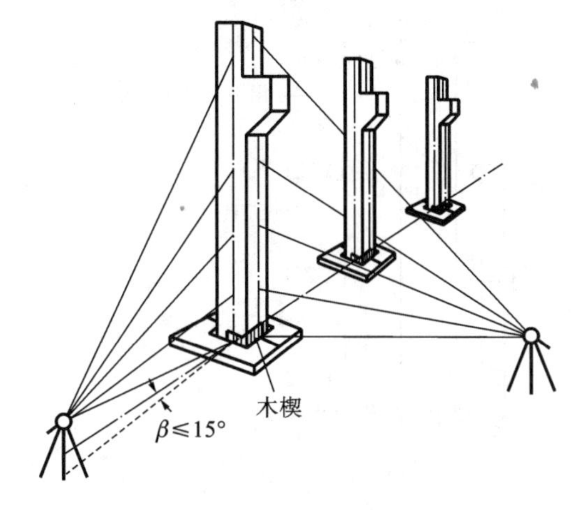

图 7-25　校正柱子竖直

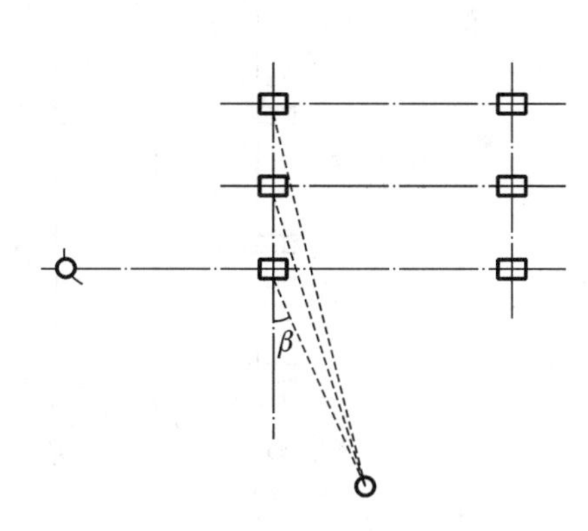

图 7-26　成排校正柱子竖直

校正柱子用的经纬仪应在使用前进行各轴系的检验校正。安置经纬仪时，应用管水准气泡严格整平，因为经纬仪的轴系误差及纵轴的不铅垂，都会使视准轴上下转动时不成为一个竖直平面，从而在校正竖直时影响其垂直度。

柱子竖直校正后，还要检查一下牛腿面的标高是否正确，方法是用水准仪检测柱身下部±0.000 标高线的标高，其误差即为牛腿面标高的误差，作为修平牛腿面或加垫块的依据。

2. 吊车梁安装测量

预制混凝土吊车梁安装时应满足以下设计要求：梁顶标高应与设计标高一致；梁的上、下中心线应和吊车轨道的设计中心线在同一竖直面内。

1）吊车梁中心线投测

吊车梁吊装前，应先在其顶面和两个端面弹出吊车梁中心线。利用厂房中心线和柱列中心线，根据设计轨道距离在地面上测设出吊车梁中心线，并在中心线两端打木桩标志。

安置经纬仪于一端点，瞄准另一端点，抬高望远镜，将吊车梁中心线投到每个柱子的牛腿面边上，如图 7-27(a)所示。

如果与柱子吊装前所画的中心线不一致，则以新投的中心线作为吊车梁安装定位的依据。投测时，如果与有些柱子的牛腿不通视，可以用从牛腿面向下吊垂球的方法解决中心线的投点问题。

2）吊车梁安装时的竖直校正

第一根吊车梁就位时，用经纬仪或垂球线校直，以后各根就位，可根据前一根的中线

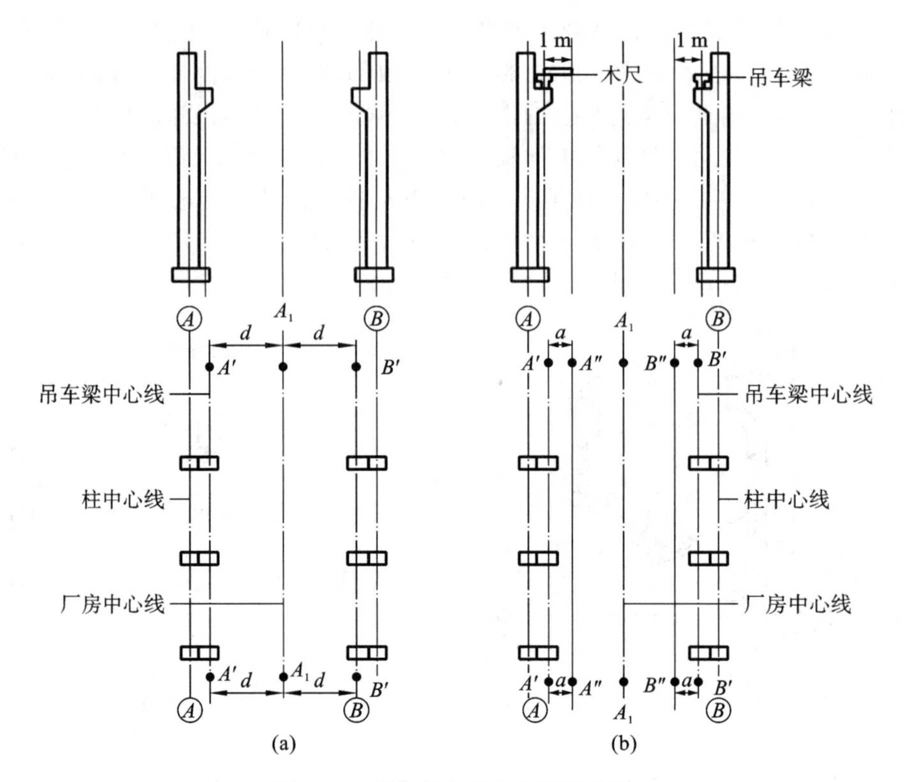

图 7-27　吊车梁和吊车轨道的安装

用直接对齐法进行校正。

3)吊车轨道安装测量

当吊车梁安装以后,再用经纬仪从地面把吊车梁中心线(吊车轨道中心线)投到吊车梁顶上,如果与原来画的梁顶几何中心线不一致,则按新投的点用墨线重新弹出吊车梁中心线为安装轨道的依据。

由于安置在地面柱列中心线上的经纬仪不可能与吊车梁顶面通视,因此一般采用中心线平移法。如图 7-27(b)所示,在地面上平行于 A'—A'轴线、间距为 1 m 处测设 A''—A''轴线。然后安置经纬仪于 A''—A''轴线一端,瞄准另一端进行定向。抬高望远镜,使从吊车梁顶面伸出的长度为 1 m 的直尺端正好与望远镜竖丝重合,则直尺的另一端即为吊车轨道中心线上的点。

然后用钢尺检查同跨两中心线之间的跨距 l,与其设计跨距之差不得大于 10 mm。经过调整后,用经纬仪将中心线方向投到特设的角钢或屋架下弦上,作为安装时用经纬仪校直轨道中心线的依据。

在轨道安装前,应该用水准仪检查梁顶的标高,每隔 3 m 在放置轨道垫块处测一点,以测得的结果与设计数据之差作为加垫块或抹灰的依据。为此,可用水准仪和钢尺沿柱子竖直量距的方法,从附近水准点把高程传递到吊车梁顶上,并设置固定的水准点标志,作为轨顶标高检查和生产期间检修校正的依据。

在轨道安装过程中,根据梁上的水准点,用水准仪按测设已知高程的方法,把轨顶安装在设计标高线上。然后将经纬仪安置在梁顶中心线上,瞄准投在屋架下弦的轨道中心标志进行定向，配合安装进度，进行轨道中心线的校直测量工作。

轨道安装完毕后，应进行一次轨道中心线、跨距和轨顶标高的全面检查，以保证能安全架设和使用吊车。

任务 4　高层建筑施工测量

随着现代化城市建设的发展，高层建筑日增。鉴于高层建筑层数较多，高度较高，施工场地狭窄，且多采用框架结构、滑模施工工艺和先进施工机械，故在施工过程中，对于垂直度偏差、水平度偏差及轴线尺寸偏差都必须严格控制。

一、高层建筑物轴线投测

高层建筑施工测量的主要任务是确保轴线的竖向传递，以控制建筑物的垂直度偏差，做到正确地进行各楼层的定位放线。《高层建筑混凝土结构技术规程》(JGJ 3—2010)中要求，高层建筑竖向投测的允许偏差应符合表 7-2 的规定。

表 7-2　轴线竖向投测允许偏差

项目	允许偏差/mm	
每层	3	
总高 H/m	$H \leqslant 30$	5
	$30 < H \leqslant 60$	10
	$60 < H \leqslant 90$	15
	$90 < H \leqslant 120$	20
	$120 < H \leqslant 150$	25
	$H > 150$	30

为了保证轴线投测的精度，高层建筑一般使用激光铅垂仪、光学垂准仪进行轴线投测。下面介绍激光铅垂仪轴线投测方法。

激光铅垂仪是一种供竖直定位的专用仪器，适用于高层建(构)筑物的竖直定位测量。

1)激光铅垂仪构造与原理

激光铅垂仪基本构造如图 7-28 所示，主要由氦氖激光器、竖轴、发射望远镜、水准器和基座等部件组成。激光器通过两组固定螺钉固定在套筒内。仪器的竖轴是一个空心筒轴，两端由螺扣连接望远镜和激光器的套筒，将激光器安装在筒轴的下端或上端，发射望远镜安装在上端或下端，即构成向上或向下发射的激光铅垂仪。仪器上设置有两个互成 90°角的水准器，其分划值一般为 20″/2 mm。仪器配有专用激光电源，使用时利用激光器底端(全反射棱镜端)所发射的激光束进行对中，通过调节基座整平螺旋，使水准器气泡严格居中，接通激光电源启动激光器，便可铅直发射激光束。

2)利用激光铅垂仪投测轴线

此法投测轴线,精度高,速度快,具有广阔的应用前景。如图 7-29 所示,将激光铅垂仪安置在底层轴线控制点 C_0 处,进行严格对中,整平接通激光电源,启动激光器,即可发射出铅直激光基准线,在高层楼板的预留垂准孔上水平放置绘有坐标格网的接收靶 C,激光光斑所指示的位置即为轴线控制点的铅直投影位置。

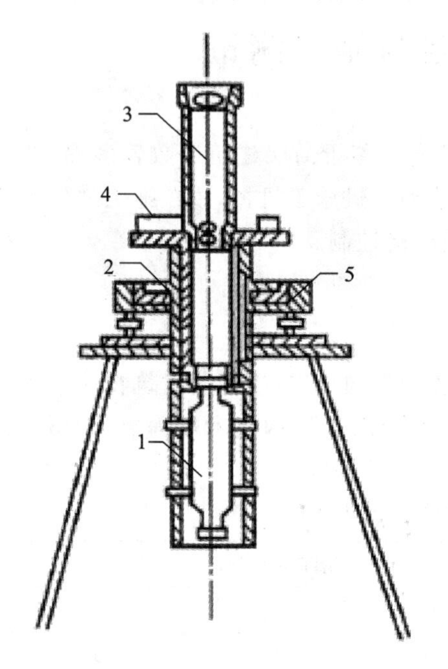

图 7-28　激光铅垂仪的构造

1—氦氖激光器;2—竖轴;3—发射望远镜;4—水准器;5—基座

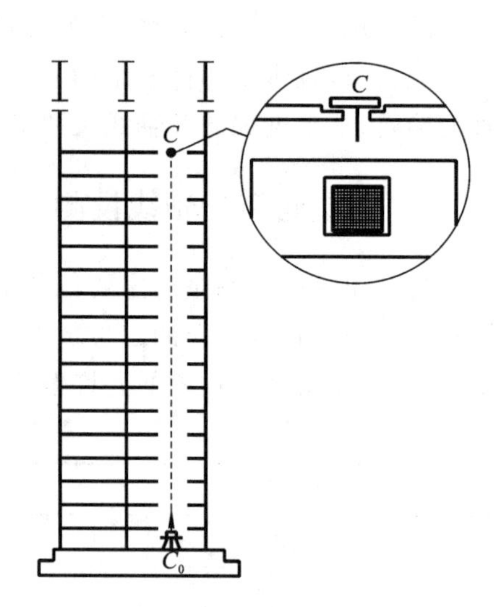

图 7-29　激光铅垂仪投测轴线剖面图

为保证激光铅垂仪基准线处于铅直状态,测设前应将仪器水平旋转 360°,如光点在靶上移动出一个圆,则仪器应进一步调平,直到光点始终指向一点。

将各轴线控制点投测完毕后,还应检验各控制点间的距离、角度是否符合要求。

如图 7-30 所示,把底层轴线控制点投测到相应楼层后,即可用拉线的方法将轴线控制点连线在楼层地板上弹出。然后再根据轴线控制点连线与建筑物轴线之间的距离,测设出投测楼层的建筑轴线。

二、高层建筑的标高传递

在高层建筑施工中,建筑物标高的竖向传递应从首层起始标高线竖直量取,以使各层建筑的工程施工标高符合设计要求。常用的标高传递方法有悬吊钢尺法和全站仪天顶测距法。

1. 悬吊钢尺法标高传递

如图 7-31 所示,从底层+50 mm 标高线起向上量取累积设计层高,即可测设出相应楼层的+50 mm 标高线。根据各层的+50 mm 标高线,即可进行各楼层的施工工作。

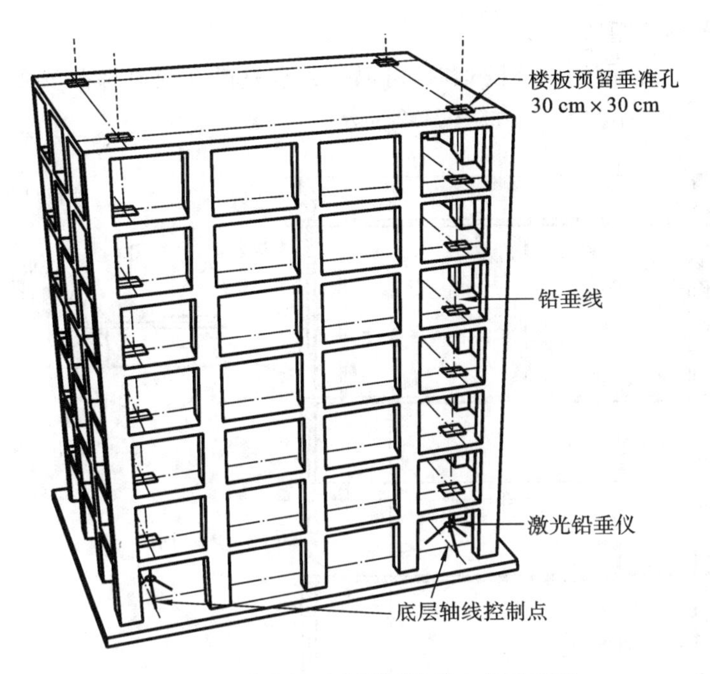

图 7-30　激光铅垂仪投测轴线立体示意图

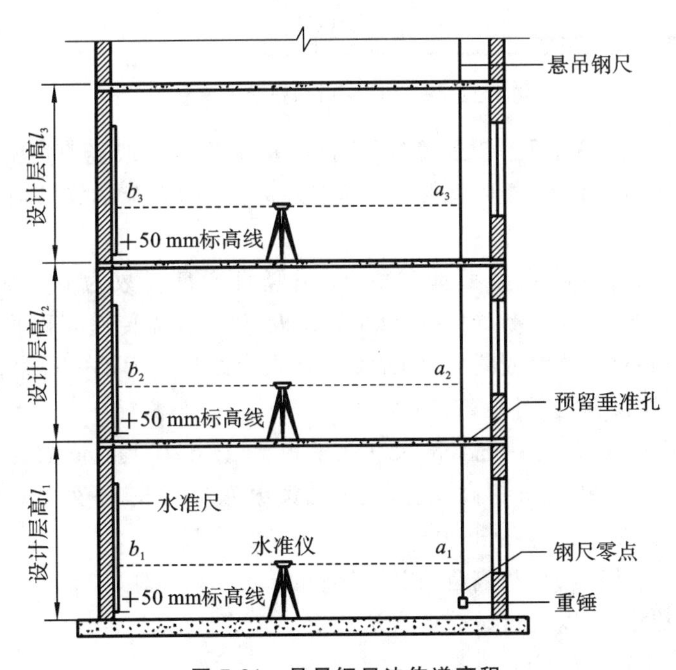

图 7-31　悬吊钢尺法传递高程

以第三层为例，放样第三层＋50 mm 标高线时的应读前视为：

$$b_3 = a_3 - (l_1 - l_2) + (a_1 - b_1) \tag{7-2}$$

在第三层墙面上上下移动水准标尺，当标尺读数恰好为 b_3 时，沿水准标尺底部在墙面上画线，即可得到第三层的＋50 mm 标高线。

2. 全站仪天顶测距法

对于超高层建筑，吊钢尺有困难时，可以在预留垂准孔或电梯井安置全站仪，通过对天顶方向测距的方法引测高程，如图 7-32 所示。

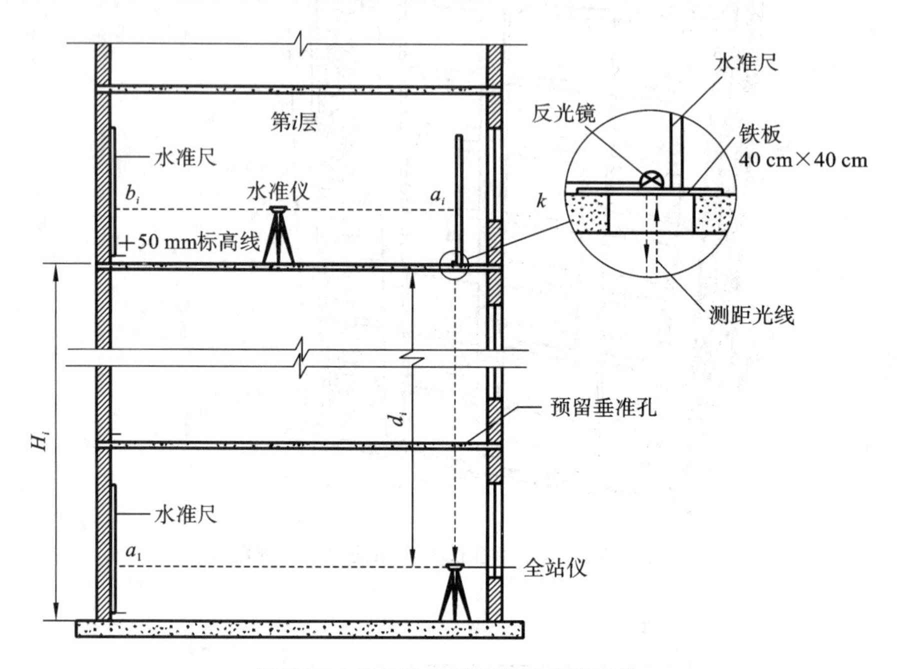

图 7-32　全站仪天顶测距法传递高程

在投测点安置全站仪，置平望远镜（屏幕显示垂直角为 0°或竖直度盘读数为 90°），读取竖立在首层＋50 mm 标高线上水准尺的读数为 a_1。a_1 即为全站仪横轴至首层＋50 mm 标高线的仪器高。

将望远镜指向天顶（屏幕显示垂直角 90°或竖直度盘读数为 0°），将一块制作好的 40 cm×40 cm、中间开了一个 ϕ30 mm 圆孔的铁板，放置在需传递高程的第 i 层层面垂准孔上，使圆孔的中心对准测距光线（由测站观测员在全站仪望远镜中观察指挥），将棱镜扣在铁板上，操作全站仪测距，得距离 d_i。

在第 i 层安置水准仪，将一把水准尺立在铁板上，读出其上的读数为 a_i；假设另一把水准尺竖立在第 i 层＋50 mm 标高线上，其上的读数为 b_i，则有下列方程成立：

$$a_1 + d_i - k + (a_i - b_i) = H_i \tag{7-3}$$

式中：H_i——第 i 层楼面的设计高程（以建筑物的±0.000 起算）；

k——棱镜常数，可以通过试验的方法测定。

由式(7-3)可以解出 b_i 为：

$$b_i = a_1 + d_i - k + (a_i - H_i) \tag{7-4}$$

上下移动水准标尺，使其读数为 b_i，沿水准标尺底部在墙面上画线，即可得到第 i 层的＋50 mm 标高线。

思考与练习题

1. 试述施工方格网及建筑基线、主轴线的测设方法。

2. 轴线控制桩和龙门板的作用是什么？如何设置？

3. 高层建筑施工中，如何将底层平面轴线和高程引测到各层楼面上？

4. 试述工业厂房测设矩形控制网的方法。

5. 工业厂房柱列轴线和柱基础施工测量包括哪些内容？

6. 柱、吊车梁、吊车轨道及屋架安装测量如何进行？有哪些需要注意的地方？

7. 如何控制建筑物的垂直度和砌筑高度？

8. 如图7-33所示，已标新建建筑物的尺寸以及新建建筑物与原有建筑物的相对位置尺寸，另外建筑物轴线距外墙皮240 mm（轴线偏里），试述根据原有建筑物测设新建建筑物的方法和步骤。

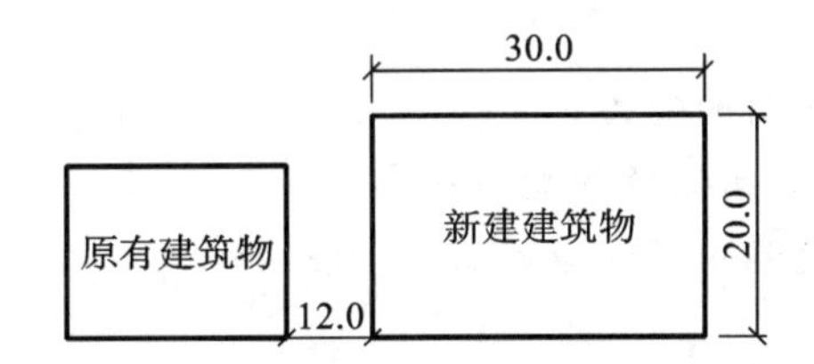

图7-33　新建建筑物与原有建筑物位置关系

项目 8　道路工程测量

【学习目标】

1.知识目标

(1)了解道路工程测量的任务;

(2)掌握道路中线测量;

(3)掌握道路纵、横断面测量;

(4)理解道路施工测量的概念。

2.能力目标

(1)具备道路中线测量的能力;

(2)具备道路纵、横断面测量的能力;

(3)具备道路施工过程中的测量能力。

3.素养目标

通过本项目学习,理解工匠精神的内涵,培育工匠精神。

任务 1　道路工程测量概述

道路是一种带状的空间三维结构物。道路可分为城市道路(包括高架道路)、城市之间公路(包括高速公路)、工矿企业的专用道路以及为农业生产服务的农村道路。道路工程一般均由路基、路面、桥涵、隧道、附属工程(如停车场)、安全设施(如护栏)和各种标志等组成。

道路工程测量的任务有两方面:一是勘测设计阶段的测量工作,主要为道路工程的设计提供地形图和断面图;二是施工阶段的施工放样工作,按设计位置要求测设于实地。

一、道路勘测设计测量

勘测设计测量可包括初测和定测。

1.初测

初测工作是公路初步设计阶段的基础和依据。对踏勘过程中认为最有价值的路线比较方案,进行较为详细的测量,测出各种方案沿线比例尺为 1∶2000 或 1∶5000 带状地形图,并全面详细地收集可用资料,供初步设计使用。

初测工作包括沿路线进行平面控制测量(RTK 测量和导线测量)、高程控制测量(水准测量和三角高程测量)以及测绘沿线带状地形图及桥梁、隧道和其他工程设计需要的地形图等三个方面的测绘工作。

2. 定测

定测是方案选定后,进入技术设计阶段,为技术设计阶段所进行的中线测量、纵横断面测量等详细测量。定测为路线纵坡设计、工程土石方量计算等道路的技术设计提供详细的测量资料,为施工图设计提供资料。定测的工作内容包括中线测量、纵断面和横断面测量、局部地区的大比例尺地形图的测绘以及桥涵、路线交叉、沿线设施、环境保护等的测量和资料调查等。

二、道路施工测量

道路施工测量的任务是将道路的设计位置按照设计与施工要求测设到实地上,为施工提供依据。它又可分为道路施工前的测量工作和施工过程中的测量工作。

道路施工测量的具体内容是:在道路施工前和施工中,恢复中线,测设边坡、桥涵、隧道等的平面位置和高程位置,并建立测量标志以作为施工的依据,保证道路工程按设计图进行施工。当工程逐项结束后,进行竣工验收测量,以检查施工成果是否符合设计要求,并为工程竣工后的使用、养护提供必要的资料。

1. 熟悉图纸和施工现场

设计图纸主要有路线平面图,纵、横断面图和附属构筑物图等。在明确设计意图及测量精度要求的基础上,应勘察施工现场,找出各交点桩、转点桩、里程桩和水准点的位置。必要时应实测校核,为施工测量做好充分准备。

2. 道路中线复测

道路中线定测以后,一般情况下不能立即施工,在这段时间内,部分标桩可能丢失或者被移动。因此,施工前必须进行一次复测工作,以恢复道路中线的位置。

3. 测设施工控制桩

由于中线上的各桩位在施工中都要被挖掉或被掩埋,为了在施工中控制中线位置,需要在不受施工干扰、便于引用、易于保存桩位的地方测设施工控制桩(道路上一般都是先布设道路中桩,按中桩放线挖填方做好路床,然后按中桩向两侧依据设计要求的路宽垂直布设腰桩,在腰桩上测好横断面高程后,在两侧腰桩拉线来控制道路各层结构的标高)。

4. 水准路线复测

水准路线是道路施工的高程控制基础,在施工前必须对水准路线进行复测。如有水准点遭破坏应进行恢复。为了施工引测高程方便,应适度加设临时水准点。加密的水准点应尽量设在桥涵和其他构筑物附近,易于保存、使用方便的地方。

5. 路基放样

路基放样主要是测设路基施工零点和路基横断面边坡桩(即路基的坡脚桩和路堑的坡顶桩)。

6. 路面放样

路基施工后,为便于铺筑路面,要进行路面放样。在已恢复的道路中线的百米桩、十米桩上,用水准测量的方法测量各桩的路基设计标高,然后放样出铺筑路面的标高。路面铺筑还应根据设计的路拱(路拱坡度主要考虑路面排水的要求,路面越粗糙,要求路拱坡度越大。但路拱坡度过大对行车不利,故路拱坡度应限制在一定范围内。对于六、八车道的高速公路,因其路基宽度大,路拱平缓不利于横向排水,《公路工程技术标准》(JTG B01—2014)规定"宜采用较大的路面横坡")线形数据,由施工人员制成路拱样板控制施工操作。

7. 其他

涵洞、桥梁、隧道等构筑物是道路的重要组成部分。它们的放样测设,也是道路施工测量的任务之一。在实际工作中,道路施工测量并非能一次完成的任务,应随着工程的进展不断实施,有的要反复多次才能完成,这是道路施工测量的一大特征。

任务2　道路中线测量

道路中线测量是路线定测阶段的重要测量部分。道路中线一般是指路线的平面位置,是由直线和连接直线的曲线(平曲线)组成的,如图8-1所示。

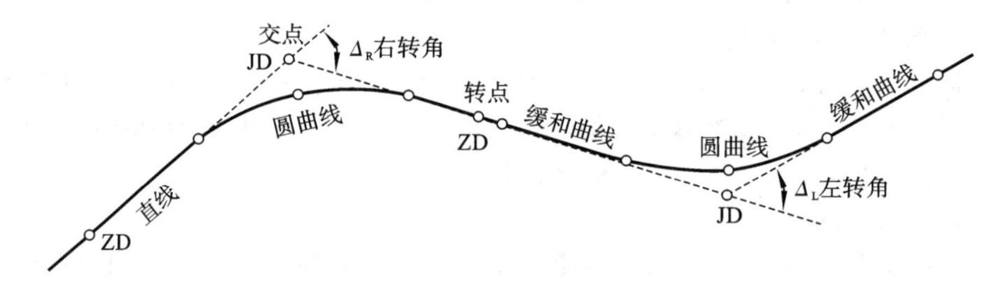

图8-1　道路中线平面线型组成

道路中线测量的主要任务是通过直线和曲线的测设,将道路中线的平面位置测设标定在实地上,并测定路线的实际里程。道路中线测量的主要内容是测设道路中线的起点、终点和中间的各交点JD与转点ZD的位置,测量各转角,设置中线里程桩和加桩,测设圆曲线、缓和曲线等。

道路中线测量与定线测量的区别在于:定线测量只是将道路交点和必要的转点标定出来,用以表明路线的前进方向;而道路中线测量是根据已钉设出来的交点和转点,用一系列木桩将道路的直线段和曲线段在地面上详细地标定出来。

一、交点和转点的测设

道路的各交点包括起点和终点,是详细测设道路中线的控制点,也称为中线的主点。

在定线测量中,当相邻两交点互不通视或直线较长时,需要在其连线上测定一个或几个转点。一般直线上每隔200～300 m设一个转点,在路线与其他道路交叉处和需设置桥涵等构筑物处,也要设置转点,以便在测量转折角和直线量距时作为瞄准与定线的目标。

1. 交点(以 JD 表示)的测设

对于等级较低的道路,交点的测设可采用现场标定的方法,也就是根据设定的技术标准,按照设计的要求,结合现场的地形、地质、水文等条件,在现场反复比较,直接标定出道路中线的交点位置。

对于高级道路或地形复杂、现场标定困难的地区,应采用在纸上定线的方法,也就是先在实地布设测图的控制网,如布设导线,测绘 1∶1000 或 1∶2000 的地形图,然后在地形图上选定出路线,计算出中线里程桩的坐标,再到实地去放线。

交点的测设可根据地物、导线点和用穿线法、拨角放线法、全站仪放样法进行测设。

(1)根据地物测设交点。如图 8-2 所示,道路中线交点 JD10 的位置已在地形图上选定,可事先在图上量得该点至两房角和电杆的距离,在现场用距离交会法测设出 JD10 的位置。

(2)根据导线点测设交点。如图 8-3 所示,点 5、6、7 为导线的控制点,JD4 为道路中线的交点。事先根据导线点的坐标和交点的设计坐标,反算出方位角 α_{67} 和 $\alpha_{6,\mathrm{JD4}}$,然后计算出转角 $\beta = \alpha_{6,\mathrm{JD4}} - \alpha_{67}$,再在现场依据转角和距离 $S_{6,\mathrm{JD4}}$,按极坐标法测设出交点的位置。

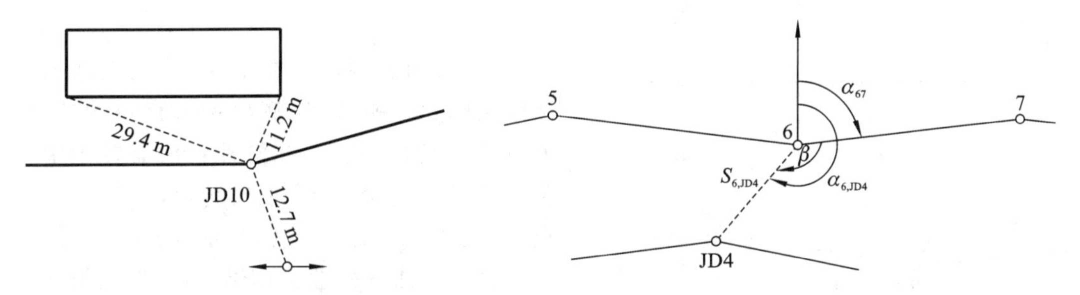

图 8-2　根据地物测设交点　　**图 8-3　根据导线点测设交点**

(3)用穿线法测设交点。穿线法又称穿线交点法,该法是利用图上道路中线就近的地物点或导线点,将中线的直线段独立地测设到地面上,然后将相邻直线延长相交,标定出地面交点的位置。其程序为:放点→穿线→交点。

①放点:只要定出道路中线直线段上的若干个点,就可以确定这一直线的位置。放点常用的方法有极坐标法和支距法(即直角坐标法),如图 8-4 所示。

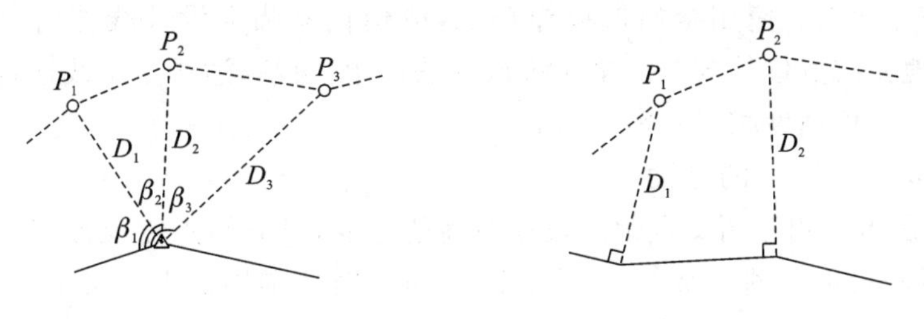

图 8-4　放点方法

②穿线:放出的点由于图解数据和测设工作都存在误差,各点不在一条直线上,如图 8-5(a)所示,可依据现场的实际情况,采用目估法或经纬仪法穿线。通过比较和选择,定

出一条尽可能多地穿过或靠近临时点的直线 AB，最后在 A、B 或其方向上选定两个以上的转点桩 ZD1、ZD2 等，这一工作称为穿线。

用同样的方法测设另一中线上直线段 ZD3 和 ZD4 点，如图 8-5(b)所示。

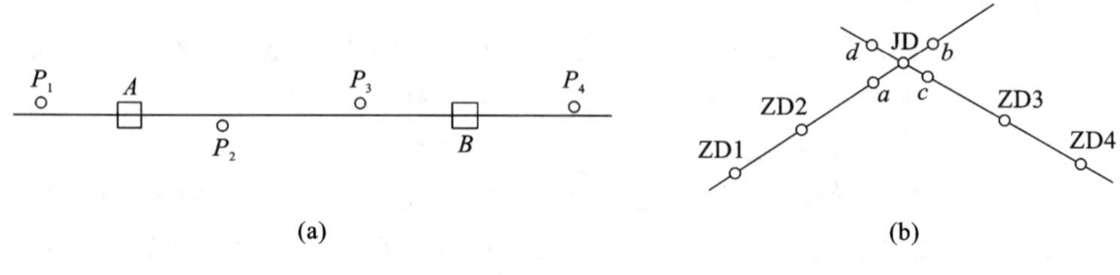

图 8-5　穿线

③交点。当相邻两相交的直线在地面上确定后，就可以进行交点。将经纬仪安置在 ZD2 瞄准 ZD1，倒镜在视线方向上接近交点的位置前、后打下两个桩(俗称骑马桩)，采用正倒镜分中法在该两桩上定出 a、b 点，并钉小钉，挂上细线。同理，将仪器搬至 ZD3，同法定出 c、d 点，挂上细线，在两条细线相交处打下木桩，并钉小钉，即可得到交点 JD。为了寻找方便，还需在交点旁边转折方向外侧约 30 cm 处钉设标志桩，并在标志桩上写明点号与里程。

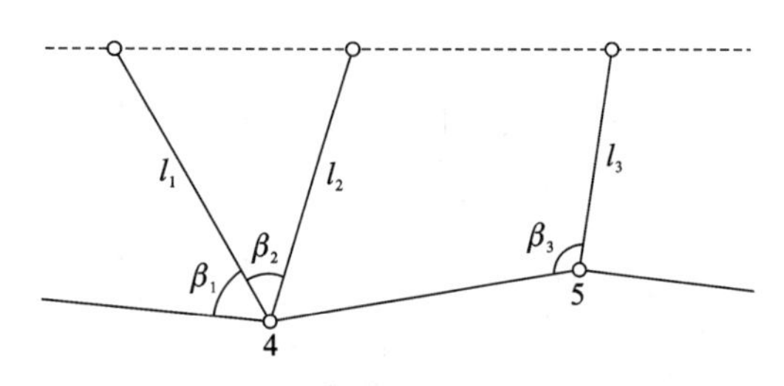

图 8-6　拨角放线法

(4)拨角放线法。在室内，首先根据图纸上定线的交点坐标，反算出相邻直线的长度、方位角和转角；然后，在野外将仪器置于中线起点或已知的交点上，拨出转角，测设有关距离，依次测出各交点位置，如图 8-6 所示。

这种方法的外业工作迅速，但拨角放线的次数越多，误差累积也越大，故每隔一定距离应将测设的中线与初测导线或测图导线联测，联测闭合差的限差与初测导线相同。当角度闭合差与距离相对闭合差在限差以内时，应调整闭合差。最后，使交点位置符合图纸上定线的要求。

(5)全站仪放样法。将全站仪架设在已知点 A 上，输入测站点 A、后视点 B 及待定点 P 的坐标，瞄准后视点方向，使用全站仪方位角反算功能，可将测站点与后视点连线的方位角设置在该方向上。使用全站仪放样功能，可使仪器瞄准设计线方向，再通过距离放样，即可方便地完成点位的放样。全站仪放样法简单、灵活，适用于中线通视较差的测区，但工作量较大，放样精度相对不高。

2. 转点(以 ZD 表示)的测设

转点 ZD 是指当相邻两交点距离较远但尚能通视，已有转点需要加密或互不通视时，在其连线上所测设的一些供放线、交点、测角、量距时照准用的点。可采用经纬仪直接定线或经纬仪正倒镜分中法测设转点。其可分为在两交点延长线上测设转点、在两交点间测设转点。

(1)在两交点延长线上测设转点。如图 8-7 所示，交点 JD8、JD9 互不通视，要求在其延长线上测设转点 ZD。

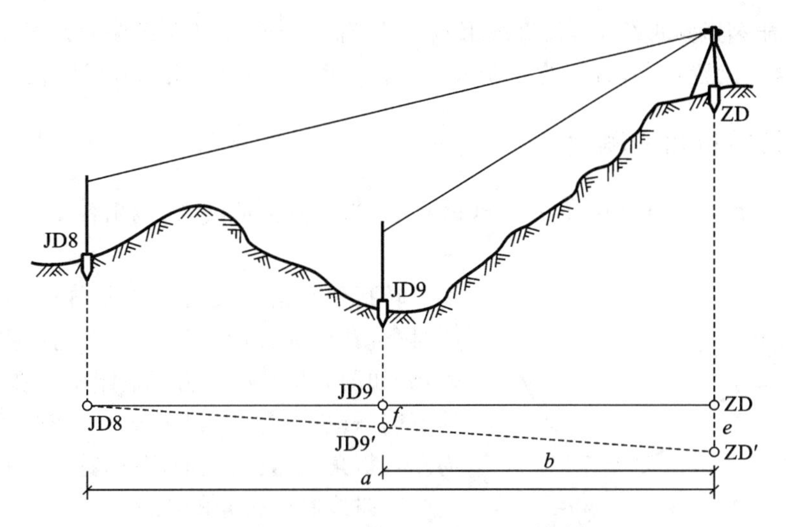

图 8-7　在两交点延长线上测设转点

先利用目估方法定出一点，使该点与两交点大致在一条直线上，记为 ZD′，如图 8-7 所示。然后，将经纬仪安置于转点 ZD′，用正镜（即盘左位置）瞄准交点 JD8，在交点 JD9 标出一点，再用倒镜（即盘右位置）瞄准 JD8，在 JD9 外边标出一点，取两点的中点得 JD9′。若交点 JD9′与 JD9 重合或偏差值 f 在容许范围之内，即可将 JD9′代替 JD9，作为交点，ZD′即作为转点，否则应调整 ZD′的位置。设 e 为 ZD′应横向移动的距离，量出 f 值，用视距测量出 a、b，则 e 值可按下式计算：

$$e = \frac{a}{a-b} \cdot f \tag{8-1}$$

将 ZD′按 e 值移到 ZD，重复上述方法，直至 f 值小于容许值为止。最后，将点 ZD 用木桩标定在地上。

(2)在两交点间测设转点。如图 8-8 所示，ZD′为粗略定出的转点位置。将经纬仪置于 ZD′，用正倒镜分中法延长直线 JD5—ZD′于 JD6′；若 JD6′与 JD6 重合或量取的偏差在路线容许移动的范围内，则转点位置即 ZD′，这时应将 JD6 移至 JD6′，并在桩顶上钉上小钉表示交点位置。否则，应调整 ZD′的位置。设 e 为 ZD′应横向移动的距离，量出 f 值，用视距测量出 a、b，则 e 值可按下式计算：

$$e = \frac{a}{a+b} \cdot f \tag{8-2}$$

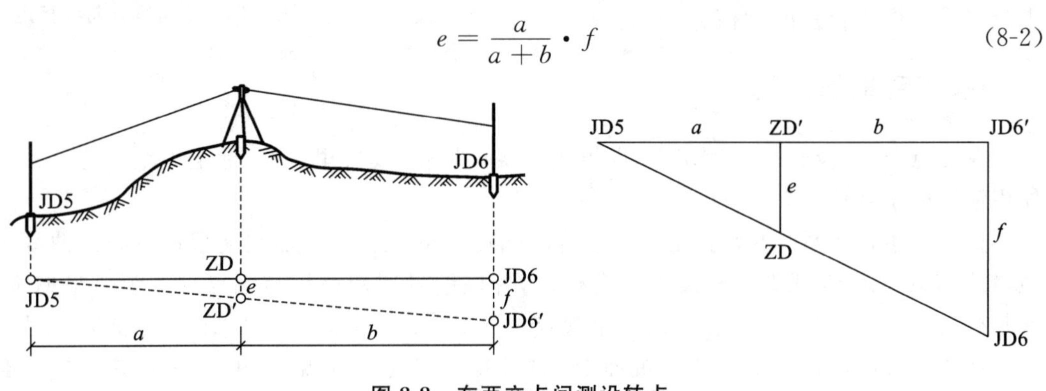

图 8-8　在两交点间测设转点

将 ZD′按 e 值移到 ZD,延长直线 JD5—ZD 看是否通过 JD6 或偏差是否小于容许值;若不是,应再次设置转点,直至符合要求为止。最后,将点 ZD 用木桩标定在地上。

二、路线转折角的测定

当中线的主点桩设置好后,在路线转折处,为了测设曲线,应测出各交点的转折角(简称转角)。

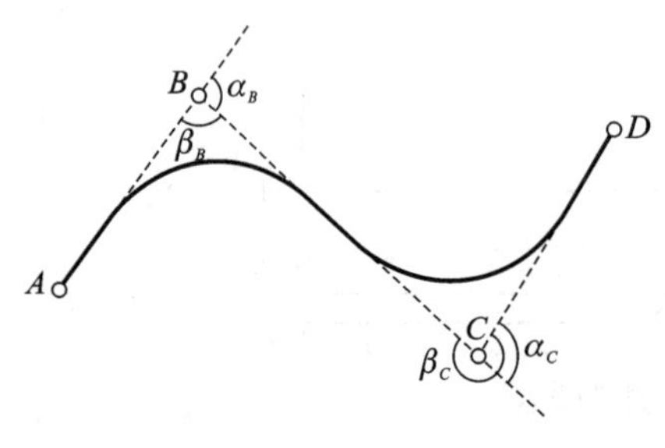

图 8-9　路线转折角的测定

转折角是指路线由一个方向偏转至另一个方向时,偏转后的方向与原方向之间的夹角,用 α 来表示,如图 8-9 所示。由于道路中线在交点处转向的不同,转折角有左、右之分。在延长线左侧的,称为左转折角;在延长线右侧的,称为右转折角。

1. 路线右转折角的观测

在道路施工测量中,很少有直接测定转折角的,较普遍的测角方法是用测回法测定路线的左、右角,再用左、右角来推算路线的转折角。

在道路中线组成图中,A、B、C、D 为路线前进的方向,在前进方向左侧的水平夹角,称为左角;在右侧的称为右角,如 β_B、β_C。一般习惯上观测右角,再由右角来计算转折角。右角的测定是应用测回法观测一个测回,两个半测回角值的较差不超过 $\pm 40''$,则取其均值作为一测回的观测值。再由右角推算出转折角的大小,从图 8-9 中可以得出其关系为:

当 $\beta_{右} < 180°$ 时,$\alpha_{右} = 180° - \beta_{右}$,为右转折角;

当 $\beta_{右} > 180°$ 时,$\alpha_{左} = \beta_{右} - 180°$,为左转折角。

限差要求:高速公路、一级公路限差在 20″以内,二级及二级以下公路限差在 60″以内。

2. 分角线方向的标定

为了便于设置曲线中点桩,在测角的同时,需要将曲线中点方向桩(即分角线方向桩)钉设出来。使用经纬仪测定分角线方向,通常是在测角的基础上进行的。根据测得的右转折角的前、后视数,分角线方向的水平度盘读数=(前视读数+后视读数)/2,如图 8-10 所示。为了保证测角的精度,还必须进行路线角度闭合差的检核。

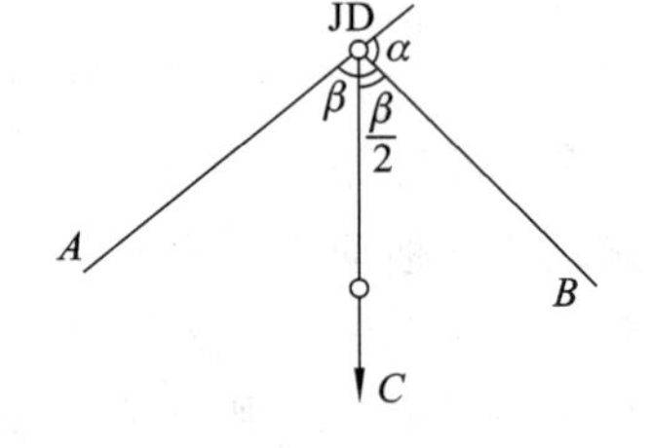

图 8-10　分角线方向的标定

三、里程桩的设置

在交点、转点及转折角测定后,即可进行实地量距,设置里程桩,标定中线位置。一般使用钢尺或全站仪。

里程桩也称中桩,是从中线起点开始,每隔 20 m 或 50 m(曲线上根据不同的曲线半径,每隔 5 m、10 m 或 20 m)设置一个桩位,各桩编号即用该桩与起点桩的距离来编定。如某桩的编号为 K1+800,表示该桩距起点桩 0+000 的距离为 1800 m。各桩的桩号应用红油漆写在朝向起点桩一侧的桩面上,如图 8-11 所示。可见,里程桩表示该桩点至路

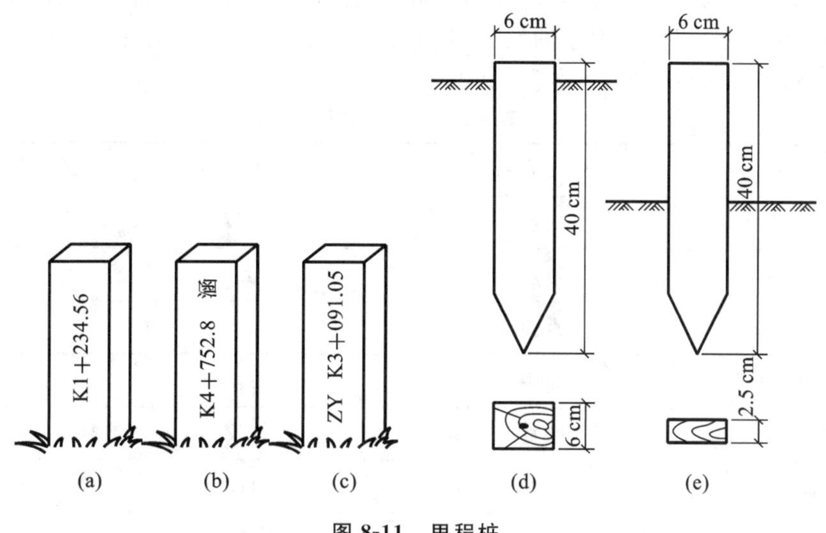

图 8-11 里程桩

线起点的里程。里程是指沿道路前进方向从路线起点至该桩的水平距离。其中,曲线段上的中桩里程是以曲线长计算的。

中桩间距是指相邻中桩之间的最大距离。里程桩可分为整桩和加桩两种。

1. 整桩

整桩是以10 m、20 m或50 m的整倍数桩号设置的里程桩,百米桩和公里桩均属于整桩。整桩的采用,山岭、重丘区以20 m为宜;平原、微丘区可采用25 m。一般50 m整桩桩距应少用或不用,桩距太大会影响纵坡设计质量和工程数量计算。中线上应钉设千米桩、百米桩;当曲线桩或加桩距整桩较近时,整桩可省略,但百米桩不应省略。中桩间距不应大于表8-1所示的规定。

表 8-1 中桩间距

直线/m		曲线/m			
平原、微丘区	山岭、重丘区	不设超高的曲线	$R>60$	$60\geqslant R\geqslant 30$	$R<30$
≤50	≤25	25	20	10	5

注:R为曲线半径(m)。

2. 加桩

加桩又可分为地形加桩、地物加桩、曲线加桩和关系加桩。

(1)地形加桩是指沿中线地形起伏突变处、横向坡度变化处以及天然河沟处等设置的里程桩,丈量至米。

(2)地物加桩是指沿中线的人工构筑物如桥涵处,路线与其他道路、渠道等交叉处以及土壤地质变化处加设的里程桩,丈量至米或分米。

(3)曲线加桩是指在曲线主点上设置的里程桩,计算至厘米,设置至分米。

(4)关系加桩是指路线上的转点(ZD)桩和交点(JD)桩,一般丈量至厘米。

所有中桩均应写明桩号与编号，在书写桩号时，除百米桩、千米桩、桥位桩要写明千米数外，其余桩可不写。另外，对于曲线加桩和关系加桩，应在桩号前加写其缩写名称。目前，我国公路采用汉语拼音缩写名称，见表 8-2。

表 8-2 里程桩名称

名称	中文简称	汉语拼音缩写	英文缩写
交点	交点	JD	IP
转点	转点	ZD	TP
圆曲线起点	直圆	ZY	BC
圆曲线中点	曲中	QZ	MC
圆曲线终点	圆直	YZ	EC
综合曲线公切点	公切	GQ	CP
第一缓和曲线起点	直缓	ZH	TS
第一缓和曲线终点	缓圆	HY	SC
第二缓和曲线起点	圆缓	YH	CS
第二缓和曲线终点	缓直	HZ	ST

里程桩的测设方法，是以两桩点的连线为方向线，采用经纬仪定线，采用钢尺通常量距的方法测设每段的水平距离，并在端点处钉设里程桩。钉桩时，对于交点桩、转点桩和一些重要的地物桩，如桥位桩、隧道定位桩等均应使用方桩，将方桩钉至与地面平齐，在顶面钉一小钉表示点位。在距离方桩 2 cm 左右设置指示桩，上面书写桩的名称与桩号。钉指示桩时应注意字面朝向方桩，在直线上应钉设在路线的同一侧，在曲线上应钉设在曲线的外侧。另外，其他桩一般不设方桩，直接将指示桩钉在点位上，桩号面向路线起点方向并露出地面。

3. 断链桩

中线测量一般是分段进行。由于地形地质等各种情况常常会进行局部改线或者计算或丈量发生错误时，会造成已测量好的各段里程不能连续，这种情况称为断链。

如图 8-12 所示，由于交点 JD3 改线后移至 JD3′，原中线改线至图中虚线位置，使得从起点至转点 ZD3-1 的距离比原来减小。而从 ZD3-1 往前已进行了中线测量，如将所有里程改动或重新进行中线测量，则外业工作量太大。为此，可在现场断链处即转点 ZD3-1 的

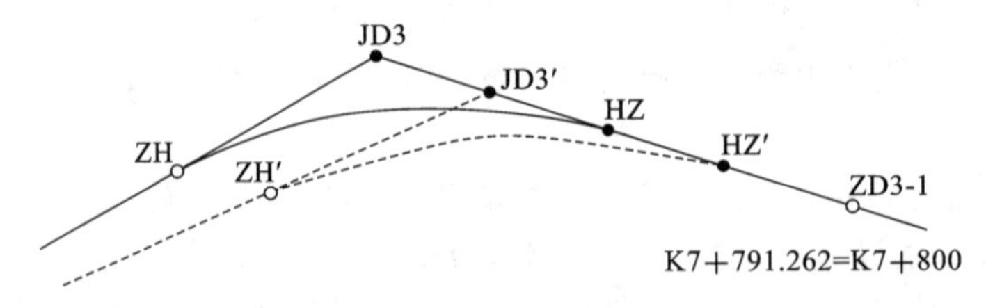

图 8-12 断链

实地位置设置断链桩，用一般的中线桩钉设，并注明两个里程，将新里程写在前面，也称来向里程，将原来的里程写在后面，也称去向里程，并在断链桩上注明新线比原来道路长或短了多少。由于改线后道路缩短，来向里程小于去向里程，这种情况称为短链。如果由于改线后新道路变长，则来向里程大于去向里程，那么就称为长链。断链的处理方法见图 8-13。

断链桩一般应设置在线路的直线段，不得在桥梁、隧道、平曲线、公路立交范围内设立，并做好详细的断链记录，供初步设计和计算道路总长度做参考。

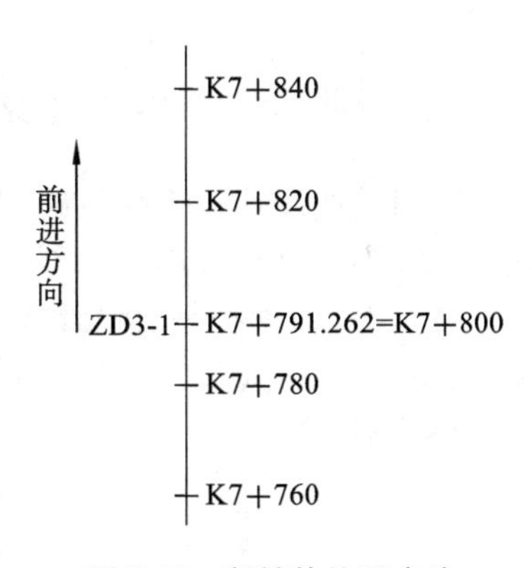

图 8-13　断链的处理方法

任务 3　圆曲线测量坐标计算

当路线由一个方向转到另一个方向时，必须用光滑曲线进行连接。曲线类型很多，其中圆曲线是最基本的一种平面曲线，其实质是一段半径 R 为定值的圆弧。圆曲线测量坐标的计算过程主要分为以下五个步骤：曲线要素计算；圆曲线主点里程计算；中线点独立坐标计算；中线点测量坐标计算；边桩坐标计算。

一、曲线要素计算

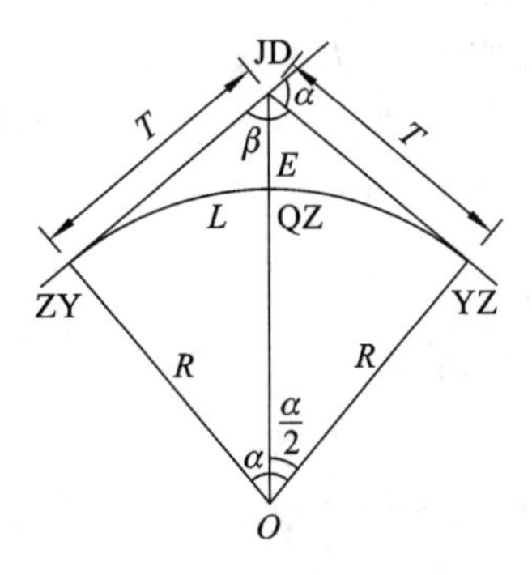

图 8-14　道路圆曲线

两相邻直线线路的转向角为线路偏角，分为左折和右折两种情况。当设计人员在数字地形图上设计线路时，偏角 α 可以直接查得；而对于曲线桥梁段或曲线隧道段的偏角 α，则需要实测得到。连接圆曲线的半径 R，是在设计中根据线路的等级及现场地形条件等因素选定的，由设计人员提供。

另外，还有四个曲线要素需要计算得到，分别是切线长 T、曲线长 L、外矢距 E 和切曲差（两倍切线长和曲线长之差）q，如图 8-14 所示。

计算公式如下：

$$\left.\begin{aligned} T &= R \cdot \tan \frac{\alpha}{2} \\ L &= \frac{\pi}{180^\circ} \alpha R \\ E &= R\left(\sec \frac{\alpha}{2} - 1\right) \\ q &= 2T - L \end{aligned}\right\} \tag{8-3}$$

二、圆曲线主点里程计算

在用圆曲线连接折线线路时，直线与圆曲线的交点称为直圆点 ZY，圆曲线与直线段的交点称为圆直点 YZ，圆曲线的中点称为曲中点 QZ，这三个点我们叫作圆曲线的主点。

交点 JD 的里程是由设计人员提供的，为设计值。若用 K_{JD} 来表示交点 JD 的里程，用 K_{ZY} 来表示直圆点 ZY 的里程，用 K_{YZ} 来表示圆直点 YZ 的里程，用 K_{QZ} 来表示曲中点 QZ 的里程，则：

$$\left.\begin{aligned} K_{ZY} &= K_{JD} - T \\ K_{YZ} &= K_{ZY} + L \\ K_{QZ} &= K_{YZ} - \frac{L}{2} \end{aligned}\right\} \tag{8-4}$$

三、圆曲线中线点独立坐标计算

以 ZY 点或 YZ 点为坐标原点 O' 或 O''，通过 ZY 点或 YZ 点并指向交点 JD 的切线方向为 x' 轴或 x'' 轴正向，过 ZY 点或 YZ 点且指向圆心方向为 y' 轴或 y'' 轴正向，分别建立两个独立的直角坐标系 $x'O'y'$ 和 $x''O''y''$，如图 8-15 所示。其中坐标系 $x'O'y'$ 对应于圆曲线 ZY—QZ 段；坐标系 $x''O''y''$ 对应于圆曲线 YZ—QZ 段。

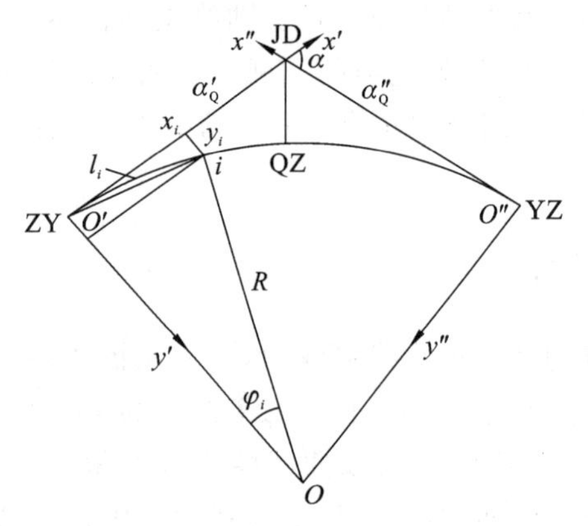

图 8-15　圆曲线独立坐标系建立

对于 ZY—QZ 段上任意一点 i，若要求其在 $x'O'y'$ 中的坐标，设其在线路中的里程桩号为 K_i，则 ZY 点至 i 点的弧长 l_i 为：

$$l_i = K_i - K_{ZY} \tag{8-5}$$

则其对应的圆心角 φ_i、x_i、y_i 为：

$$\left.\begin{aligned} \varphi_i &= \frac{l_i}{R}\frac{180^\circ}{\pi} \\ x_i &= R \cdot \sin\varphi_i \\ y_i &= R(1-\cos\varphi_i) \end{aligned}\right\} \tag{8-6}$$

坐标系中，圆曲线 YZ—QZ 段上任意一点的独立坐标计算公式同式(8-6)，但需要注意的是弧长的计算公式不能再用式(8-5)，而应该用式(8-7)计算。

$$l_i = K_{YZ} - K_i \tag{8-7}$$

四、圆曲线中线点测量坐标计算

设 JD 的测量坐标为(X_{JD}，Y_{JD})，ZY 点到 JD 的测量坐标方位角为 α'_Q，YZ 点到 JD 的测量坐标方位角为 α''_Q。则可以分别求得 ZY 点、YZ 点的测量坐标为：

$$\left.\begin{aligned} X_{ZY} &= X_{JD} - T \cdot \cos\alpha'_Q \\ Y_{ZY} &= Y_{JD} - T \cdot \sin\alpha'_Q \\ X_{YZ} &= X_{JD} - T \cdot \cos\alpha''_Q \\ Y_{YZ} &= Y_{JD} - T \cdot \sin\alpha''_Q \end{aligned}\right\} \tag{8-8}$$

利用坐标换算公式，即可把 ZY—QZ 段线路上 $x'O'y'$ 坐标系中任意一点 i 的独立坐标(x_i, y_i)转换为测量坐标(X_i, Y_i)，即：

$$\left.\begin{aligned} X_i &= X_{ZY} + x_i\cos\alpha'_Q - y_i\sin\alpha'_Q \\ Y_i &= Y_{ZY} + x_i\sin\alpha'_Q + y_i\cos\alpha'_Q \end{aligned}\right\} \tag{8-9}$$

利用坐标换算公式，即可把 YZ—QZ 段线路上 $x''O''y''$ 坐标系中任意一点 i 的独立坐标(x_i, y_i)转换为测量坐标(X_i, Y_i)，即：

$$\left.\begin{aligned} X_i &= X_{YZ} + x_i\cos\alpha''_Q + y_i\sin\alpha''_Q \\ Y_i &= Y_{YZ} + x_i\sin\alpha''_Q - y_i\cos\alpha''_Q \end{aligned}\right\} \tag{8-10}$$

需要说明的是，式(8-9)和式(8-10)均是以线路偏角 α 为右折角的情况推导出来的。当线路偏角 α 为左折角时，只需要用 $-y_i$ 代替 y_i 即可。

任务 4　综合曲线测量坐标计算

综合曲线是由圆曲线和缓和曲线组成的曲线，而缓和曲线是在线路直线和圆曲线之间介入的一段过渡曲线，其半径是由无穷大渐变至圆曲线半径 R 。

一、缓和曲线及其常数

当车辆进入圆曲线上行驶时，会产生离心力，影响车辆的安全行驶。当圆曲线的曲率半径 R 较大时，离心力的突变对行车安全的不利影响可以忽略；但当 R 较小时，离心力的突变将使快速行驶的车辆进入或离开圆曲线时偏离原车道，侵入邻近车道，从而影响行车安全。

在直线和圆曲线之间插入一段半径由无穷大渐变至圆曲线半径 R 的过渡曲线，称为缓和曲线。在圆曲线两端引入缓和曲线后，则形成了综合曲线。

1. 缓和曲线参数

缓和曲线的特性：缓和曲线上任意一点的曲率半径 r 和该点至缓和曲线起点(半径为无穷大处)的弧长 l 成反比，即：

$$r = \frac{c}{l} \tag{8-11}$$

式中：c ——缓和曲线参数。

在与圆曲线连接处，l 等于缓和曲线全长 l_0 (由设计人员提供)，曲率半径 r 等于圆曲线的半径 R ，该点仍然是缓和曲线上的点，代入式(8-11)，则可求得缓和曲线参数 c 为：

$$c = Rl_0 \tag{8-12}$$

c 值一经确定，缓和曲线的形状也就确定了。c 越小，半径的变化越快；反之，半径的变化越慢，曲线也就越平顺。

2. 缓和曲线常数确定

缓和曲线的介入如图 8-16 所示，原来的圆曲线保持半径 R 不变，而向内侧平移，在垂

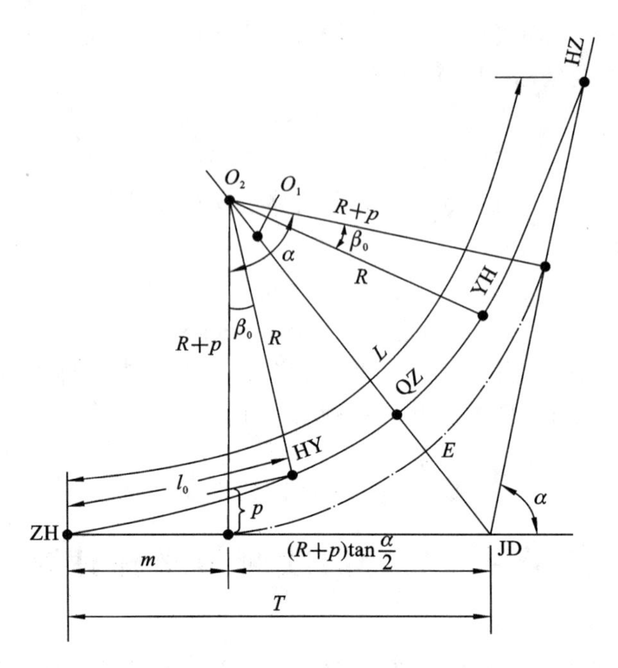

图 8-16　综合曲线

直于切线方向上移动的距离为 p；整个曲线的起点和终点沿切线方向在圆曲线外各延伸了一段距离，原来圆曲线的两端长各为 $\frac{l_0}{2}$ 的一段（圆心角为 β_0）均被缓和曲线代替。故缓和曲线大约有一半在原圆曲线范围内，而另一半在原直线范围内。

缓和曲线的夹角为 β_0，曲线的内移量 p 和切线延伸量 m 是确定缓和曲线与直线和圆曲线连接的主要数据，称为缓和曲线的常数。缓和曲线常数的几何含义如图 8-17 所示。

如图 8-18 所示，过缓和曲线上任意一点 i 作切线，设其与综合曲线切线之间的夹角为 β_i，则：

$$\beta_i = \frac{l_i^2}{2Rl_0} \times \frac{180^\circ}{\pi} \tag{8-13}$$

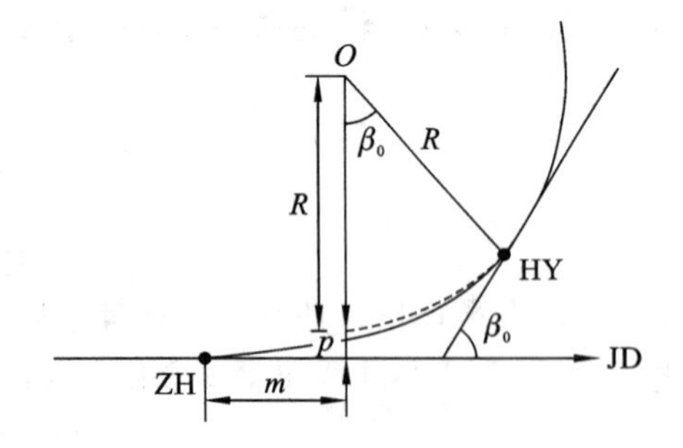

图 8-17　缓和曲线常数几何意义

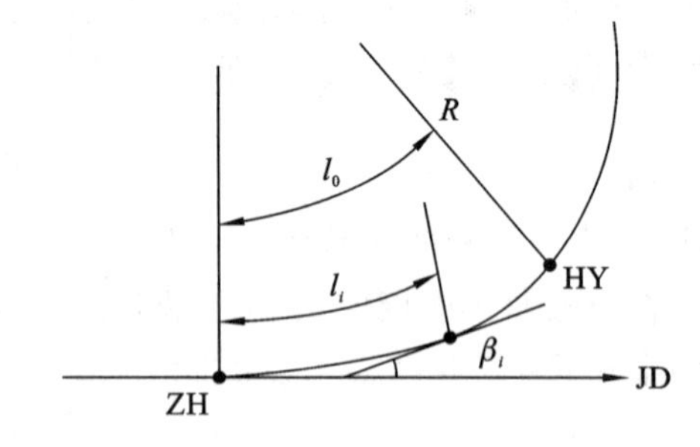

图 8-18　β_i 几何意义

因为缓和曲线的夹角 β_0 实质上也是过缓和曲线起点的切线与缓和曲线终点切线之间的夹角，其对应的缓和曲线长为 l_0，则：

$$\beta_0 = \frac{l_0}{2R} \times \frac{180^\circ}{\pi} \tag{8-14}$$

p、m 可按式(8-15)计算：

$$\left.\begin{aligned} p &= \frac{l_0^2}{24R} \\ m &= \frac{l_0}{2} - \frac{l_0^3}{240R^2} \end{aligned}\right\} \tag{8-15}$$

二、综合曲线要素计算

综合曲线要素主要有圆曲线半径 R 、线路偏角 α 、缓和曲线长 l_0 、切线长 T 、曲线长 L 、外矢距 E 和切曲差 q 。其中待求的有 T、L、E、q 。下面不加推导给出计算公式：

$$T = (R + p) \cdot \tan\frac{\alpha}{2} + m \tag{8-16}$$

$$L = \frac{\pi R(\alpha - 2\beta_0)}{180^\circ} + 2l_0 \tag{8-17}$$

$$E = (R + p)\sec\frac{\alpha}{2} - R \tag{8-18}$$

$$q = 2T - L \tag{8-19}$$

三、综合曲线主点里程计算

综合曲线有四个主要点：直缓点 ZH(综合曲线的起点)、缓圆点 HY、圆缓点 YH 和缓直点 HZ(综合曲线终点)。

交点 JD 的里程是由设计人员提供的，为设计值。若用 K_{JD} 来表示交点 JD 的里程，用 K_{ZH} 来表示直缓点 ZH 的里程，用 K_{HY} 来表示缓圆点 HY 的里程，用 K_{YH} 来表示圆缓点 YH 的里程，用 K_{HZ} 来表示缓直点 HZ 的里程，则：

$$\left.\begin{aligned} K_{ZH} &= K_{JD} - T \\ K_{HY} &= K_{ZH} + l_0 \\ K_{YH} &= K_{HY} + (L - 2l_0) \\ K_{HZ} &= K_{YH} + l_0 \end{aligned}\right\} \tag{8-20}$$

四、综合曲线独立坐标计算

以 ZH 点或 HZ 点为坐标原点 O' 或 O''，通过 ZH 点或 HZ 点并指向交点 JD 的切线方向为 x' 轴或 x'' 轴正向，过 ZH 点或 HZ 点且指向圆心方向为 y' 轴或 y'' 轴正向，分别建立两个独立的直角坐标系 $x'O'y'$ 和 $x''O''y''$，如图 8-19 所示。其中坐标系 $x'O'y'$ 对应于综合曲线 ZH—YH 段；坐标系 $x''O''y''$ 对应于综合曲线 HZ—HY 段，其中圆曲线

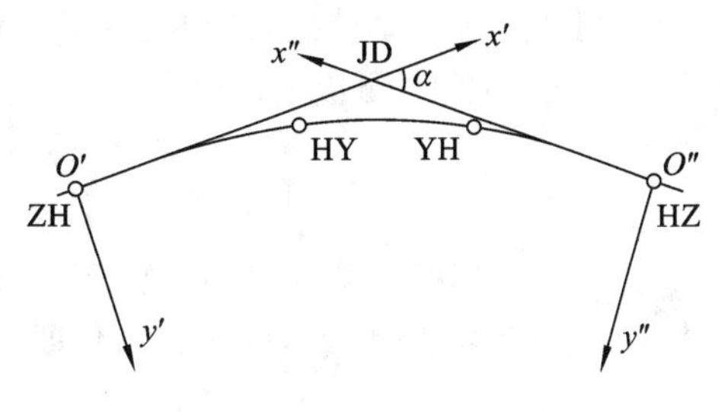

图 8-19　综合曲线独立坐标建立

部分既可以在 $x'O'y'$ 坐标系中计算，也可以在 $x''O''y''$ 坐标系中计算。

1. 缓和曲线段独立坐标计算

在 $x'O'y'$ 坐标系中，若要求 ZH—HY 段上任意一点 i 的坐标，设其在线路中的里程桩号为 K_i，则 ZH 点至 i 点的弧长 l_i 为：

$$l_i = K_i - K_{ZH} \tag{8-21}$$

这里不加推导地给出缓和曲线段独立坐标的计算公式：

$$\left.\begin{aligned} x_i &= l_i - \frac{l_i^5}{40R^2 l_0^2} \\ y_i &= \frac{l_i^3}{6Rl_0} \end{aligned}\right\} \tag{8-22}$$

在 $x''O''y''$ 坐标系中，HZ—YH 段上任意一点的独立坐标计算公式同式(8-22)，但 HZ 点至 i 点的弧长计算公式改为：

$$l_i = K_{HZ} - K_i \tag{8-23}$$

2. 圆曲线段独立坐标计算

在 $x'O'y'$ 坐标系中，圆曲线段(HY—YH 段)上任意一点 i 的坐标：

$$\left.\begin{aligned} x_i &= m + R\sin\varphi_i \\ y_i &= p + R(1 - \cos\varphi_i) \end{aligned}\right\} \tag{8-24}$$

其中：

$$\varphi_i = \beta_0 + \frac{l_i - l_0}{R} \cdot \frac{180°}{\pi} = \frac{l_i - 0.5\,l_0}{R} \cdot \frac{180°}{\pi} \tag{8-25}$$

$$l_i = K_i - K_{ZH}$$

若要在 $x''O''y''$ 坐标系中计算圆曲线段上任意一点 i 的坐标，仍可以用式(8-24)和式(8-25)，但弧长 l_i 应采用式(8-23)计算。

五、综合曲线上测量坐标计算

设 JD 的测量坐标为(X_{JD}，Y_{JD})，ZH 到 JD 的测量坐标方位角为 α_{ZH}，HZ 点到 JD 的测量坐标方位角为 α_{HZ}，则可以分别求得 ZH 点、HZ 点的测量坐标为：

$$\left.\begin{aligned} X_{ZH} &= X_{JD} - T \cdot \cos\alpha_{ZH} \\ Y_{ZH} &= Y_{JD} - T \cdot \sin\alpha_{ZH} \\ X_{HZ} &= X_{JD} - T \cdot \cos\alpha_{HZ} \\ Y_{HZ} &= Y_{JD} - T \cdot \sin\alpha_{HZ} \end{aligned}\right\} \tag{8-26}$$

利用坐标换算公式，即可把 ZH—YH 段线路上 $x'O'y'$ 坐标系中任意一点 i 的独立坐标(x_i，y_i)转换为测量坐标(X_i，Y_i)，即：

$$\left.\begin{aligned} X_i &= X_{ZH} + x_i\cos\alpha_{ZH} - y_i\sin\alpha_{ZH} \\ Y_i &= Y_{ZH} + x_i\sin\alpha_{ZH} + y_i\cos\alpha_{ZH} \end{aligned}\right\} \tag{8-27}$$

利用坐标换算公式，即可把 HY—HZ 段线路上 $x''O''y''$ 坐标系中任意一点 i 的独立坐标(x_i，y_i)转换为测量坐标(X_i，Y_i)，即：

$$\left.\begin{aligned} X_i &= X_{HZ} + x_i\cos\alpha_{HZ} + y_i\sin\alpha_{HZ} \\ Y_i &= Y_{HZ} + x_i\sin\alpha_{HZ} - y_i\cos\alpha_{HZ} \end{aligned}\right\} \tag{8-28}$$

需要说明的是，式(8-27)和式(8-28)均是以线路偏角 α 为右折角的情况推导出来的。当线路偏角 α 为左折角时，只需要用 $-y_i$ 代替 y_i 即可。

任务 5　道路纵横断面测量

通过中线测量，直线和曲线上的所有路线控制桩、中线桩和加桩都已测设完成，之后就可以进行道路纵、横断面测量。道路纵断面测量又称为路线水准测量，它的主要任务是沿道路中线设立水准点，测定道路中线上各里程桩和加桩的地面高程，用以表示沿道路中线位置的地势高低起伏；然后，根据各里程桩的高程绘制纵断面图，主要用于路线纵坡设计。道路横断面测量的任务是测定线路各中桩处与中线相垂直方向的地面高低起伏情况，通过测定道路中线两侧地面变坡点至道路中线的距离和高差，即可绘制道路横断面图，为路基横断面设计、土石方量的计算和施工时边桩的放样提供依据。道路横断面应逐桩施测，其施测宽度及断面点之间的密度应根据地形、地质和设计需要而定。

一、道路纵断面测量

1. 基平测量

沿道路方向每隔一定距离设置水准点，进行高程测量，称为基平测量。

1)水准点的设置

(1)位置：埋在距中线 50～100 m，不易破坏之处。

(2)设置密度：山区相隔 0.5～1 km，平原区相隔 1～2 km。每 5 km、路线起终点、重要工程处，设永久性水准点。

2)基平测量的方法

(1)路线：附合水准路线。

(2)仪器：不低于 DS3 精度的水准仪或全站仪。

(3)测量要求：

水准测量：一般按三、四等水准测量规范进行。要进行往返测，闭合差不超过 $6\sqrt{n}$ 或 $30\sqrt{L}$ (mm)。

三角高程测量：一般按全站仪电磁波三角高程测量(四等)规范进行。

3)跨河水准测量

跨河水准测量是当水准路线跨越的河流宽度在 100 m 以上时所采用的测量方法。

存在的问题有：

①由于前后视线长不等，故 i 角较大。

②由于视线的加长，大气垂直折光的影响增大。

③由于视线长度的增加，读数误差大。

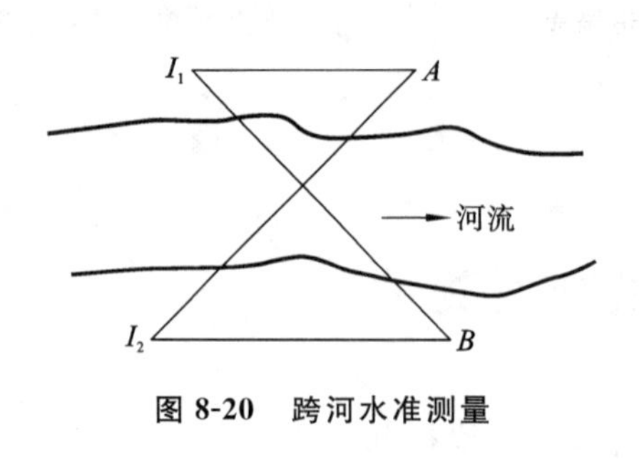

图 8-20　跨河水准测量

(1)测站的设立。

在两岸的视野开阔之地，布设“Z”形路线，如图 8-20 所示，A、B 为立尺点。I_1、I_2 为立仪器点。两岸测站至水边距离尽可能相等。

(2)观测方法。

①先在测站 I_1 安置仪器，A、B 点立尺，测出 A、B 两点高差为 $h_1 = a_1 - b_1$，称为前半测回。

②再在 I_2 安置仪器，保持水准仪调焦螺旋不动，A、B 两处的水准尺对调。

③分别瞄准 A、B 点的水准尺，测得水准尺读数分别为 a_2、b_2，测出 A、B 两点高差为 $h_2 = a_2 - b_2$，称为后半测回。

A、B 两点的测回高差的平均值为 $h = \dfrac{h_1 + h_2}{2}$。

2. 中平测量

在基平测量后提供的水准点高程的基础上，用符合水准测量的方法，测定中线各里程桩的地面高程。

1)水准仪法

从一个水准点出发，按普通水准测量的要求，用“视线高法”测出该测段内所有中桩地面高程，最后附合到另一个水准点上。

高差闭合差的限差为：

高速、一级公路：$\pm 30\sqrt{L}$(mm)。二级及以下公路：$\pm 50\sqrt{L}$(mm)。

2)跨沟谷测量

①沟内沟外分开测和上坡下坡合并测；②接尺法。

3)全站仪法

如图 8-21 所示，先在 BM1 上测定各转点 TP1、TP2 的高程，再在 TP1、TP2 上测定各桩点的高程。其原理即为三角高程测量原理。

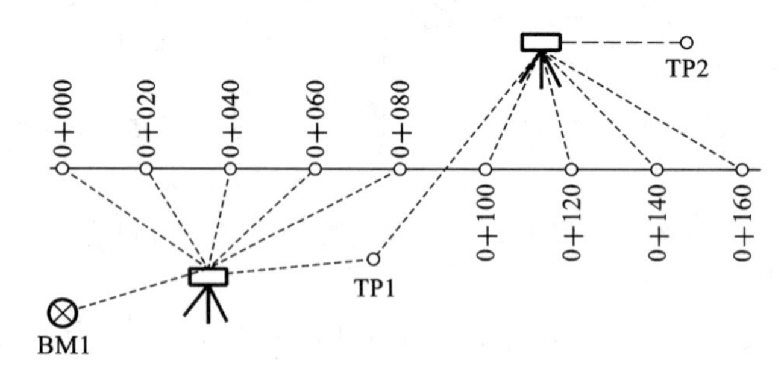

图 8-21　中平测量

中平测量记录表如表 8-3 所示。

表 8-3　中平测量记录表

测点	水准尺读数			视线高	测点高程	备注
	后视读数	中视读数	前视读数			
MB1	2.317			107.112	104.795	BM1 点的高程为 104.795 m
0+000		2.16			104.952	
0+020		1.83			105.282	
0+040		1.2			105.912	
0+060		1.43			105.682	
0+080		1.35			105.762	
TP1	0.744		1.256	106.6	105.856	
0+100		1.2			105.400	
0+120		1.75			104.850	
…	…	…	…	…	…	

3.纵断面图的绘制

道路纵断面图是表示道路中线方向地面高低起伏形状和纵坡变化的剖视图，它是根据中平测量成果，以里程为横坐标、高程为纵坐标绘制而成的。道路纵断面图一般应标示地面线、竖曲线及其曲线要素；应标注桥涵位置、结构类型；也可选择表示设计线、水准点位置及高程，注明断链桩、河流洪水位和影响路基高度的沿河路线水位及地下水水位等。

(1)道路纵断面图的绘制步骤如下：

①定比例尺。里程比例尺有 1∶5000、1∶2000 和 1∶1000 几种，一般高程比例尺比里程比例尺大 10 倍或 20 倍。

②标注直线和圆曲线部分。直线段部分用居中直线表示，圆曲线部分用折线表示，上凸表示左转，下凹表示右转，并注明交点编号、路线转折角和圆曲线半径，带有缓和曲线的圆曲线还应注明缓和曲线长度，用梯形折线表示。

③绘制地面线。首先，选定纵坐标起始高程，使绘出的地面线处于图上合适位置；然后，根据中桩的里程和高程，在图上按比例尺依次点出各中桩的地面位置；再用直线将相邻点相连，即可得到地面线。

④在图上注记有关资料。

(2)道路纵断面图的内容。道路纵断面图包括两部分，上半部绘制断面线，进行有关注记；下半部填写资料数据。

①地面高程：按中平测量成果填写的各里程桩的地面高程。

②里程桩与里程：按中线测量成果，根据水平比例尺标注里程桩桩号。为使纵断面图清晰，一般只标注百米桩和公里桩。

③直线和圆曲线：按中线测量资料绘制，直线部分用居中直线表示，圆曲线部分用折线表示，上凸表示左转，下凹表示右转，并注明交点编号和圆曲线半径。

二、道路横断面测量

道路横断面测量的任务是测定线路各中桩处与中线相垂直方向的地面高低起伏情况，通过测定中线两侧地面变坡点至中线的距离和高差，即可绘制道路横断面图。道路横断面图为路基横断面设计、土石方量的计算和施工时道路横断面测量边桩的放样提供依据。道路横断面应逐桩施测，其施测宽度及断面点之间的密度应根据地形、地质和设计需要而定。

1. 横断面定向

横断面测量的关键在于准确定出横断面的方向。

方法一：在放中桩点的同时放出边桩点，在中桩点设站直接瞄准边桩点定出横断面方向。如果地形允许，也可以自由设站，然后直接拉线定出横断面方向。

方法二：利用偏角法计算出道路切线角，在中桩点设站，然后拨角定出横断面方向。

2. 横断面的测量方法

横断面测量的目的是测定路线两侧变坡点的平距与高差，视线路的等级和地形情况，可以采用水准仪皮尺法、经纬仪视距法、RTK 法、全站仪法测量。

(1)水准仪皮尺法：用水准仪测高差，用皮尺丈量平距。其适用于地形简单的地区，精度高。选择适当的位置安置水准仪，首先在中心桩上竖立水准尺，读取后视读数，然后在横断面方向上的坡度变化点处竖立水准尺，读取前视读数，用皮尺量出立尺点到中心桩的水平距离。

(2)经纬仪视距法。在待测横断面的中心桩上安置经纬仪，并量取仪器高，照准横断面方向上坡度变化点处的水准尺，读取视距间隔(上下丝读数)、中丝读数、垂直角，根据视距测量计算公式即可得到两点之间的水平距离和高差。

(3)RTK 法。RTK 法比较适合在高差较大的地方或植被比较密集但不高大的情况下使用。在与参考方向一致的方向线上逐点采集各坡度变化点的坐标与高程，即可得到横断面的地面线数据。

(4)全站仪法。全站仪法的操作方法与经纬仪视距法相同，其区别在于使用光电测距的方法测量出地形特征点与中桩的平距和高差，该法适用于任何地形条件。

3. 横断面图的绘制

道路横断面图绘制在透明毫米方格纸的背面。绘图前，先在图上标出中桩位置，注明桩号，幅图上可绘制多个横断面，一般从左到右、由下到上依次测绘。

一般采用 1∶100 或 1∶200 的比例尺绘制道路横断面图。根据横断面测量得到的各点之间的平距和高差，在毫米方格纸上绘出各中桩的横断面。绘制时，先标定中桩位置，由中桩开始，逐一将特征点画在图上，再直接连接相邻点，即绘出横断面的地面线。

道路横断面图画好后，经路基设计，先在透明纸上按与道路横断面图相同的比例尺分别绘出路堑、路堤和半填半挖的路基设计线，称为标准断面图，然后按纵断面图上该中桩的设计高程，把标准断面图套在实测的道路横断面图上。也可将路基断面设计线直接画在道路横断面图上，绘制成路基断面图，该项工作俗称“戴帽子”。

根据横断面的填、挖面积及相邻中桩的桩号，可以计算出施工的土石方量。

思考与练习题

1. 道路施工测量包括哪些内容？

2. 道路中线测量的任务是什么？包括哪些内容？如何实施？

3. 道路中线相邻交点互不通视时如何加测其转点？什么是线路转向角？交点上的水平角和转向角有何关系？

4. 什么是综合曲线的主点？综合曲线要素有哪些？

5. 何为基平测量？如何进行？何为中平测量？如何进行？

6. 纵、横断面图各包含哪些内容？如何绘制？其纵、横向比例尺有何不同？

7. 已知线路直缓点 ZH 至交点 JD 的方位角 $\alpha=243°27'18''$，交点坐标 $x_{JD}=2088.273$ m，$y_{JD}=1535.011$ m，交点里程桩为 K3＋617.86，线路转角（左角）$\alpha=8°46'39''$，设计圆曲线半径 $R=1500$ m，缓和曲线长 $l_0=100$ m，曲线主点和部分细部点桩号已列于表 8-4，试完成表内所有主点和细部点的测量坐标计算。

表 8-4　带有缓和曲线的圆曲线上点的坐标计算

点号	弧长/m	桩号	切线坐标 x_i/m	切线坐标 y_i/m	测量坐标 X_i/m	测量坐标 Y_i/m	主点号
1	0	K3＋452.72					ZH
2	47.28	K3＋500.00					
3	77.28	K3＋530.00					
4	100.00	K3＋552.72					HY
5	127.28	K3＋580.00					
6	147.28	K3＋600.00					
7	164.90	K3＋617.62					QZ
8	197.28	K3＋650.00					
9	229.80	K3＋682.52					YH
10	247.28	K3＋700.00					
11	287.28	K3＋740.00					
12	329.80	K3＋782.52					HZ

项目9　建筑变形观测

【学习目标】

1.知识目标

(1)熟悉建筑物变形的相关基本理论知识;

(2)掌握建筑变形观测中不同变形所采取的不同观测方法;

(3)了解建筑变形观测成果的整理与运用。

2.能力目标

(1)掌握建筑变形观测的各种技术手段;

(2)能合理布设监测点;

(3)能正确使用仪器设备进行变形观测。

3.素养目标

通过本项目学习,进一步理解工匠精神的内涵,培育工匠精神。

任务1　建筑变形观测的基础知识

一、概述

1.变形观测的定义

建筑物使用与运营过程中都会产生变形,如建筑物基础下沉、倾斜,建筑物墙体及构件挠曲就是变形的表现形式。变形或多或少都是存在的,但变形超过一定的限度就会危害到人们的生命财产安全。既然变形超过一定限度会产生危害,那么就必须通过变形观测的手段了解其变形。在变形影响范围外设置稳定的测量基准点,在变形体上设置被观测的测量标志(变形观测点),从基准点出发,定期地测量观测点相对于基准点的变化量,从历次观测结果的比较中了解变形随时间的发展情况,这个过程就称为变形观测。变形观测按时间特性可分为静态式、运动式和动态式。根据变形观测的目的,变形观测工作由三部分组成:①根据不同观测对象、目的设置基准点及观测点;②进行多周期的重复观测;③进行数据整理与统计分析。

2. 引起工程变形的原因

1)客观原因

(1)建筑物结构的型式。

(2)建筑物的自重、使用中的动荷载。

(3)振动或风力等因素引起的附加荷载。

(4)日照与温度的变化。

(5)地下水位的升降及其对基础的侵蚀作用。

(6)地基土在荷载与地下水位变化影响下产生的各种工程地质现象。

(7)建筑物附近新工程施工对地基的扰动等。

2)主观原因

(1)地质勘探不充分,例如没发现地基下的旧河道。

(2)设计错误,例如对土的承载力、各种荷载估计错误,对当地的地基土特性了解不够,套用其他地方的做法造成的错误,结构计算中的失误等。

(3)施工质量差,例如地基基础处理不当,使用了较差的材料,砂石没有洗净或者水分过多或者保养不当致使混凝土强度减弱等。

(4)施工方法不当,例如在软土上施工时由于没有处理好地下水或基坑壁的保护,引起显著的地面沉降和位移;打桩使附近地面隆起,引起上面的建筑物变形;高耸建筑物施工时没考虑大风的影响;钢结构施工时没考虑日照及气温变化的影响;巨大钢构件焊接时没注意保温,让灼热的焊缝过快冷却产生巨大的热应力等。

3. 变形监测的作用

1)实用上的作用

保障工程安全,监测各种工程建筑物、机器设备以及与工程建设有关的地质构造的变形,及时发现异常变化,对其变化趋势进行预测,对其稳定性、安全性做出判断,以便需要时能及时采取措施,防止事故发生,确保工程建设顺利完成及安全使用。

2)科学上的作用

积累监测分析资料,能更好地解释变形的机制,验证变形的假说,为研究灾害预报的理论和方法服务,检验工程设计的理论是否正确、设计是否合理,为以后修改设计、制定设计规范提供依据,如改善建筑的物理参数、地基强度参数,以防止工程破坏事故,提高抗灾能力等。

4. 变形监测的内容

变形监测主要包括水平位移监测,垂直位移监测,偏距、倾斜、挠度、弯曲、扭转、振动、裂缝等的测量。

水平位移是监测点在平面上的变动,它可分解到某一特定方向;垂直位移是监测点在铅垂面或大地水准面法线方向上的变动;偏距、倾斜、挠度等也可归结为水平和垂直位移监测,其中偏距和挠度可以视为某一特定方向的水平位移,而倾斜可以换算成水平或垂直位移,也可以通过水平或垂直位移测量和距离测量得到。

除上述监测内容外,还包括与变形有关的物理量的监测,如应力、应变、温度、气压、水位、渗流、渗压等的监测。

5. 变形监测的特点

变形监测的最大特点就是对变形体监测点进行周期观测，以求得变形体在两个周期间的变形值和瞬时变形值。所谓周期观测就是多次重复观测，第一次称初始周期或零周期。每一周期的观测方案，如监测网的图形、使用仪器、作业方法乃至观测人员都要一致。

二、变形监测的精度要求、观测周期

变形监测应能确切反映工程的实际变形程度或变形趋势，并以此作为变形监测精度和观测周期的基本要求。

1. 变形监测精度的确定

变形监测的精度要求，主要取决于该项工程预计进行变形监测的目的和允许变形值的大小。

1）根据变形监测目的来确定监测精度

变形观测的目的大致可分为三类。

第一类是安全监测。希望通过重复观测及时发现建筑物的不正常变形，以便及时分析并采取措施，防止发生事故。例如露天矿的边坡监测、高水位时大坝的位移监测、建筑物在进行某种大修时的安全监测等。

第二类是积累资料。由于土的组成成分复杂，土力学对试验数据的依赖性很大。例如在不同土质中不同基础的承载能力与预期沉降量等重要设计参数大多是用经验公式计算的。而经验公式中的一些参数则是在大量实践基础上用统计方法求得的。各地对大量不同基础形式的建筑物所做的沉降观测资料的积累，是检验设计方法的有效措施，也是以后修改设计方法、制定设计规范的依据。

第三类是为科学试验服务。它实质上可能是为了收集资料，验证设计方案，也可能是为了安全监测。只是它是在一个较短时期内，在人工条件下让建筑物产生变形。测量工作者要在短时期内，以较高的精度测取一系列变形值，例如对某种新结构、新材料做加载试验。

显然，不同的目的所要求的精度不同。为积累资料而进行的变形观测精度可以低一些，另两种目的要求精度高一些。但是究竟要具有什么样的精度，仍没有解决，因为设计人员无法回答结构物究竟能承受多大的允许变形。在多数情况下，设计人员总希望把精度要求提得高一些，而测量人员希望他们定得低一些。因此，变形观测的精度要求常常是由设计、施工、测量几方面人员针对具体工程具体商量的结果，是需要与可能之间妥协的结果。

对于重要的工程，例如拦在长江、黄河上的大坝，粒子加速器等，则要求“以当时能达到的最高精度为标准进行变形观测”。

2）根据工程允许变形值的大小来确定监测精度

如何根据允许变形值来确定变形监测精度，学术界还存在着各种不同的看法，国内外学者对此也做过多次讨论。在国际测量师联合会（FIG）1971 年第 13 次大会上，变形测量小组提出：“如果变形测量是为了确保建筑物的安全，使变形值不超过某一允许的数值，则其观测值的误差应小于变形允许值的 $\frac{1}{10}\sim\frac{1}{20}$；如果是为了研究变形的过程，则其误差应比上面这个数值小得多(小于变形允许值的 $\frac{1}{20}\sim\frac{1}{100}$)，甚至应采用目前测量手段和仪器所能达到的最高精度。”

这成为世界各国在制定变形测量精度时广泛采用的观点。

《建筑变形测量规范》(JGJ 8—2016)规定：

对明确要求按建筑地基变形允许值来确定精度等级或需要对变形过程进行研究分析的建筑变形测量项目，应符合下列规定：

(1)应根据变形测量的类型和现行国家标准《建筑地基基础设计规范》(GB 50007)规定或工程设计给定的建筑地基变形允许值，先按下列方法估算变形测量精度：

①对沉降观测，应取差异沉降的沉降差允许值的 $\frac{1}{10}\sim\frac{1}{20}$ 作为沉降差测定的中误差，并将该数值视为监测点测站高差中误差。

②对位移观测，应取变形允许值的 $\frac{1}{10}\sim\frac{1}{20}$ 作为位移量测定中误差，并根据位移量测定的具体方法计算监测点坐标中误差或测站高差中误差。

(2)估算出变形测量精度后，应按下列规则选择表 9-1 规定的精度等级：

①当仅给定单一变形允许值时，应按所估算的精度选择满足要求的精度等级；当给定多个同类型变形允许值时，应分别估算精度，按其中最高精度选择满足要求的精度等级。

②当估算的精度低于表 9-1 中四等精度的要求时，应采用四等精度。

③对需要研究分析变形过程的变形测量项目，宜在上述确定的精度等级基础上提高一个等级。

2. 变形监测的精度要求

变形监测的精度要求，主要取决于该项工程进行变形监测的目的和允许变形值的大小。根据《建筑变形测量规范》(JGJ 8—2016)，变形监测的等级划分及对应的精度指标、适用范围，应符合表 9-1 的规定。

表 9-1　变形监测的等级、精度指标及其适用范围

等级	沉降监测点测站高差中误差/mm	位移监测点坐标中误差/mm	主要适用范围
特等	0.05	0.3	特高精度要求的变形测量
一等	0.15	1.0	地基基础设计为甲级的建筑的变形测量；重要的古建筑、历史建筑的变形测量；重要的城市基础设施的变形测量等
二等	0.5	3.0	地基基础设计为甲、乙级的建筑的变形测量；重要场地的边坡监测；重要的基坑监测；重要管线的变形测量；地下工程施工及运营中的变形测量；重要的城市基础设施的变形测量等

续表

等级	沉降监测点测站高差中误差/mm	位移监测点坐标中误差/mm	主要适用范围
三等	1.5	10.0	地基基础设计为乙、丙级的建筑的变形测量；一般场地的边坡监测；一般的基坑监测；地表、道路及一般管线的变形测量；一般的城市基础设施的变形测量；日照变形测量；风振变形测量等
四等	3.0	20.0	精度要求低的变形测量

注：1.沉降监测点测站高差中误差：对水准测量，为其测站高差中误差；对静力水准测量、三角高程测量，为相邻沉降监测点间等价的高差中误差。

2.位移监测点坐标中误差：指的是监测点相对于基准点或工作基点的坐标中误差、监测点相对于基准线的偏差中误差、建筑上某点相对于其底部对应点的水平位移分量中误差等。坐标中误差为其点位中误差的 $1/\sqrt{2}$ 。

三、变形监测的观测周期

1.初始周期的观测

初始周期的变形监测一般应在埋设的基准点稳定后及时进行。及时进行初始周期的观测非常重要，因为延误初始测量就可能没及时观测到已经发生的变形。由于以后各周期的测量成果都是与初始周期的成果相比较的，故应特别重视初始周期的观测质量，一般初始周期应适当增加观测次数（不少于 2 次），以提高初始周期观测值的可靠性。

2.地上建筑物的观测周期

对于地上建筑物，工程施工开始后，由于荷载的不断增加，基础下的土层逐渐压缩沉降，故工程建筑物的变形会较快、较大，故施工过程中观测周期应短一些。如以 3 天、1 周、半个月等为周期进行观测；或者按荷载增加的时间间隔为周期进行观测，即每增加一定的荷载观测一次。

在工程建筑物建成初期，变形速度较快，观测周期应短一些，随着建筑物趋向稳定，可以减少观测次数，但仍应坚持长期观测，以便能发现异常变化。掌握了一定的规律或变形稳定后可固定其观测周期。在工程建筑物观测中发现变形异常或测区受到地震、洪水、爆破或周围建筑物施工影响时，应及时缩短观测周期，增加观测次数。

3.基坑的观测周期

对于地面以下的基坑，工程施工开始后，由于坑内荷载的不断减少（基坑开挖挖掉坑内的土），坑外的土层及地下水对基坑壁（围护结构）的压力逐渐增大，基坑的变形（水平位移、沉降等）会越来越大，一般开挖到坑底后达到最大值，故施工过程中观测周期要短、频率要大。如按半天、1 天作为观测周期（开挖到坑底时甚至是 2～4 小时观测一次）；或者按荷载减少的时间间隔为周期进行观测（如每开挖 1 米深度观测一次），即每减少一定的荷载观测一次。

基坑的安全监测一般执行到地下室外墙与基坑围护结构之间的空隙回填后就可以结束。

任务 2　变形监测网

测定工程建筑物的变形时，一般是在建筑物上选择一些具有代表性的、能反映建筑物变形的特征点进行观测，用点的变形来反映工程建筑物整体的变形，这些点称为变形监测点（又称目标点）。

为了测定监测点的变形，则必须设置一些稳定不变的参考点（称为基准点）作为整个变形监测的起算点。基准点是进行建筑变形测量工作的基础和参照。为了达到基准点稳定的要求，一是远离在建工程建筑物，二是采取深埋形式。但是如果基准点距监测点太远，测量不便，精度也要降低。因此，通常要在靠近观测点、便于观测的地方设置一些相对稳定的工作点，称为工作基点。但是工作基点仍然处于建筑物应力扩散范围以内，难以保证绝对稳定，此时还应在工程建筑物所引起的变形影响范围之外设置一些坚固、稳定的基准点，用以测定工作基点的变形值。

由上可见，变形监测网常由三种点组成。基准点通常埋设在在建工程影响范围之外，尽可能保证它们长期稳定不动。工作基点是基准点和变形监测点之间的联系点，它们与基准点联系，构成基准网。基准网复测间隔时间较长，用来测量工作基点相对于基准点的变形量，这一变形量一般来说较小。工作基点与变形观测点之间要有方便的联测条件，它们组成次级网。次级网复测时间间隔短，用来测量建筑物上监测点相对于工作基点的变形量。变形监测点直接埋在建筑物上和建筑物一起移动，用它们的坐标变化来反映建筑物空间位置的变化。

一、垂直位移监测网

1. 垂直位移观测基准点的埋设

垂直位移观测基准点一般称为水准基点，是测定各变形观测点垂直位移（沉降）的起算点，水准基点的稳定程度直接影响着观测成果的可靠性。建筑垂直位移观测可以采用独立的高程基准，对大型或有特殊要求的项目，宜采用“1985 国家高程基准”或项目所在城市使用的高程基准。特等、一等沉降观测，基准点不应少于 4 个；其他等级沉降观测，基准点不应少于 3 个。基准点之间应形成闭合环。

水准基点应埋设在工程建筑物所引起的变形影响范围之外，尽可能埋设在稳定的基岩上。当观测场地覆盖土层很浅时，水准基点可采用如图 9-1 所示的岩层水准基点标石，或者用混凝土基本水准标石（见图 9-2）；当覆盖土层较厚时，可采用如图 9-3 所示的深埋钢管标石，为了避免温度变化对观测标志高程的影响，还可采用深埋双金属管标石，如图 9-4 所示。

水准基点可根据观测对象的特点和地层结构，从上述类型中选取。但为了保证基准点的稳定可靠，应尽可能使标石的底部落在基岩上。因为埋设在土层中的标志，受土壤膨胀和收缩的影响不易稳定。

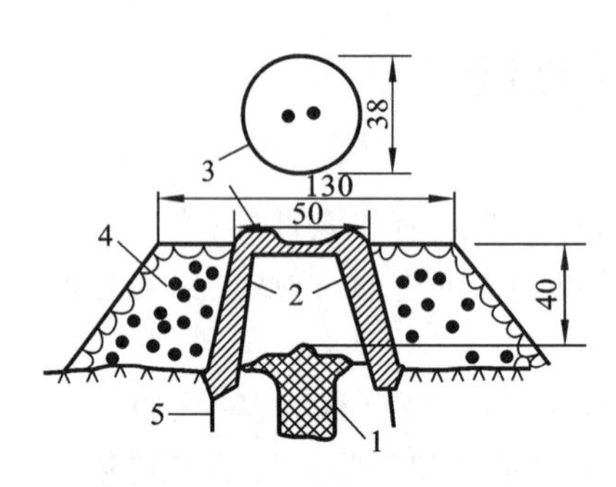

图 9-1 岩层水准标石(单位:cm)

1—抗蚀的金属标志;2—钢筋混凝土井圈;
3—井盖;4—砌石土丘;5—井圈保护层

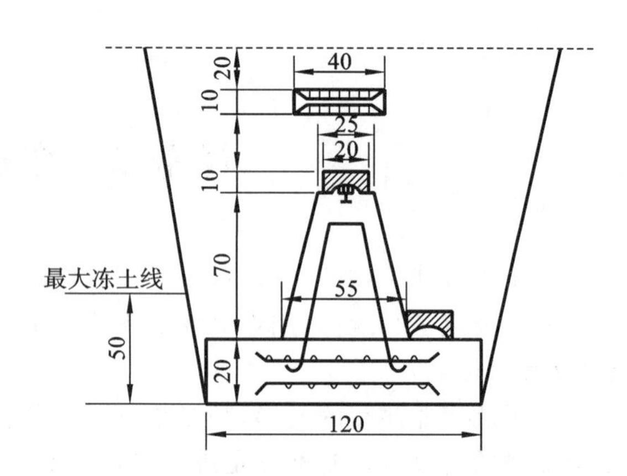

图 9-2 混凝土基本水准标石(单位:cm)

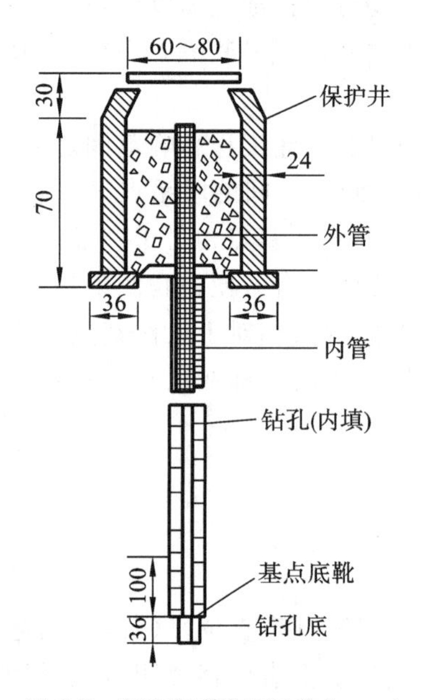

图 9-3 深埋钢管标石(单位:cm)

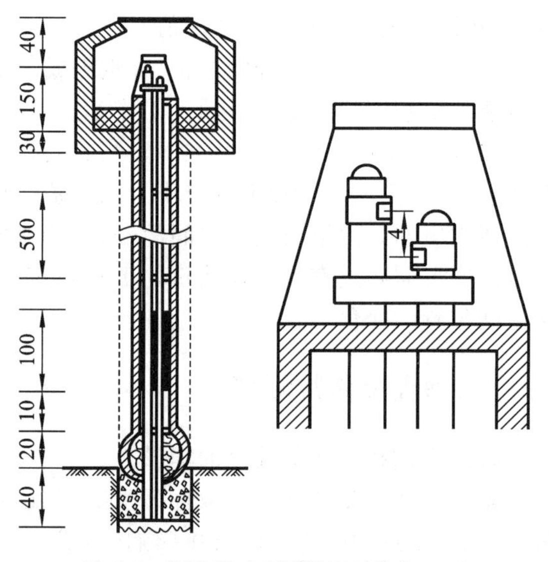

图 9-4 深埋双金属管标石(单位:cm)

2. 垂直位移观测工作基点的埋设

工作基点的标石,可按点位的不同要求选择浅埋钢管水准标石(见图 9-5)、混凝土普通水准标石(见图 9-6)或墙脚水准标石(见图 9-7)等。

工作基点设置应满足作业需要。一般情况下,工作基点埋设时,与邻近建筑物的距离不得小于建筑物基础深度的 1.5～2.0 倍。另外,工作基点与基准点之间宜便于采用水准测量方法进行联测。当采用三角高程测量方法进行联测时,相关各点周围的环境条件宜相近。当采用连通管式静力水准测量方法进行沉降观测时,工作基点宜与沉降监测点设在同一高程面上,偏差不应超过 10 mm。当不能满足这一要求时,应在不同高程面上设置上下位置垂直对应的辅助点传递高程。

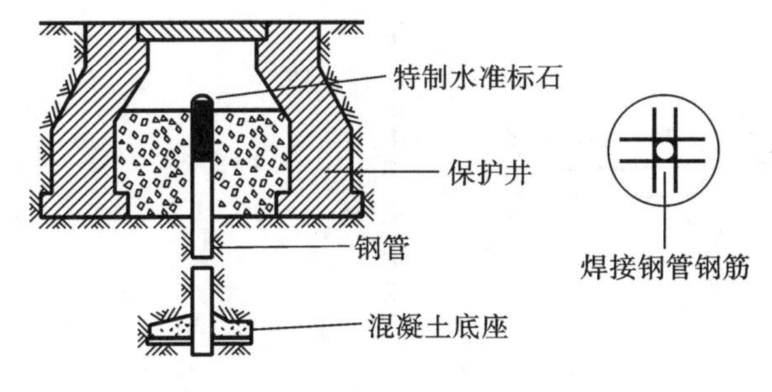

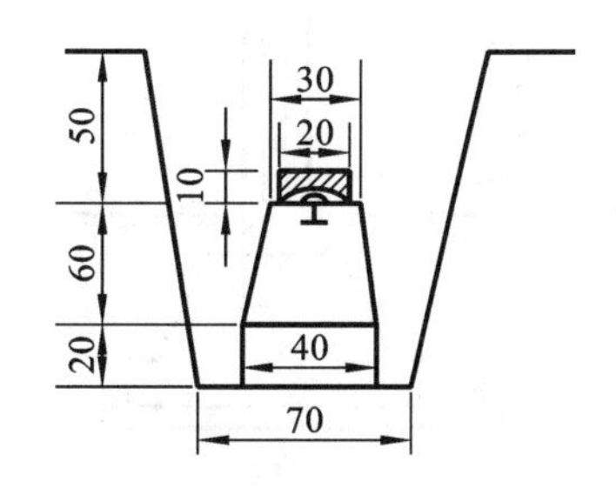

图 9-5　浅埋钢管水准标石(单位:cm)

图 9-6　混凝土普通水准标石(单位:cm)

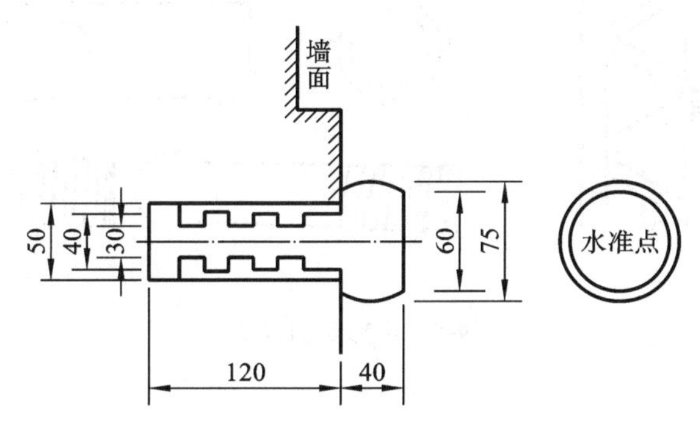

图 9-7　墙脚水准标石(单位:cm)

3. 垂直位移监测点的埋设

垂直位移监测点(也叫沉降监测点)点位的分布既要均匀,又要保证重点部位(最可能发生最大变形及危险性变形的部位)有监测点,使监测点的布设方案能比较完全地显示出建筑物的变形特征。因此,在开始施工前,就应会同岩土勘察、建筑设计、工程施工等部门的技术人员共同研究,并由设计部门编制出一份变形监测点布置图,确定埋设监测标志的数量、位置、标型等。再由测量人员根据该图和工程的总平面布置、结构特点、设备的布局等条件,予以进一步的补充和完善,从测量工作的实际需要出发,确定埋设适当的监测点标志,以期按最优的方案进行变形监测。

图 9-8 所示为各种监测标志。图 9-8(a)为铆钉式监测点,其直径一般是 20 mm,长 60～80 mm,常埋设在钢筋混凝土基础面上。图 9-8(b)为角钢式监测点,是一根截面为 30 mm×30 mm×5 mm 的角钢,一般以 60°倾斜角埋入混凝土墙、柱中。图 9-8(c)为铜头式监测点,是在角钢上焊一个铜头后再焊到钢柱上。图 9-8(d)为隐蔽式监测点,标身为螺旋结构,用时将螺旋旋出,再将带有螺旋的监测点旋进,用完后再将标志旋下,换上罩盖。这种标志用于高级装修的建筑物室内,螺旋部分要注意防锈。

监测点埋设时要遵守以下原则:

(1)应考虑建筑物的规模、型式和结构特征,埋设在能够准确反映建筑物沉降的特征点上。

(2)应有足够的数量,以便测出整个基础的沉降、倾斜与弯曲,并且能够绘出等沉降曲线。

(3)监测点标志应与建筑物紧密地结合在一起,确保监测点的沉降能准确反映建筑物

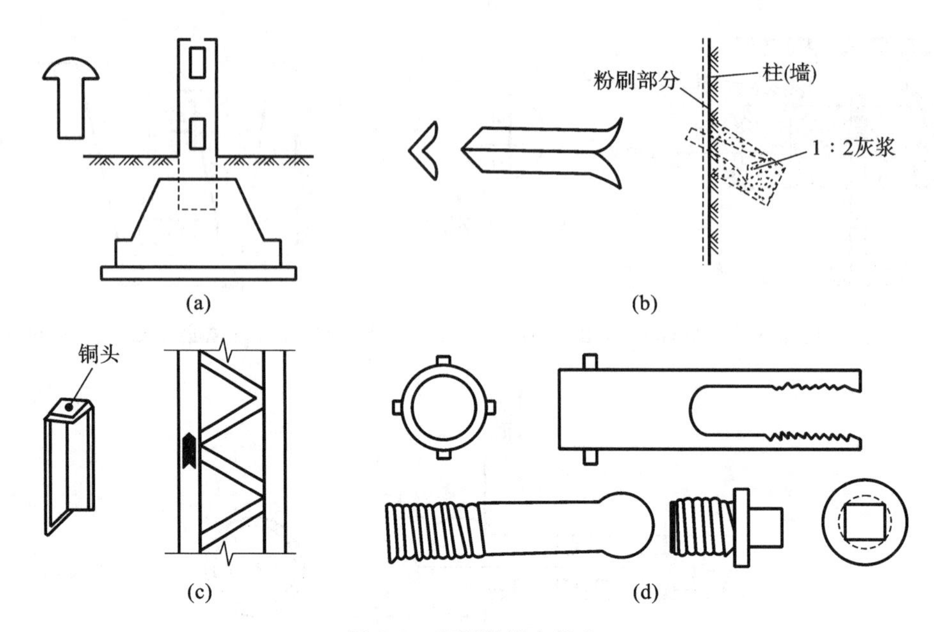

图 9-8　变形监测点标志

沉降。

(4)应便于观测、能长久保存,应尽量保证在整个变形监测期间不受损坏。

点位应选择在下列位置:

(1)建筑物的四角点、中点、转角处及沿外墙每隔 10~20 m 处或每隔 2~3 根柱基处。

(2)建筑物裂缝或沉降缝两侧,基础埋深相差悬殊处、人工地基与天然地基接壤处、不同结构的分界处及填挖方分界处、基础型式或埋深改变处以及地质条件变化处两侧。

(3)框架结构建筑物的每个或部分柱基上或沿纵横轴线交汇处设点。

(4)高层建筑物、新旧建筑物、纵横墙等交接处的两侧。

(5)重型设备基础和动力设备基础的四角、邻近堆置重物处、受振动影响显著的部位及基础下有暗沟处。

(6)宽度大于等于 15 m、宽度小于 15 m 但地质条件复杂或膨胀土地区的建筑物,在承重墙内隔墙中部位置设点,在室内地面中心处及四周位置设点。

(7)箱形基础、片筏基础底板或接近基础的结构部分的四角处及其中部位置。

(8)电视塔、烟囱、水塔、炼油塔、高炉等高耸建筑物,沿周边在与基础轴线相交的对称位置上设点。

二、水平位移监测网

水平位移监测网的主要任务是测定工程建筑物的水平位移。对于大中型工程建筑物,可以分级布网,即由基准点和工作基点组成控制网,由水平位移监测点及所联测的工作基点组成扩展网;对于中小型建筑物水平位移监测,可将基准点连同监测点按单一层次布设。控制网可采用测角网、测边网、边角网、导线网或 GNSS 网;扩展网和单一层次布网可采用角交会、边交会、边角交会、基准线或附合导线等形式。各种布网均应考虑网形强度，长短边边比不宜过于悬殊。

对地面上建筑物水平位移观测、基坑监测或边坡监测，应设置位移基准点。水平位移观测可以采用独立的平面坐标系统，对大型或有特殊要求的项目，宜采用 2000 国家大地坐标系或项目所在城市使用的平面坐标系统。基准点数对特等和一等不应少于 4 个，对其他等级不应少于 3 个。当采用视准线法和小角度法时，当不便设置基准点时，可选择稳定的方向标志作为方向基准。对风振变形观测、日照变形观测等，应设置满足三维坐标测量要求的基准点。基准点数不应少于 2 个。对倾斜观测、挠度观测或裂缝观测，可不设置位移基准点。

对特级、一级、二级及有需要的三级位移观测的控制点，应在工程所引起的变形影响范围之外埋设，或尽可能埋设在稳定的基岩上。应建造观测墩或埋设专门观测标石，并应根据使用仪器和照准标志的类型，考虑观测精度要求，配备强制对中装置。强制对中装置的对中误差不应超过±0.1 mm。

混凝土观测墩是一种使用比较普遍的水平位移监测基准点形式。观测墩的底座应埋设在稳定的基岩上，底座与观测墩体间要配置钢筋，如图 9-9 所示。当控制点位于土层较厚的地区时，为防止活动冻土层对标志的不良影响，观测墩的底座必须埋设在当地冻土层以下(超过 0.5 m)，并加大其底座尺寸，以增加点位的稳定性。亦可用直径 20 cm 左右的金属管状标代替钢筋混凝土观测墩，此时用钻探的方法将金属管插入土中一定深度(视土质而定)，最好直至岩层。为了使管状标稳定，可在管内灌满混凝土，而在金属管顶部装置一个金属圆盘，以置放仪器和照准标志。

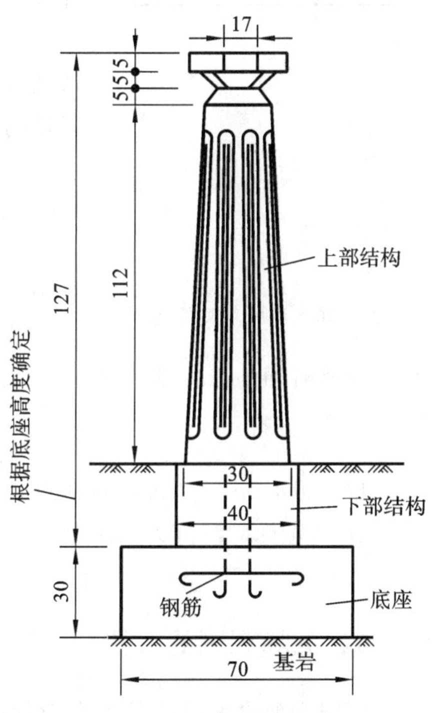

图 9-9　混凝土观测墩(单位:cm)

为了减少仪器与觇牌偏心误差对测角精度的影响，在观测墩顶面常埋设固定的强制对中设备。

任务 3　建筑物垂直位移观测

在本项目任务 2 中已经阐述了垂直位移控制网以及基准点、工作基点和观测点的布置方法，下面我们将阐述垂直位移的观测方法。

所谓垂直位移观测，又叫沉降观测，即测定变形体的高程随时间而产生变化的大小、方向，并提供变形趋势及预报而进行的测量工作。

一、沉降观测的原理

沉降观测即定期测定沉降监测点相对于基准点的高差，来求得监测点各周期的高程；不同周期相同监测点的高程之差，即为该点的垂直位移值，也即沉降量。通过沉降量我们还可以得到沉降差、沉降速度、基础倾斜、局部倾斜、相对弯曲及构件倾斜等相关资料。

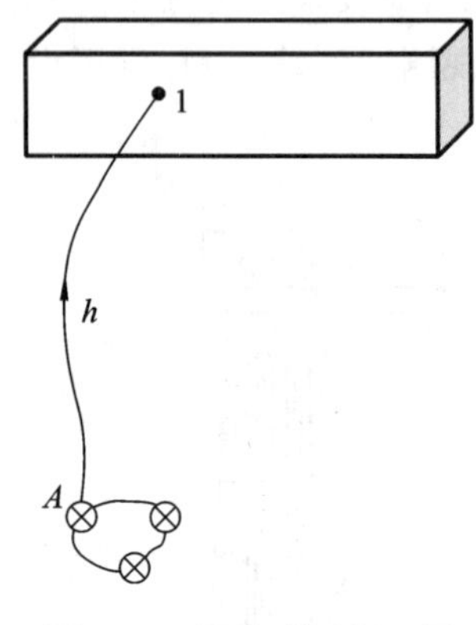

图 9-10　沉降观测原理图

图 9-10 所示是沉降观测的原理图。设从 A 点测量出了 1 号点在第 i 周期与 A 点的高差 h_i，即可求出相应周期的高程为：

$$H_i = H_A + h_i \tag{9-1}$$

从而可得 1 号观测点第 i 周期相对于第 $i-1$ 周期的本次沉降量为：

$$\Delta h_i = H_i - H_{i-1} \tag{9-2}$$

1 号观测点第 i 周期相对于初始周期的累计沉降量为：

$$S_i = H_i - H_1 \tag{9-3}$$

其中，当 S 的符号为“－”时，表示下沉；为“＋”时，表示上升。

若已知某点第 i 周期相对于初始周期累计沉降量为 S_i，总的观测时间为 Δt，则沉降速率 v 为：

$$v = \frac{S_i}{\Delta t} \tag{9-4}$$

现假设有 m、n 两沉降观测点，它们在第 i 周期的累计沉降量分别为 S_m^i、S_n^i，则第 i 周期 m、n 两点间的沉降差 ΔS 为：

$$\Delta S = S_m^i - S_n^i \tag{9-5}$$

二、沉降观测的方法

沉降观测主要分为基准点观测和观测点观测。

由于对沉降监测点的观测是通过工作基点来进行的，而工作基点一般是不稳定的，它的沉降变形要通过基准点对其观测而测定；本来基准点只需要一个，但为了判断基准点的稳定性，基准点总是不止一个而是成组埋设，这样就必须首先进行基准点间的联测。

定期测量各基准点之间的高差并在基准点与工作基点之间进行联测，称为基准点观测。通过基准点观测，即可利用平差方法来分析和选择稳定的基准点作为固定的起算点，并按统计检验方法来检验工作基点的稳定性。基准点观测所执行的等级，一般比监测点观测所采用的等级高出一个等级，而监测点观测所采用的等级必须依据《建筑变形测量规范》(JGJ 8—2016)从变形监测的精度出发做精度估算而定。

沉降观测的方法主要有水准测量、短视线精密三角高程测量等，其中最常用的是水准测量的方法。

当采用水准测量进行沉降观测时，一般应布设成附合水准路线或闭合水准路线，且尽量把各个沉降观测点包含在水准路线之内。特殊情况下，无法把沉降观测点包含在水准路线之内时，必须做往返观测或单程双转点观测，以确保观测数据可靠。对于需快速监测的建筑物，不允许形成正常水准路线时，应采用进行过严格的 i 角检验与校正的水准仪采用一次后视、多个前视的方法进行快速沉降观测。

沉降观测中的水准测量与一般水准测量相比，其相应的等级精度高，各项限值小，技术要求严格。在不同的观测周期，宜采取“五固定”措施，即使用固定仪器、使用固定标尺、固定观测时间段、固定观测者及固定水准路线，以削弱系统误差对观测成果的影响。所谓的固定水准路线，指的是设置固定的测站点与立尺点，使每个周期的观测在同一水准线路上进行。

根据《建筑变形测量规范》(JGJ 8—2016)，沉降观测中水准测量的作业方式应符合表 9-2 的规定。

表 9-2　沉降观测作业方式

沉降观测等级	基准点测量、工作基点联测及首期沉降观测			其他各期沉降观测			观测顺序
	DS05 型仪器	DS1 型仪器	DS3 型仪器	DS05 型仪器	DS1 型仪器	DS3 型仪器	
一等	往返测	—	—	往返测或单程双测站	—	—	奇数站：后—前—前—后 偶数站：前—后—后—前
二等	往返测	往返测或单程双测站	—	单程观测	单程双测站	—	奇数站：后—前—前—后 偶数站：前—后—后—前
三等	单程双测站	单程双测站	往返测或单程双测站	单程观测	单程观测	单程双测站	后—前—前—后
四等	—	单程双测站	往返测或单程双测站	—	单程观测	单程双测站	后—后—前—前

根据《建筑变形测量规范》(JGJ 8—2016)的规定，当采用光学水准仪、数字水准仪等进行建筑沉降观测时，技术要求均可按该规范关于数字水准仪的相关规定及国家现行有关标准的规定执行。

各等级沉降观测的视线长度、前后视距差、累积视距差、视线高度、重复测量次数等应符合表 9-3 的规定。各等级沉降观测的限差应符合表 9-4 的规定。

表 9-3 数字水准仪观测要求

沉降观测等级	视线长度/m	前后视距差/m	前后视距差累积/m	视线高度/m	重复测量次数/次
一等	≥4 且≤30	≤1.0	≤3.0	≥0.65	≥3
二等	≥3 且≤50	≤1.5	≤5.0	≥0.55	≥2
三等	≥3 且≤75	≤2.0	≤6.0	≥0.45	≥2
四等	≥3 且≤100	≤3.0	≤10.0	≥0.35	≥2

注:在室内作业时,视线高度不受本表的限制。

表 9-4 数字水准仪观测限差(单位:mm)

沉降观测等级	两次读数所测高差之差限差	往返较差及附合或环线闭合差限差	单程双测站所测高差较差限差	检测已测测段高差之差限差
一等	0.5	$0.3\sqrt{n}$	$0.2\sqrt{n}$	$0.45\sqrt{n}$
二等	0.7	$1.0\sqrt{n}$	$0.7\sqrt{n}$	$1.5\sqrt{n}$
三等	3.0	$3.0\sqrt{n}$	$2.0\sqrt{n}$	$4.5\sqrt{n}$
四等	5.0	$6.0\sqrt{n}$	$4.0\sqrt{n}$	$8.5\sqrt{n}$

注:1. 表中 n 为测站数。

2. 当采用光学水准仪时,基、辅分划或黑、红面读数较差应满足表中两次读数所测高差之差限差要求。

三、沉降观测的成果整理

每周期观测后,应及时对观测资料进行计算及成果整理。

首先应检查原始观测手簿与原始记录,检查各项观测值是否合乎限差要求,并计算出建筑物各沉降观测点的沉降量、沉降差及沉降速度等变形值,初步判断建筑物是否存在异常变形,以便根据情况进行必要的重测与进一步的监测。

当进行了一定数量的周期观测后,即可对观测成果进行整理分析,制作与建筑物沉降有关的各种成果图表,并从杂乱无章的观测数据中寻找内在的统计规律,以便定量分析,进行沉降预报。

沉降观测应提交的成果有:沉降观测成果表、沉降观测点位分布图及各周期沉降展开图、荷载-时间-沉降量曲线图(见图 9-11)、沉降速度-时间-沉降量曲线图、建筑物等沉降曲线图、沉降观测分析报告。

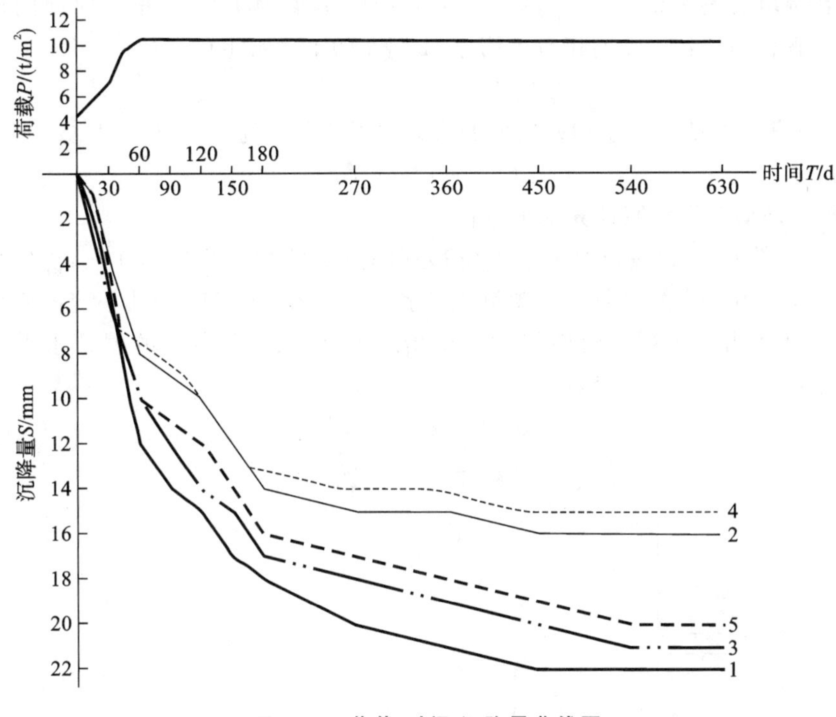

图9-11　荷载-时间-沉降量曲线图

任务4　水平位移观测

所谓水平位移观测，即测定变形体的平面位置随时间变化而产生的位移大小、位移方向，并提供变形趋势及预报而进行的测量工作。水平位移观测的方法很多，大体上可以归纳为视准线法（主要含活动觇牌法、小角法）、激光准直法（主要有激光经纬仪准直和波带板激光准直）、机械法（主要有引张线法）、交会法（主要有前方交会法和后方交会法）、导线法和精密GNSS测量法等。

建筑物的水平位移一般都比较小，为了测得其位移量，基准点和位移观测点通常都使用混凝土观测墩并设置强制对中设备。

一、水平位移观测原理

水平位移观测即周期性地测定水平位移观测点相对于某一基准线的偏离值或平面坐标；不同周期同一观测点的偏离值或平面坐标相比较，即可得到观测点周期间的水平位移值。

1. 利用不同周期偏离值计算水平位移

如图9-12所示，设工程建筑物上有一个水平位移观测点，点号为1，相对于基准线

AB,其初始周期的偏离值为 $L_1^{[1]}$,第 $i-1$ 周期的离值为 $L_1^{[i-1]}$,第 i 周期的偏离值为 $L_1^{[i]}$,则可得监测点 1 第 i 周期相对于第 $i-1$ 周期的本次水平位移值为:

$$\Delta L_1^{i,i-1} = L_1^{[i]} - L_1^{[i-1]} \tag{9-6}$$

监测点 1 第 i 周期相对于初始周期的累计水平位移值为:

$$\Delta L_1^{i,1} = L_1^{[i]} - L_1^{[1]} \tag{9-7}$$

2. 利用不同周期坐标值计算水平位移

如图 9-13 所示,工程建筑物上水平位移观测点 1 的初始位置为 $1^{[1]}$,测定出的初始坐标为 $(x_1^{[1]}, y_1^{[1]})$;到第 i 周期后,观测点位置从 $1^{[1]}$ 变动至 $1^{[i]}$,其相应的平面坐标为 $(x_1^{[i]}, y_1^{[i]})$,则观测点 1 第 i 周期相对于初始周期在 x、y 方向上的累计水平位移值分别为:

$$\Delta x_1^i = x_1^{[i]} - x_1^{[1]} \tag{9-8}$$

$$\Delta y_1^i = y_1^{[i]} - y_1^{[1]} \tag{9-9}$$

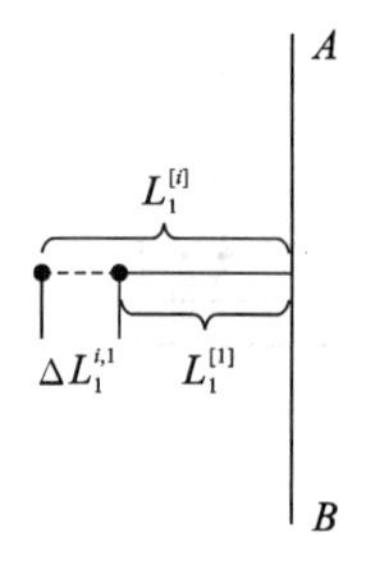

图 9-12 利用偏离值计算水平位移

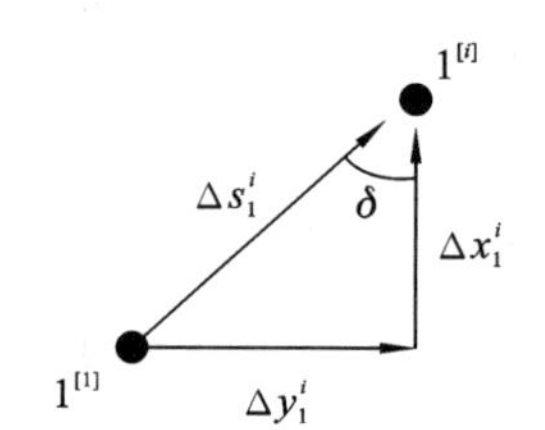

图 9-13 利用坐标值计算水平位移

其合位移 ΔS_1 及其位移方向可以用下式计算:

$$\Delta S_1^i = \sqrt{\Delta x_1^{i\,2} + \Delta y_1^{i\,2}} \tag{9-10}$$

$$\tan\delta = \frac{\Delta y_1^i}{\Delta x_1^i} \tag{9-11}$$

二、水平位移的观测方法

1. 基准线法

基准线法就是在垂直于位移的方向建立一条基线,在建筑物上布设一些观测点,定期测定各观测点标志偏离基准线的距离,以计算其位移量,如图 9-14 所示。在基线上确定不少于 3 个基点作控制点,控制点与观测点位于同一直线上。观测时,将经纬仪安置在一个控制点上,瞄准另一个控制点,此视线方向即基准线方向。通过基准线在与观测点等高度处作标志,用测微尺测定观测点偏离基准线的水平距离,便可得知水平位移量。

2. 小角法

首先在纵、横方向上布设控制点和观测点,如已知建筑物位移方向,则只在此方向上进行观测即可。观测点与控制点最好位于同一直线上,同样控制点不少于 3 个,控制点之间的距离不宜小于 30 m。如图 9-15 所示,A、B、C 为控制点,控制点埋设要牢固;M 为观测点,可用红油漆在墙上涂三角符号作标志。经纬仪置于 A 点,用测回法观测 $\angle BAM$ 的

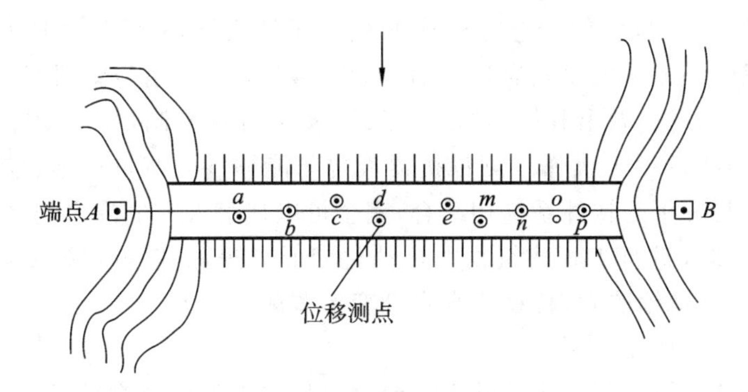

图 9-14 基准线法水平位移观测

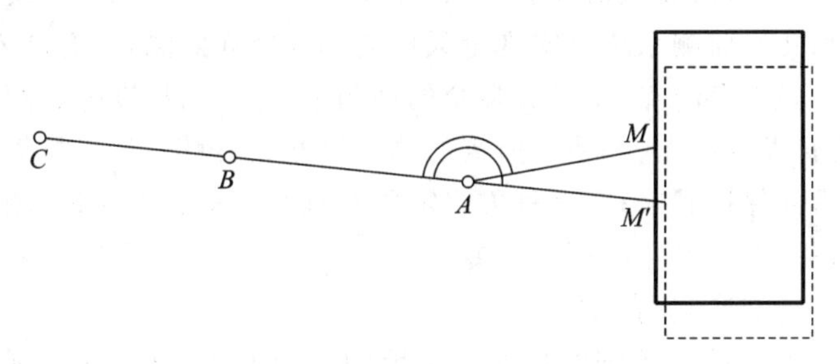

图 9-15 小角法水平位移观测

值，设第一次观测角值为 β，第二次观测角值为 β'，两者之差 $\Delta\beta=\beta'-\beta$，则建筑物的水平位移量 δ 为：

$$\delta=\frac{\Delta\beta}{\rho}D \tag{9-12}$$

式中：$\rho=206265''$；

D——A、M 两点之间的水平距离。

3. 极坐标法

极坐标法属于边角交会，是边角交会的最常见的方法。

如图 9-16 所示，在已知点 A 安置高精度全站仪，后视点为另一已知点 B，通过测得 $\angle BAP$ 的角度 β 以及 A 点至 P 点的距离 S，计算得出 P 点坐标。设 A 点坐标为 $A\ (x_A, y_A)$，AB 的方位角为 α_{AB}，则 P 点坐标 $P\ (x_P, y_P)$ 的计算公式为：

$$x_P=x_A+S\cdot\cos(\alpha_{AB}+\beta)$$
$$y_P=y_A+S\cdot\sin(\alpha_{AB}+\beta)$$

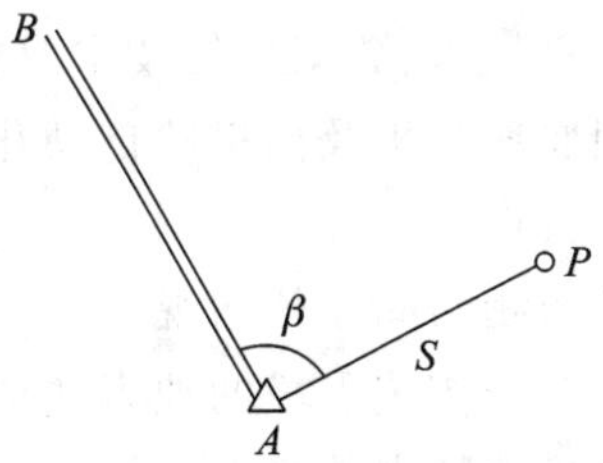

图 9-16 极坐标法

利用同一观测点不同周期的坐标差，即可确定该观测点的水平位移值。

4. 变形监测机器人

测量机器人(或称测地机器人)是一种能代替人进行自动搜索、跟踪、辨识和精确照准目标并获取角度、距离、三维坐标以及影像等信息的智能型电子全站仪。它是在全站仪基础上集成步进马达、CCD影像传感器构成的视频成像系统，并配置智能化的控制及应用软件发展而形成的。测量机器人通过CCD影像传感器和其他传感器对现实测量世界中的“目标”进行识别，迅速做出分析、判断与推理，实现自我控制，并自动完成照准、读数等操作，以完全代替人的手工操作。测量机器人再与能够制订测量计划、控制测量过程、进行测量数据处理与分析的软件系统相结合，完全可以代替人完成许多测量任务。

利用测量机器人进行工程建筑物的自动化变形监测，一般可根据实际情况采用两种方式：固定式全自动持续监测、移动式半自动变形监测。

1)固定式全自动持续监测

固定式全自动持续监测方式是基于一台测量机器人的有合作目标(照准棱镜)的变形监测系统，可实现全天候的无人值守监测，其实质为自动极坐标测量系统。

固定式全自动变形监测系统可实现全天候的无人值守监测，并有高效、全自动、准确、实时性强等特点。但也有缺点：①没有多余的观测量，测量的精度随着距离的增长而显著地降低，且不易检查发现粗差；②系统所需的测量机器人、棱镜、计算机等设备因长期固定而需采取特殊的措施保护起来；③这种方式需要有雄厚的资金作保证，测量机器人等昂贵的仪器设备只能在一个变形监测项目中专用。

2)移动式半自动变形监测

移动式半自动变形监测系统的作业与传统的观测方法一样，在各观测墩上安置整平仪器，输入测站点号，进行必要的测站设置，后视之后测量机器人会按照预置在机内的观测点顺序、测回数，全自动地寻找目标，精确照准目标，记录观测数据，计算各种限差，进行超限重测或等待人工干预等。完成一个测点的工作之后，人工将仪器搬到下一个测站点上，重复上述工作，直至所有外业工作完成。这种移动式半自动观测模式可大大减轻观测者的劳动强度，所获得的成果精度更好，测量机器人可以在多个变形监测项目中使用。

5. GNSS法测定水平位移

全球定位系统GNSS的应用是测量技术的一项革命性变革。在变形监测方面，与传统方法相比较，应用GNSS不仅具有精度高、速度快、操作简便等优点，而且利用GNSS和计算机技术、数据通信技术及数据处理与分析技术进行集成，可实现从数据采集、传输、处理到变形分析及预报的自动化，达到远程在线网络实时监控的目的。GNSS变形监测有以下特点。

1)测站间无须通视

对于传统手段的地表变形监测方法，点之间只有通视才能进行观测，而GNSS测量的一个显著特点就是点之间无须保持通视，只需测站上空开阔，从而可使变形监测点位的布设方便而灵活，并可省去不必要的中间传递过渡点，节省许多费用。

2)可同时监测目标的三维位移信息

采用传统方法进行变形监测时，平面位移和垂直位移往往是采用不同方法分别进行监测的，不仅每次观测的时间长、工作量大，而且监测的时间和点位也很难保持一致，为变形分析增加了困难，而采用GNSS可同时精确测定监测点的平面位移和垂直位移，提高效率又确保两种位移监测时间及点位的一致性。

3)可全天候监测

GNSS测量不受气候条件、能见度等的限制,全天均可进行正常的监测,配备防雷电设施后,更可实现长期的全天候观测,它对于防汛抗洪及滑坡、泥石流等地质灾害监测等应用领域极为重要。

4)监测精度高

GNSS可以提供更高的相对定位精度。如果采取GNSS全天候监测,则接收机天线固定不动,那么天线的对中误差、整平误差、定向误差、天线高测定误差等就不会影响变形监测的结果。同样,GNSS数据处理时起始坐标的误差,解算软件本身的不完善以及卫星信号的传播误差(电离层延迟、对流层延迟、多路径影响等)中的公共部分的影响也可以得到消除或削弱。

5)易于实现自动化监测

GNSS接收机的自动化程度已越来越高,操作简便趋于"傻瓜";而且体积越来越小,便于安置和操作。同时GNSS接收机为用户预留了必要的接口,可以较为方便地利用各监测点建成无人值守的自动监测系统,实现数据采集、传输、处理(分析、预警、入库)的全自动化。

6.三维激光扫描技术

近些年,随着三维激光扫描技术的进步,三维激光扫描仪已经广泛应用于文物保护、土木工程、计算机视觉以及交通规划等重要领域。三维激光扫描技术(3D laser scanning technology)是一种先进的全自动高精度立体扫描技术,可以快速地获得被测物体表面密集的、全面的、关联的、连续的三维坐标数据及影像数据,因此也被称为"实景复制技术"。利用三维激光扫描技术进行变形监测,可以很好地反映检测目标物的整体变形信息,从而更好地研究变形的机制和变形预报。

与基于全站仪或GNSS的变形监测相比,其数据采集效率较高,获取数据的点数多,形成了一个基于密集三维数据点云的三维模型数据场,这能有效地避免传统监测手段基于变形监测点数据、以点代面的变形分析的局限性。这些技术优势决定了地面三维激光扫描技术在变形监测领域将会有广阔的应用前景。

三、水平位移观测成果

水平位移监测提交的主要成果有水平位移观测点位布置图、水平位移观测成果表、水平位移曲线图、地基土深层侧向位移图(有测斜孔进行监测时)、观测成果分析报告等。当基础的水平位移与沉降同时观测时,可选择典型剖面,绘制两者的关系曲线。

任务5　高耸建筑物的倾斜观测

因地基基础不均匀沉降或其他原因,建筑物往往会产生倾斜变形。倾斜观测就是对建(构)筑物中心线或其特征线(墙、柱等)测量不同高度的点相对于其底部对应点的偏离值大小、偏离方向的工作。为了监视建筑物的安全以及进行地基基础设计的相关研究，都需要对建筑物(特别是高耸建筑物)进行倾斜观测。

倾斜观测应从建筑物建成就开始进行，以后应定期观测，积累资料，并与沉降观测的结果一起进行研究，以全面掌握、分析建筑物的倾斜变形情况。

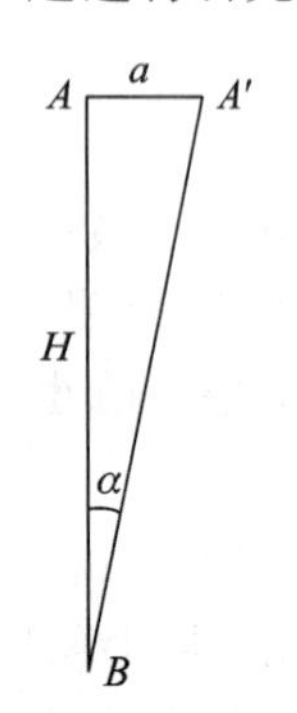

图 9-17　倾斜率示意图

建筑物的倾斜程度，一般用倾斜率 i 值(一般以千分比)来表示。如图 9-17 所示，α 为倾斜角，a 为建筑物上部相对于底部的水平位移值，H 为建筑物的高度，其数值一般是已知的，若为未知，可采用直接丈量或三角高程测量等方法进行测定。建筑物倾斜率的计算如下：

$$i = \tan\alpha = \frac{a}{H} \tag{9-13}$$

建筑物倾斜的观测方法有两种：一种是直接测量建筑物的倾斜，另一种是通过测量建筑物基础相对沉降(也是基础的倾斜)的方法来确定建筑物的倾斜。

一、直接测量建筑物倾斜

从建筑物或构件的外部进行观测时，可以采用的方法有以下几种。

1. 直接投影法

直接投影法一般是用经纬仪(或全站仪)将建筑物外立面特征线(墙角等)的上、下标志直接投影到同一个水平面上，从而求出建筑物上部相对于底部的水平偏离值，再根据式(9-13)计算建筑物的倾斜率。

观测时，应在底部观测点位置安置量测设施(如水平读数尺等)。应将经纬仪设置在过建筑物外立面特征线(墙角等)与建筑物轴线平行(或垂直)的直线上，设站点与建筑物距离要在 1.5 倍建筑物高度以上，这样可减少仪器纵轴与水平面不垂直的影响。在每测站安置经纬仪投影时，需严格对中、整平，用盘左、盘右分别进行投影并量取上、下标志投影点在视线垂直方向的偏离值，取其中点。由于施工误差等原因，上、下标志投影点初始偏离值 L_1 本来就不可能为零，故测定周期的偏离值 L_i 与初始周期的偏离值 L_1 之差即为该方向上的水平位移分量 $a_1 = L_i - L_1$；再将经纬仪转移至与原观测方向成 90°角的方向上，用同样的方法可求得与视线垂直方向上的水平位移分量 a_2。然后用矢量相加的方法求出该建筑物的水平位移值和位移方向，如图 9-18 和图 9-19 所示。

$$a = \sqrt{{a_1}^2 + {a_2}^2} \tag{9-14}$$

$$\tan\theta = \frac{a_1}{a_2} \tag{9-15}$$

2. 测算法

该方法是使用全站仪极坐标法测算出建筑物上下两个固定点 P_1、P_2 的坐标，然后换算到建筑物轴线方向及垂直方向的坐标，最后用矢量相加的方法求出该建筑物的水平位移值和位移方向。

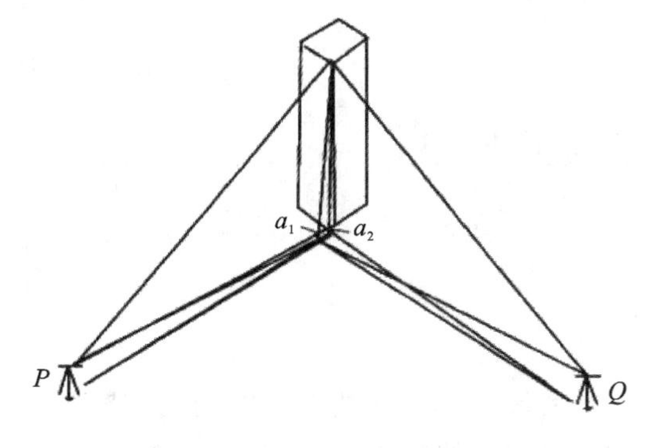

图 9-18　直接投影测量建筑物倾斜

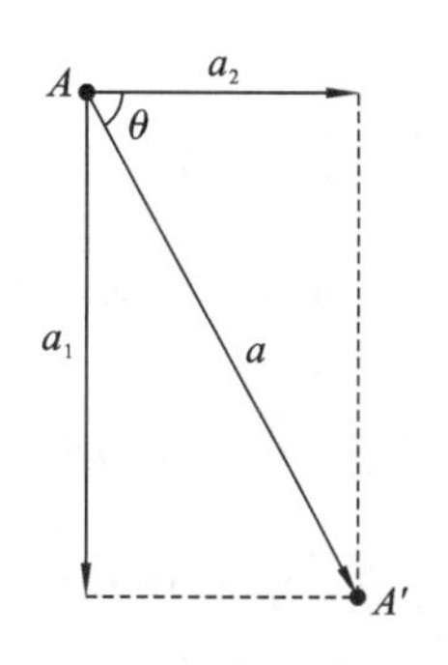

图 9-19　矢量相加求合位移

二、按相对沉降确定建筑物整体倾斜

1. 基础沉降差法

基础沉降差法即采用精密水准测量方法，通过测定不同周期基础上监测点的沉降差，换算求得建筑物整体倾斜度及倾斜方向。此法适用于建筑物本身结构刚性强，发生倾斜时自身结构仍然完整，且沉降观测资料可靠的建筑物，布设观测点时一般应将倾斜观测点的位置与沉降观测点的位置进行综合考虑。

如图 9-20 所示，设某建筑物高度为 H，如果测出了建筑物一侧轴线方向上 A、B 两点之间的不均匀沉降(即沉降差)ΔS：

$$\Delta S = \Delta S^B - \Delta S^A \tag{9-16}$$

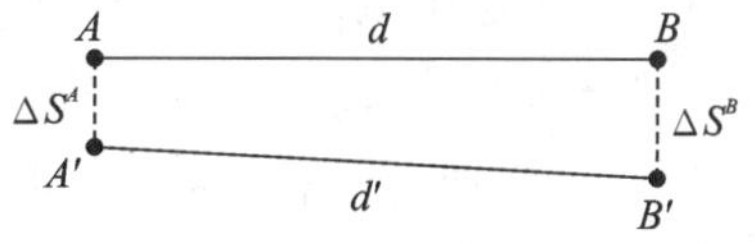

图 9-20　基础沉降差法

则在该轴线方向上顶部相对于底部的水平位移值 a 即可用下式计算：

$$a = \frac{\Delta S}{d} \times H \tag{9-17}$$

同理，在与 AB 边垂直的另一侧轴线上也可根据沉降差，计算在该轴线方向上建筑物顶部相对于底部的水平位移值，再由两轴线位移分量求矢量和(就是倾斜量)及倾斜方向。

2. 液体静力水准测量法

直接依据静止的液体表面(水平面)来测定两点(或多点)之间的高差，称为液体静力水准测量。

液体静力水准测量的基本原理系利用相连通的两容器中水位读数的差值，求得两点间的相对高差，比较各次观测得到的高差的变化，即可求得其沉降差量，再参照“基础沉降差法”的计算方法，可计算出基础及建筑物的水平位移量及倾斜方向角。

三、倾斜观测提交的成果

测量工作结束后，应提交倾斜观测点位布置图、倾斜观测成果图表、主体倾斜曲线图、倾斜观测成果报告等。

任务6　裂 缝 观 测

一、裂缝观测概述

当工程建筑物发生裂缝时，为了了解裂缝的发展情况及对建筑物安全的影响，分析其产生的原因，以便及时采取有效措施加以处理，应进行裂缝观测。

进行裂缝观测，应先对目标建筑物进行全面摸查，对需要观测的裂缝统一进行编号，进行观测点布设，再测定建筑物上的裂缝分布位置及裂缝的走向、长度、宽度、深度等项目。

二、裂缝观测点布设

观测点布设时，每条裂缝至少应布设两组观测标志，一组在裂缝最宽处（用于观测裂缝宽度、深度变化），另一组在裂缝末端（用于观测裂缝长度变化），每组观测标志由裂缝两侧各一个标志组成。

裂缝观测标志，应具有可供量测的明晰端面或中心。观测期较长时，可采用镶嵌或埋入墙面（或地面）的金属标志、金属杆标志或楔形板标志，观测期较短或要求不高时可采用油漆平行线标志或用建筑胶粘贴的金属片标志。要求较高，需要测定出裂缝纵、横向变化值时，可采用坐标方格网板标志。使用专用仪器设备观测的，其观测标志可按具体要求另行设计。

下面介绍两种常用的裂缝观测标志。

1. 金属杆标志

金属杆标志一般是一直径为 20 mm、长为 60 mm 的金属棒，埋入混凝土内 40 mm，外露部分为观测标志，其上面安装一保护盖保护观测标志。金属标志在裂缝两侧各埋设一个（两点连线尽量垂直于此处裂缝水平走向），两标志间的距离要不小于 15 cm，观测用游标卡尺测定两标点之间的距离，不同周期间该距离的变化值就是裂缝宽度变化值，如图 9-21 所示。

2. 金属片标志

如图 9-22 所示，用两片厚约 0.5 mm 的白铁片，先将方形铁片固定在裂缝一侧，其边缘尽量与此处裂缝水平走向平行，再将长形铁片一端固定在裂缝的另一侧（铁片的边缘要平行），另一端压在方形铁片上并与方形铁片重叠 70～80 mm，标志固定后，在两块铁片外露部分喷上红漆，并标明标志编号、设置日期。

当裂缝后续发展变大，两铁片会被逐渐拉开，方形铁片上就会露出白色铁片部分，其宽度就是裂缝变化的宽度，可用钢尺直接量读。

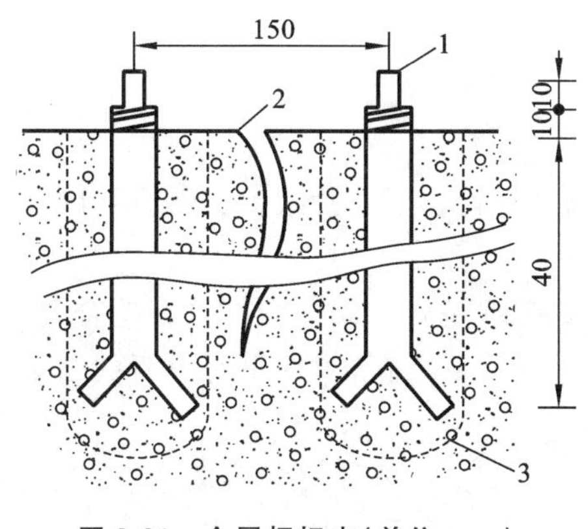

图 9-21　金属杆标志(单位:mm)

1—标点;2—裂缝;3—钻孔线

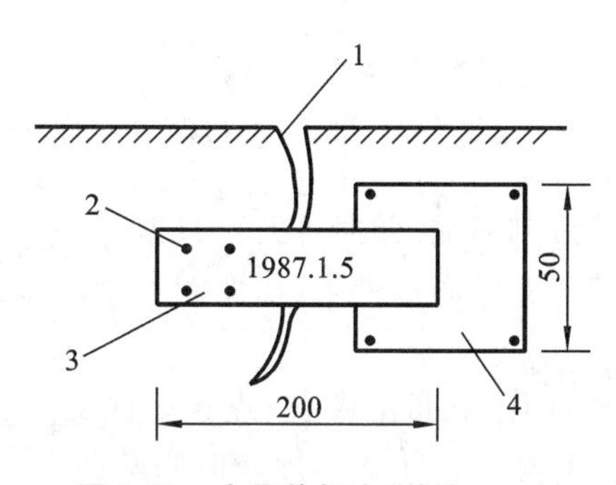

图 9-22　金属片标志(单位:mm)

1—裂缝;2—铆钉;3—长形铁片;4—方形铁片

三、裂缝观测方法

对于数量少、方便量测的裂缝,使用钢直尺直接测量裂缝长度、宽度。如有粘贴标识,可用钢尺测量标识宽度。亦可采用游标卡尺量测裂缝宽度。对于面积较大且不便于人工量测的众多裂缝宜采用近景摄影测量方法,当需连续监测裂缝变化时,还可采用测缝计或传感器自动测记方法观测。

裂缝观测后,应编制裂缝观测成果表,注明观测日期,绘制详图,画出裂缝的位置、形状、尺寸,还要附上必要的照片。

四、裂缝观测周期

裂缝观测的周期应视裂缝变化速度而定。通常开始可半月观测一次,以后一月观测一次。当发现裂缝加大时,应缩短观测周期,增加观测次数。

五、裂缝观测提交的成果

观测结束后,应提交的成果有:裂缝分布位置图;裂缝观测成果表;观测成果分析说明资料;当建筑物裂缝和基础沉降同时观测时,可选择典型剖面绘制两者的关系曲线。

任务7　变形监测的资料整理与成果分析

变形监测资料包括采集的各种原始观测数据。对原始观测数据进行汇集、核对、计算整理、图表编绘,使之规格化、图表化、系统化,装订成册的过程就是观测资料整理。其目的是向使用单位提供资料、便于应用分析及归档保存。观测资料整理,通常是在每周期对资料已有整理、计算、校核、编绘甚至分析的基础上,按规定及时对项目的所有观测资料进行整理。

一、资料整理

1.资料整理的主要内容

(1)收集资料:工程或观测对象的有关资料(地形图、岩土勘察报告、规划设计图纸、施工方案等)、观测资料及有关文件等。

(2)审核资料:检查收集的资料是否齐全、观测数据是否有误或精度是否符合要求,对间接资料进行转换计算,对各种需要修正的资料进行计算修正,审核平时分析的结论意见是否合理等。

(3)编绘图表:将审核过的观测数据分类填入成果表并进行相应后期计算,绘制各种变形与时间及载荷等的关系曲线图、等值线图等,并按一定顺序进行编排。

(4)编写监测技术报告:一般含工程概况、观测点布置情况、观测技术手段、观测周期安排、观测成果说明、观测过程特殊情况及技术难点处理等。

2.观测资料分析

观测资料分析是体现观测工作效果的重要环节,分为定性分析、定量分析、定期分析、不定期分析和综合性分析。观测资料分析工作必须以准确可靠的观测资料为基础,在计算分析之前,必须对实测资料进行校核检验,对观测系统和原始资料进行考证。这样才能得到正确的分析成果,使分析成果发挥应有的作用。观测资料分析成果能有效指导施工,确保工程建设顺利和后期建成后的运行使用,同时也是进行科学研究、验证和提高设计理论和施工技术、完善设计与施工规范的基本资料。

(1)作图分析。将观测资料绘制成各种曲线,比如变形与时间、载荷等的关系曲线,通过观测变形与相关物理量关系曲线,分析其相关性及变化规律,并将其与其他关系曲线对比,研究相互影响关系;也可以绘制不同变形(如沉降与水平位移)的关系曲线,研究其相互关系。这种方法简便、直观,特别适用于初步分析。

(2)统计分析。通过数理统计方法,计算、分析各种观测物理量的变化特征和变化规律,分析观测物理量的周期性、相关性和发展趋势(有利于延展做出变形预测),使分析成果更具实用性。

(3)对比分析。通过把各种观测物理量的实测值与设计计算值或模型试验值进行对比、验证,寻找异常原因,探讨改进设计方案与施工方法的途径。

(4)建模分析。采用系统识别方法处理观测资料,建立数学模型,分离各个影响因素,研究、掌握所观测物理量的变化规律,实现变形预测乃至安全控制。常用模型有统计模型(以逐步回归计算方法处理实测资料建立模型)、确定性模型(以有限元计算和最小二乘法处理实测资料建立模型)、混合模型。混合模型建模时一部分观测物理量(如温度)用统计模型,一部分观测物理量(如变形)用确定性模型,这种方法能够定量分析,是对长期观测资料进行系统分析的主要方法。

二、成果的表达形式

传统的表达形式主要有文字、表格和图形等形式,也可采用现代科技,如多媒体技术、仿真技术、虚拟现实技术进行表达。

无论采用何种表达形式，最重要的是成果的正确性和可靠性，其次才是表达的逻辑性和艺术性。对传统表达形式而言，在确保正确、可靠的前提下，成果资料还要有严谨的结构、流畅的文字描述、恰当的图表结合。

表格是一种最常用的简单表达形式，由其直接列出观测成果或由之导出变形。表格的设计编排应清楚明了，一般按观测周期或建筑阶段编排。变形值与同时获取的其他物理量(如荷重、水位、温度等)可一起表达。

图形是一种最直观的表达形式，形式可以丰富多彩。表达的形式取决于变形的种类和使用的需要，应结合实际情况设计最适合的表达形式。在图形表达中，变形体的比例尺与变形量的比例尺要选配得当(在变形体平面图中表达变形量时此二者可采用不同比例尺)，多种变形在一起表达时不同变形的比例尺宜统一。对于多周期观测，要考虑使用的符号、颜色和线型应有助于增强表达效果，方便阅图，绘出的图让非专业技术人员也能看懂。各种图形表达，现在一般都用计算机辅助制图完成。

三、成果提交

每个项目完成后应提交下列成果资料：

(1)变形监测技术设计书或监测方案。

(2)变形监测点位布置图。

(3)仪器的检校资料。

(4)原始观测记录(手簿或电子文件)。

(5)平差计算资料、成果质量检查报告。

(6)变形监测技术报告(包含各种成果图表、成果说明、变形分析等)。

四、成果解释

变形监测工作需要多专业的合作，因为对变形的解释需要多学科专业知识，因此在变形监测的整个过程中，测量技术人员与岩土工程技术人员、建筑设计人员以及其他有关专业人员的合作是非常重要的。对变形的解释与变形体的性质和监测目的有关，一般需解答：

(1)监测的是目标物及其环境的安全状态还是目标物的运行安全?

(2)需对变形体的变形模型在不同荷载情况下进行验证。

(3)需根据场区岩土力学性质建立物理力学模型。

(4)设计方案的科学性及施工方案的合理性。

(5)工程整治的效果。

(6)采取加固措施后建筑物的安全证明。

例如在安全证明方面，需要多专业的合作快速地得到结果，通常通过变形位置及变形量，来说明采取加固措施后的效果(选取一些监测点，将变形值与事先给出的一个界限值进行比较，用统计检验的方法检验变形是否显著)；如果出现不安全现象，如超出设计预估的趋势性变形，则需要做详细的变形分析，对所有资料进行分析处理，以便找出变形异常产生的原因并提出合理的整治方案。

思考与练习题

1.引起工程变形的客观原因有哪些？

2.变形监测主要内容有哪些？

3.垂直位移监测中监测点埋设时要遵守什么原则？

4.水平位移观测的方法有哪些？

5.沉降观测完成后应提交哪些成果？

项目10 城市建设工程规划核实测量

【学习目标】

1.知识目标

(1)熟悉建设工程规划核实的基本概念;

(2)掌握建设工程规划核实各环节的定义与内容;

(3)掌握放线核实测量的作业方法与精度;

(4)掌握基础竣工核实测量的作业方法与精度;

(5)掌握工程竣工核实测量的作业精度要求;

(6)掌握竣工总平面图测绘的作业范围、作业方法与精度要求;

(7)掌握建筑物平面位置验测的作业范围、作业方法与精度要求;

(8)掌握建筑物高度、高程验测的作业范围、作业方法与精度要求;

(9)掌握建筑面积、建筑密度、容积率、绿地率的概念;

(10)掌握建设工程竣工核实测绘成果报告的编制要求。

2.能力目标

(1)了解放线核实测量需满足的条件与成果内容;

(2)了解基础竣工核实测量需满足的条件与成果内容;

(3)了解工程竣工核实测量需满足的条件;

(4)了解建筑面积、建筑密度计算方式;

(5)了解容积率、绿地率计算方式;

(6)了解工程竣工核实测量的质量检查与成果内容。

3.素养目标

通过本项目学习,理解法治社会建设的必要性,培育法治意识。

任务1 城市建设工程规划核实测量概述

一、建设工程规划核实概念

建设工程规划核实,是指城乡规划主管部门为保证建设工程符合国家有关规范、标准并满足质量和使用要求,对建设工程的放线情况和建设情况是否符合建设工程规划许可证及其附件、附图所确定的内容进行验核和确认的行政行为。

《中华人民共和国城乡规划法》(简称《城乡规划法》)第四十五条规定，县级以上地方人民政府城乡规划主管部门按照国务院规定对建设工程是否符合规划条件予以核实。未经核实或者经核实不符合规划条件的，建设单位不得组织竣工验收。建设单位应当在竣工验收后六个月内向城乡规划主管部门报送有关竣工验收资料。

建设工程从开工建设至竣工是一个连续的产品生产过程，在这个过程中，对于建设单位在建设活动中是否严格遵守规划许可的要求，城乡规划主管部门需要进行必要的监督检查。鉴于此，人们对建设工程规划核实有了不同的理解：一种观点认为建设工程规划核实即建设工程的批后管理，是一个多阶段的动态过程，主要包括建设工程放线验线、建设工程基础竣工核实和建设工程竣工规划核实三个阶段；另一种观点认为建设工程规划核实仅指建设工程竣工规划核实，即在建设工程竣工后，城乡规划主管部门以建设工程规划许可证及其附件、附图为依据对建设工程是否符合规划许可进行检验并对符合规划许可要求的核发规划核实证明的行为，对经规划核实不符合规划许可要求的，依法进行处理。第一种观点将建设工程规划核实理解成一个多阶段的动态过程，从加强规划管理、及时发现和制止违法建设行为的角度来看，有其合理性。但从《城乡规划法》的规定来看，建设工程规划核实是建设单位组织建设工程竣工验收的前置条件。若不实施建设工程规划核实，建设单位将不能组织建设工程竣工验收，从而在行政上对建设单位的权利义务产生影响。因此，我们现在可以理解为，建设工程规划核实既是一个多阶段的动态过程，更是一个行政行为。

建设工程规划核实只有通过测量手段，获取放线后或竣工后建设工程的各项规划指标，才能检查城乡规划的建设工程许可是否已得到正确实施，评估建设工程项目社会效益和影响。规划核实测量是规划核实的基础性工作，也是相关部门科学行政、依法行政的重要依据。

二、建设工程规划核实的环节

建设工程规划核实分为放线核实、基础竣工核实、工程竣工核实三个环节。

1. 放线核实

放线核实也叫灰线验线，是指城乡规划主管部门将放线报告与依法审定的建设工程总平面图进行对照，验核该建设工程的放线情况与城乡规划主管部门审定的总平面图是否一致。

2. 基础竣工核实

基础竣工核实也叫±0.000验线，是指城乡规划主管部门将基础竣工测量报告与建设工程规划许可证及附件、附图确定的有关建筑基础规划部分内容进行对照，验核建设工程基础的建设情况是否与建设工程规划许可证及附件、附图相符。

3. 工程竣工核实

工程竣工核实是指城乡规划主管部门将工程竣工测量报告与建设工程规划许可证及

附件、附图所确定的内容进行对照,验核建设工程的建设情况是否与建设工程规划许可证及附件、附图相符。

三、建设工程规划核实的内容

建设工程包括建(构)筑工程、管线工程、道路工程、绿化工程等。不同工程具体的规划核实有不同的要求。下面介绍建(构)筑工程的规划核实的主要内容。

1. 平面布局

核查建设用地红线、建筑位置、建筑间距、室外地面标高以及建筑物退让用地界限、道路红线、绿线、河道蓝线、高压线走廊等距离等。

2. 空间布局

核查建筑物层数、建筑高度、建筑层高及功能是否符合规划许可内容。

3. 建筑立面

核查建筑物或构筑物的立面(含色彩)是否与所批准的建筑设计方案图、建筑施工图等相符。

4. 主要技术指标

核查建筑面积、容积率、绿地率、建筑密度等主要指标是否改变。

5. 建设项目配套工程

核查绿化工程、停车场(库)、配电房、垃圾站、市政公用设施、重要地段建筑物夜景工程建设、地下工程管线等是否按照规划许可内容进行建设。

6. 临时设施拆除情况

核查用地红线内建筑临时设施(含围墙、广告牌、工棚等)是否已拆除到位。

四、建设工程规划核实测量概述

建设工程规划核实只有通过测量手段,获取放线后或竣工后建设工程的各项规划指标,才能检查城乡规划的建设工程许可是否已得到正确实施,评估建设工程项目社会效益和影响。规划核实测量是规划核实的基础性工作,也是相关部门科学行政、依法行政的重要依据。规划核实测量应依据建设用地规划许可证、建设工程规划许可证及城乡规划管理部门的要求作业。规划核实测量根据规划核实环节的不同可以分为放线核实测量、基础竣工核实测量、工程竣工核实测量。

任务 2　放线核实测量的实施

放线核实测量是对拟建建(构)筑物工程开工前的确认,通过实测已放线定位坐标点,来判定拟建建(构)筑物是否符合规划核准的规划总平面图上相关尺寸要求。主要工作内容有:资料收集、控制测量、规划条件检核测量、内业资料整理、质量检查与验收、成果归档与提交。

一、放线核实测量需满足的条件

申请放线核实测量的建设工程项目应满足以下条件:

(1)场地条件:建设用地范围内应拆除的建(构)筑物已拆除完毕,完成施工场地清理、平整并实施放线,场地留有固定的放线标志。

(2)资料条件:规划核准的总平面图、城乡规划管理部门审批的放线附图、带审图章的建筑施工图以及城乡规划管理部门认可的其他资料。

二、放线核实测量的作业方法与精度

放线核实测量采用的坐标系统与高程基准应符合当地测绘行政主管部门的规定。控制测量在基本控制网的基础上布设三级导线或导线网,或采用 GPS 测量方法布设相应等级的控制点。

放线核实测量应对已放线的点位、有关规划条件点、间距进行实地测量检核。

建(构)筑物工程放线核实测量宜采用全站仪极坐标法作业。

由于放线点的精度要求各地有所不同,各地会根据地方特点出台相应的规定,因此在施测时,应以地方规定为准。这里给出一般的放线核实测量精度指标及限差要求:

(1)放线核实测量的点位(相对邻近图根点)中误差应不大于 5 cm。

(2)放线核实测量宜对放线点、控制尺寸边长进行两次测量,取两次中数作为验线测量成果。验线测量限差如表 10-1 所示。

表 10-1　放线核实测量限差表

两次测量坐标计算的点位较差	两次测量边长较差的相对误差
5 cm	1/4000

(3)放线核实测量的成果应与规划核准的总平面图进行比对,放线核实测量与规划核准条件的较差一般应不大于 5 cm。

三、放线核实测量的质量控制与成果

放线核实测量应进行外业抽查和 100% 内业检查,做好质量检查记录并对发现的问题及时采取相应的措施。

放线核实测量成果(含纸质和电子版)应包括放线核实测量报告、放线核实测量图。

放线核实测量成果与规划核准数据比较符合规定限差时,放线核实测量图成果坐标、间距及标高可采用规划核准图上坐标、间距及标高编绘;否则以放线核实测量成果在图上编绘,并标注与规划核准数据的差值。

任务 3　基础竣工核实测量的实施

基础竣工核实测量是拟建建(构)筑物施工至±0.000 位置(设计基准位置)时的规划监督测量工作。通过实测已放线定位坐标点、条件点±0.000 标高,来判定拟建建(构)筑物是否符合规划核准的总平面图的相关要求。

一、基础竣工核实测量需满足的条件

申请基础竣工核实测量的建设工程项目应满足以下条件:

场地条件:建筑工程施工至底层地面设计标高±0.000 位置。

资料条件:规划核准的总平面图、城乡规划管理部门审批的放线附图、带审图章的建筑施工图、放线核实测量资料以及城乡规划管理部门认可的其他资料。

二、基础竣工核实测量的作业方法与精度

基础竣工核实测量采用的坐标系统与高程基准应符合当地测绘行政主管部门的规定。控制测量在基本控制网的基础上布设三级导线或导线网,或采用 GPS 测量方法布设相应等级的控制点。

基础竣工核实测量检查拟建建(构)筑物的实际尺寸与规划核准对应的控制尺寸的差异;检查拟建建(构)筑物的±0.000 标高及各层地下室底板标高与规划核准标高的差异。

基础竣工核实测量的放线点检查宜采用全站仪极坐标法作业。±0.000 标高测量可采用水准测量、三角高程测量方法作业。

由于放线点的精度要求各地有所不同,各地会根据地方特点出台相应的规定,因此在施测时,应以地方规定为准。这里给出一般的基础竣工核实测量精度指标及限差要求:

基础竣工核实测量的点位(相对邻近图根点)中误差应不大于 5 cm。

基础竣工核实测量宜对放线点、±0.000 标高、控制尺寸边长进行两次测量,取两次中数作为基础竣工核实测量成果。基础竣工核实测量限差如表 10-2 所示。

表 10-2　基础竣工核实测量限差表

两次测量坐标计算的点位较差	两次测量边长较差的相对误差	两次测量±0.000 标高较差
5 cm	1/4000	3 cm

基础竣工核实测量的成果应与规划核准的总平面图进行比对,基础竣工核实测量与规划核准条件的平面较差一般应不大于 5 cm;±0.000 标高较差一般不大于 3 cm。

三、基础竣工核实测量的质量控制与成果

基础竣工核实测量应进行外业抽查和 100%内业检查,做好质量检查记录并对发现

的问题及时采取相应的措施。

基础竣工核实测量成果(含纸质和电子版)应包括基础竣工核实测量报告、基础竣工核实测量图。

基础竣工核实测量成果与规划核准数据比较符合规定限差时,基础竣工核实测量图成果坐标、间距及标高可采用规划核准图上坐标、间距及标高编绘;否则以基础竣工核实测量成果在图上编绘,并标注与规划核准数据的差值。

任务4 建设工程竣工核实测量的实施

建设工程竣工核实测量主要体现工程内部现有建筑物的平面与高程位置关系、设计要素的现状以及场地地形地物的情况。建设工程竣工核实测量为建设工程验收、评定工程质量提供依据,也是落实规划意图、合理利用土地及项目建设的真实记录,更是城市规划、土地管理执法监察的重要工作依据。

建设工程竣工核实测量内容包括建筑平面位置、尺寸、建筑层数、建筑高度、建筑面积、建筑基底面积、建筑间距、室内外地面标高、建筑外观、地下工程管线埋设情况、与规划许可不一致部位以及绿化、停车、出入口等主要规划控制指标等。

一、建设工程竣工核实测量需满足的条件

1.场地条件

(1)按建设工程规划许可证的要求完成全部建设内容,包括建(构)筑物以及公共服务设施和道路交通设施、绿地建设等。

(2)建设用地范围内规划要求拆除的各类建(构)筑物以及因建设需要搭建的临时设施已经全部拆除,施工场地清理完毕。

(3)对分期建设的建设工程要求建成区与下一期施工区已经采取有效的临时隔离措施;分期界限是道路或者绿地的,应当完成道路或绿地的建设。

2.资料条件

(1)用地规划许可证及附件、建设工程规划许可证及附件;

(2)规划变更审批许可证及附件;

(3)建筑施工设计图[平面图、立(剖)面图];

(4)城乡规划管理部门审批的放线图及城乡规划管理部门要求的其他资料。

二、建设工程竣工核实测量精度要求

工程竣工核实测量采用的坐标系统与高程基准应符合当地测绘行政主管部门的规定。控制测量在基本控制网的基础上布设三级导线或导线网,或采用GPS测量方法布设相应等级的控制点。

主要地物点相对于邻近控制点点位中误差不超过±5 cm,规划验收要素(间距、边长)精度要求为不超过±5 cm,竣工建筑物室内地坪、室外地坪、散水等高程测量点相对于邻近高程控制点的高程中误差不超过±5 cm,建筑物层高、高度测量中误差不超过 5 cm,建筑物总高测量中误差不超过±10 cm,次要地物点的测量精度介于主要地物点测量精度与 1∶500 比例尺测量精度之间。

三、控制测量

1. 平面控制测量

(1)平面控制测量的基本精度要求。末级平面控制点的点位中误差和相邻控制点的相对点位中误差均不超过±0.025 m。

(2)平面控制测量的等级不应低于城市 GNSS-RTK 的三级,若需以此控制点作为导线测量的起算数据时,应尽量采用城市 GNSS-RTK 的二级。

(3)平面控制采用网络 RTK 方法测量。控制点间距离不得小于 200 m,边长较差不得超过±2 cm。

(4)RTK 测量时,GNSS 卫星状况应处于良好或可用窗口状态,即高度角大于 15°的卫星个数至少为 5 个,PDOP 值不得大于 6。

(5)RTK 测量前,必须先到距离当天作业区域较近的已知点进行成果的比对测验,测时不得短于 15 s,且平面位置差值不得超过±5 cm。

(6)控制点测量时应采用三脚支架方式架设天线进行作业,仪器的圆气泡应严格居中,严禁手扶。RTK 观测为三测回,每测回有效观测时间不少于 10 s,测回间应重新进行初始化,间隔时间不少于 60 s。

(7)测回间平面坐标分量(X 值、Y 值)较差不应超过±2 cm,高程较差不应超过±3 cm。应取各测回结果的平均值作为最终观测结果。

(8)控制点应进行边长或角度检核,边长较差的相对误差应小于 1/6000(困难地区边长较差不应大于 2 cm),角度较差应小于 20″。

(9)受环境等影响 RTK 不能取得固定解或控制点不能测量所有地物时,可使用全站仪做导线,支导线点数不得超过 3 个,测角采用左右角观测方法,测边采用往返观测方法。

2. 高程控制测量

(1)高程控制测量的基本精度要求:末级高程控制点的点位中误差不超过±0.05 m。

(2)高程控制测量的等级不应低于城市图根水准等级或 GNSS-RTK 测量的二级。

(3)采用网络 RTK 方法测量高程时,在对已知点进行成果的比对测验时,高程差值不得超过+6 cm。

(4)网络 RTK 高程测量可与平面控制一同进行,相邻控制点的高差较差检测值不得超过±3 cm。

(5)受环境等影响 RTK 不能取得固定解或为方便测量,可使用全站仪三角高程方法做支导线传递,支导线点数不得超过 3 个,测量高差时采用往返观测方法。

(6)建筑高度施测前,宜对高程控制点采用水准测量或电磁波测距三角高程法进行闭合环校核测量,校核测量线路长度不应大于 4 km,测距边边长不应大于 500 m,对向观测高差、单向两次高差较差不应大于 0.4S(m)，S 为边长(km)。当校核数据和 RTK 所做控制数据不符时，必须认真检查结果，并采用闭合环测量平差数据。

四、工程竣工总平面图测绘

竣工总平面图直观反映了建设界限内及其周围地物地形的真实现状，它表述的内容是规划管理部门了解和判断各种审批指标数据的重要依据，竣工总平面图比例尺一般为 1∶500。

1. 竣工总平面图测绘范围及内容

竣工总平面图测绘范围宜包括建设工程规划许可证附图或委托单位提供的总平面图上标定的建设区外第一栋建筑物或市政道路或建设区外不小于 30 m。测绘的地物地貌包括建(构)筑物、市政道路、内部道路、地面上的管线检修井、公共设施、绿地范围、水景范围、独立地物、高程注记点等，建设区外的建(构)筑物、道路边线必须完整。

竣工总平面图基本不作取舍。图面除按国家规范要求绘制外，还需按照城市规划管理部门要求标注城市规划“六线”及工程项目用地边线。

2. 竣工总平面图测绘精度及作业方法

竣工总平面图平面精度：主要地物点、建筑物主要角点相对于邻近控制点中误差不超过 5 cm，次要点中误差不超过±15 cm。

竣工总平面图高程精度：铺装路面的高程相对于邻近图根点的高程中误差不超过±7 cm，其余不超过±15 cm。

竣工总平面图测绘采用全野外数字化测图法，主要使用 GNSS-RTK、全站仪、测距仪等仪器。

测图数据采集前，应对控制数据进行检校，应加强对起算数据的检查(核对测站、定向点坐标、高程)，并检核两点实测距离与理论距离，误差符合规范要求方可继续作业，有条件的必须进行第三点距离和方向检查，禁止精度检查超限仍继续作业；对全站仪与测图软件或数据采集软件及其全部通信连接进行试运行检查，确保无误后方可使用。

全站仪对中偏差不得大于 5 mm。如果测站点有两个通视的已知点，则设站时应以较远的一个已知点作起始方向，另一已知点作为检核，算得的检核点平面位置误差不得超过±7 cm；如果测站点仅与一个已知点通视，则设站时应检测测站点与已知点间的边长和高差，边长相对中误差小于或等于 1/4000，高差的较差不得超过±10 cm。碎部点测距长度不得大于 300 m。碎部点采集密度以能正确反映地形地貌为原则而定。观测碎部点时应每测 30～50 点，检查一次后视方位；每站数据采集结束时应重新检测标定方向。

主要地物点、建筑物角点的采集应尽量通过一站测量完成。通视困难或环境不允许的情况下，可以交会法、量距法、自由设站法等补充，应有多余观测，以加强校核。

高程注记应均匀分布、合理选注(在不影响图面美观情况下尽量多选注)，要求注至 0.01 m。作业中应注意仪器高和觇标高量取，以确保高程点的精度。

数据采集采用“测记法”模式，即全站仪负责测量和记录数据，司镜员负责司镜和绘制草图，详细标注测点点号和地物属性。碎部点采集密度以能正确反映地物地貌为原则。外业完毕后，由内业编图员对照外业草图编绘所测地形图。草图作为内业成图的主要依据，保存到检查员检查和质量评定结束后。

绘制草图时，采集的地物地貌，遵照《国家基本比例尺地图图式 第1部分：1∶500 1∶1000 1∶2000地形图图式》(GB/T 20257.1)的规定绘制，对于复杂的图式符号可以简化或自行定义。但数据采集时所使用的地形码，必须与草图绘制的符号一一对应。

内业图形编辑采用专业测图软件，如南方CASS，绘图前应对CASS进行参数设置及绘图比例尺的确定。针对不同的地物地貌，软件中对应有严格的地物编码、图层、线型、颜色和参数等，绘图时仅需默认即可，不允许随意修改。竣工总平面图须突出表示建设工程规划许可证中的主体建筑物、道路红线、地界。

竣工总平面图图幅无须按标准图幅大小分割，可根据实地面积大小以便于阅读与装订为原则，但最小不得小于标准图幅的1/2，最大不得大于标准图幅的2倍。

五、建筑物平面位置验测

建筑物平面位置验测，是指对要实测的建筑物的绝对平面位置和相对平面位置的现场测量和相应的文字数据描述，包括各主要角点的坐标测量、间距测量、到控制线的垂距计算及对建筑物属性和位置关系的进一步文字和数据描述。

1.建筑物平面位置验测范围及内容

建筑物平面位置验测范围为：建设工程规划许可证附图标定的建设区域内已审批及未审批已建的所有建筑物。

建筑物平面位置验测的结果可在竣工测绘总平面图上标示，亦可单独绘制建筑物平面位置校核图进行标示。验测内容按规划部门批准的规划要素进行验测。一般测绘竣工建筑物、外围邻近建筑物，交通组织要素(机动车地面泊车范围线、地下泊车范围线及出入口、完整的内部道路边线、地下建筑物边界线等)标示清楚；展绘各种规划控制线(建筑红线、用地红线、绿地规划绿线、电力规划黑线、河道规划蓝线、文物规划紫线、道路规划红线等)；各种文字注记和尺寸、间距注记按建筑红线图上标示处测量并注记。

建筑物平面位置校核图的比例尺根据建筑物平面的尺寸可采用1∶200～1∶500整百比例尺绘制，当建筑物图形过大或过小时，比例尺可以根据情况适当缩小或放大。

地下建筑物平面位置校核图测绘时，只实测地下建筑物内侧边线，边线以彩色表示，并标注各边尺寸，标注每层地坪高程及层高(或净高)；展绘各种控制线界线并标注尺寸；尺寸标注应清晰、整齐、直观，且应有信息表标注其坐标和面积。

2.建筑物平面位置测绘精度及作业方法

建筑物主点测量的精度不能低于地籍测量中对重要界址点的精度要求，即对全站仪野外采集数据所测建筑物的主要点，其相对于邻近控制点的点位中误差不得超过±5 cm。

建筑物外形包括建筑保温层及装饰层，装饰层尺寸应单独测量。

对建筑物的主要特征点及与尺寸标注有关的其他地物点应采用极坐标法测量，主要角点须采用微棱镜测量，特征点可放置微棱镜或采用免棱镜测量，每栋建筑物测量点数不应少于4个，建筑物的长、宽尺寸应有检核数据，差值不宜大于5 cm。邻近建筑物的主要点和边不允许直接采用数字地形图的数据或前期已测但未经检校的成果。

当建筑物较为复杂或所测点数较多时，应加强校核测量。不同测站所测同一点，其坐标分量差值不宜超过±5 cm;使用手持激光测距仪检核两实测坐标点的距离时,其差值不应超过±6 cm;使用钢尺检测两实测坐标点的距离时,其差值不应超过±7+d/2000(cm)。

采用手持激光测距仪或钢尺丈量同一长度时,应独立测量两次,较差不应超过±5 mm,结果应取用中数:丈量总长与分段丈量长度之和的较差不得超过±10 cm。

建筑物平面位置测量需比照城乡规划管理部门批准的规划红线图或规划总平面图对建筑物内外部尺寸的控制要求测定和标注,建筑物(含地下室)在图上的表示以各层外墙(含悬挑部分)在地面的投影位置为准,其中与地面相关的边界线用实线表示,其他用虚线表示。

平面位置成果图上应叠加规划竣工测量建筑所在地块的土地证边界、相邻规划道路红线、绿线等审批红线图或总平面图上显示的各类控制线,并用相应的线型和颜色表示。有历史关系的控制线应分别用相应的线型表示,并以文字加以注解。

机动车泊位测算图测绘含地面、地下两种泊位图。实测地面、地下车库边界范围线,并表示每个泊位、泊位数量或面积、地下楼层号等。

绿地图测绘时,绿地包括公共绿地、宅旁绿地、公共服务设施所属绿地(道路红线内的绿地),不包括屋顶、晒台的人工绿地。公共绿地内占地面积不大于百分之一的雕塑、水池、亭榭等绿化小品建筑可视为绿地。绿地图应详细标示绿地、水系、绿地内小品、硬地、人行便道等;以实测地形图为底图(灰色),绿地内容用彩色表示,计算并标注绿地面积。绿地面积主要用于绿地率计算。

六、建筑物高程、高度验测

建筑物高程、高度验测是指对要实测的建筑物的绝对高程位置和相对高度位置的现场测量和相应的文字数据描述,包括建筑物室内地坪(±0.000)高程、室外地坪(散水)高程、建筑物房顶主点的高程测量,高度计算及对建筑物属性和竖向位置的进一步文字和数据描述。

1.建筑物高程、高度测绘范围及内容

建筑物高程、高度测绘范围为:建设工程规划许可证附图标定的建设区域内已审批及未审批已建的所有建筑物。

建筑高度是指建筑物室外地面至建筑物主要屋面、檐口或女儿墙的高度,一般不包括突出屋面的电梯间、水箱、构架等的高度。

各建筑主要室外出入口地坪高程、室内1层地坪高程、高度均要实测,标注于竣工测绘总平面图上。因地形、地貌影响,个别建筑室内地坪高程不一致,在竣工测绘总平面图上应合理标注,详尽表示。

2.建筑物高程、高度测绘精度及作业方法

建筑物高程测量的精度不能低于地形测量中对图根控制点的精度要求,即对全站仪野外采集数据所测建筑物的主要点的高程,其相对于邻近控制点的高程中误差不得超过±5 cm。

建筑高度测量宜采用全站仪三角高程法,测量时,竖角采用中丝两测回法。高度也可用钢尺或手持激光测距仪直接测量。建筑高度测量应在两个不同的测站位置实施,差值

不应大于 10 cm。较差不超限取中数作为结果。

规划竣工建筑高度测量前，应比对审批部门批准的建筑图，弄清许可证附件高度数据的高度位置，在现场测定相应的高度及对应的地面、屋面高程。建筑高度计算应符合下列规定：

平屋面建筑：挑檐屋面自室外散水地面算至檐口顶，加上檐口挑出宽度，如图 10-1(a)所示；有女儿墙的屋面，自室外散水地面算至女儿墙顶，如图 10-1(b)所示。屋面四周围护的玻璃体、栏杆、栏板视为女儿墙进行计算。

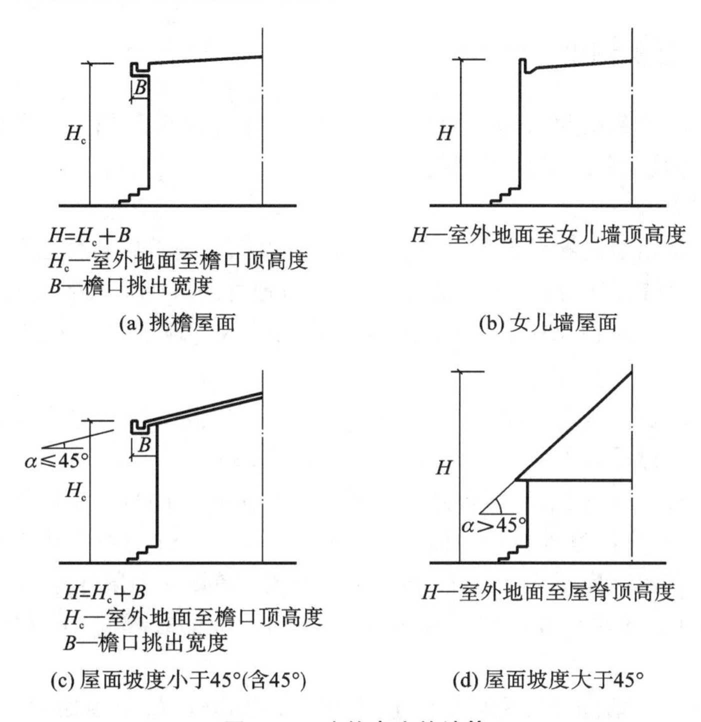

图 10-1 建筑高度的计算

坡屋面建筑：屋面坡度小于 45°(含 45°)的，自室外散水地面算至檐口顶，加上檐口挑出宽度，如图 10-1(c)所示；坡度大于 45°的，自室外散水地面算至屋脊顶，如图 10-1(d)所示。

下列突出物不计入建筑高度内：

(1)局部突出屋面的楼梯间、电梯机房、水箱间等辅助用房占屋顶平面面积不超过 1/4者；

(2)突出屋面的通风道、烟囱、装饰构件、花架、通信设施等；

(3)空调冷却塔等设备。

在以下情形下，水箱、楼梯间、电梯间、机械房等突出屋面的附属建筑的高度应计入建筑高度：

(1)附属建筑的单边边长大于对应主体建筑边长的 1/2；

(2)两个以上附属建筑同一单边累加边长大于对应主体建筑边长的 1/2，且水平投影面积之和超过屋面水平投影面积的 1/4。

下列情况或相关行政主管部门有特殊要求时，建筑高度按建筑物主入口场地室外地面至建筑物最高点的垂直高度计算：

(1)坡屋顶、特殊造型屋顶；

(2)位于机场、电台、电信、微波通信、气象台、卫星地面站、军事要塞工程等周围，且处在各种技术作业控制区范围内；

(3)位于国家或地方公布的各级历史文化名城名镇名村、历史文化保护区、文物保护单位和风景名胜区、自然保护区等保护规划区内。

七、建筑物面积测绘

建筑物面积测绘包括建筑基底面积、建筑面积、计容建筑面积三个方面，应测绘建筑物基底平面图、建筑物分层平面图。

1. 建筑物层数

建筑物层数是指建筑物结构层高在 2.20 m 及以上的建筑物自然层数，按室内地坪±0.000 以上计算，所在层次自下而上用自然数表示；地坪±0.000 以下为地下层数，自上而下用负整数表示。建筑物总层数为建筑物地上自然层数与地下层数之和。其他情况要求如下：

(1)旋转上升式的楼房，按地坪±0.000 以上计算，以其旋转一周且层高 2.20 m 及以上的水平投影为自然层，所在层次按对应的自然层次编号。

(2)错层房屋的层数按自然层来划分。所在层次按对应的自然层次编号。

(3)室内顶板面高出室外设计地面的高度不大于 1.50 m 的地下或半地下室，以及设置在建筑底部且室内高度不大于 2.20 m 的自行车库、储藏室和敞开空间等不计层数。

(4)夹层、插层、阁楼和装饰性塔楼等，以及突出屋面的楼梯间、电梯机房和水箱间等不计层数。

(5)斜面结构屋的坡形屋净高 2.10 m 及以上的部分占整个顶层中层面建筑面积的 2/3 以上时，该层计入房屋自然层数。

(6)经相关行政主管部门审核批准建在自然层(标准层)之间或自然层内，且可利用空间的垂直高度在 2.20 m 以上的设备层、转换层等计入房屋自然层数。

(7)一层为车棚或者车库的以相关行政主管部门批准的图纸标注为准。

2. 建筑层高测量

(1)层高取相邻楼层楼(地)板结构面之间或结构找平层之间的垂直距离，屋顶层层高应按楼面与屋面结构面的垂直距离计算。层高等于室内净高加上楼板厚度，楼板厚度包括不大于 0.02 m 的结构找平层。

(2)当建筑物设计层高小于 2.10 m 或大于 2.30 m 时，可只测量一个层高值；当设计层高在大于 2.10 m 和小于 2.30 m 之间的范围内时，应在不同位置测量 3 个以上层高值取平均值作为实测层高值。层高测量取位至 0.01 m。

(3)有建设工程施工图的竣工房屋，实测层高平均值与设计值之差在±0.02 m 范围内时，可认为竣工层高与设计层高相符，层高取设计值；无建设工程施工图的竣工房屋，应全部实测，其层高取同一层高度相同部分不同位置实测的层高数据的平均值。

(4)同一楼层分为多个不同层高的建筑空间时,各空间应分别测量与记录,并加以备注说明。与斜屋顶采用相同的计算规则,即只要外壳倾斜,就按结构净高划段,分别计算建筑面积。

(5)非平顶建筑空间高度可采集室内净高,按其室内净高计算建筑面积。

3.建筑高度测量

(1)建筑高度测量可采用三角高程测量、GNSS测量等方法实施。

(2)在建设工程规划条件核实测量时,应对建筑物主入口场地室外设计地面、一层室内地面及室外地坪标高、建筑物女儿墙顶部标高、建筑物裙楼顶部标高、建筑物塔楼顶部标高进行实地测量。对地下空间建筑,应对其室外地坪标高及地下每一层的室内地坪标高进行实地测量。

(3)控制区内建筑,平屋顶建筑高度应按建筑物主入口场地室外设计地面至建筑女儿墙顶点的高度计算,无女儿墙的建筑物应计算至其屋面檐口;坡屋顶建筑高度应按建筑物室外地面至屋檐和屋脊的平均高度计算;当同一栋建筑物有多种屋面形式时,建筑高度应按上述方法分别测绘计算后取其中最大值。

4.建筑边长测量

(1)测量过程应遵循先整体、后局部,先外后内的原则。

(2)建筑物外部测量,以外墙勒脚以上外围轮廓的水平投影为准;建筑物内部测量,以建筑物基本单元数据为准。建筑物外廓的全长与室内分段丈量之和(含墙身厚度)的较差在限差内时,应以建筑物外廓数据为准,分段丈量的数据按比例配赋。超差应进行复量。

(3)建筑物存在不规则形状时,宜采用解析方法实测该形状若干特征点或拐点的坐标。

5.外业测量的注意事项

(1)在建筑物边长测量过程中要注意到由于施工误差带来的测量误差,比如阴阳角不方正时我们按照矩形进行测量和计算。在非直角或曲线测量和图形绘制时应小心谨慎,做到准确无误。

(2)在测量过程中发现测量边长与设计边长有较大出入时,应反复核查,确认无误后仔细分析产生的原因,判断是否为改变建筑轴线、施工误差或装饰以及修改设计等原因导致的。

(3)每栋建筑物都应逐一进行边长测量,形成封闭。每条边长都应进行两次丈量,手持测距仪两次测距差值不得大于±0.005 m,取平均值作为外业测量值。无围护结构的应以其结构底板水平位置为准,有围护结构的以围护结构外框尺寸为准。面积测量主要是外围,所以要求作业小组绕建筑物的外围核对一圈,避免因在内部测量而遗漏建筑物。若在建筑物内部量测时,则在实测数据后注记"+墙厚"。

(4)建筑物对应边应相等,因丈量误差引起的对应边差值满足边长限差要求时,以对应边中数为准。

(5)当建筑楼层结构相同时(主要指标准层),除测量底层边长尺寸外,还应检校其余1～2层的内框边长尺寸。

(6)无论是屋顶建筑、地下室、中间层的尺寸量取都要注意层高2.2 m与2.2 m以下的区别。量取坡屋顶建筑尺寸时应注意区分净高 2.10 m 高度和 1.20 m 至 2.10 m 高度的范围。

(7)每层功能区尺寸量取，内墙以内墙中线为准，外墙取外边缘。

6.建筑物基底平面图测绘

建筑物基底平面图主要用于计算建筑密度。建筑密度是指建筑物的覆盖率，具体指项目用地范围内所有建筑的基底总面积与规划建设用地面积之比(%)，计算公式如下：

$$\text{建筑密度}=\frac{\text{建筑物的基底面积总和}}{\text{规划建设用地面积}}\times 100\% \tag{10-1}$$

它可以反映出一定用地范围内的空地率和建筑密集程度。

基底面积是指首层外墙或结构外围水平投影面积。基底面积按下列规定计算：

(1)建筑物高度(从室外地坪起算)在 1.50 m 及以上的，应计算基底面积。基底面积应按其外墙勒脚以上外围水平投影面积计算；无勒脚的应按其室外地面 0.90 m 以上外围水平投影面积计算。

(2)建筑物底层有柱走廊、门廊和门斗应按其柱或围护结构勒脚以上外围水平投影面积计算。

(3)建筑物局部悬挑部分，其结构板底(或梁底)至室外地面的净高在 3.00 m 及以下的，应按其外围水平投影面积计算。

(4)建筑底层阳台按其围护设施水平投影面积计算，建筑物有柱或突出外墙的墙体落地的阳台、设备平台、飘窗，应按其柱或墙体的勒脚以上外围水平投影面积计算。

(5)与房屋室内相通的伸缩缝计入基底面积。

(6)建筑物外墙或主体结构以外的室外楼梯计入基底面积。高差小于 1.20 m 且无顶盖的室外楼梯，可视为室外台阶，不计入基底面积。

(7)底层架空或部分架空的建筑，架空部分的基底面积参考架空层的上一层主体计算，不包括上一层悬挑的阳台、平台、空调板等。

(8)地下室、半地下室出地面的各类井道及出入口(楼梯间、汽车坡道和自行车坡道)，应计算基底面积。

下列建筑不计算基底面积：

(1)高度在 1.50 m 及以下的建筑物，以及建筑的附属构件、外墙附着物；

(2)建设用地内净高在 4.50 m 以上的过街楼、架空连廊和人行天桥；

(3)市政道路内的骑楼，跨越市政道路的过街楼、架空连廊；

(4)集中绿地内的小品、雕塑和假山等；

(5)建筑物外墙外的勒脚、附墙柱、垛、台阶、保温层、墙面抹灰、装饰面、镶贴块料面层等；

(6)独立的烟囱、烟道、油(水)罐、气柜、水塔、贮油(水)池、贮仓等构筑物；

(7)室外爬梯、室外专用消防钢楼梯和钢筋砼悬臂一字形平板式踏步楼梯；

(8)城乡规划主管部门规定的其他情况。

7.建筑物分层平面图测绘

建筑物分层平面图主要用于计算建筑面积和容积率。建筑面积亦称建筑展开面积，是指住宅建筑外墙勒脚以上外围水平面测定的各层平面面积之和。建筑面积测量应包括建设工程总建筑面积、分栋建筑面积和每栋分层建筑面积。

1)建筑物分层平面图测绘方法

建筑物分层平面图测绘时,分层平面图上应表示本层中所有构筑物(包括主体、阳台、雨篷、挑檐、飘窗、设备阳台等),并按常规标注主体每条边的边长,且注明性质。当测量边长扣除抹灰和装饰厚度后与设计边长的较差的绝对值在 $0.028+0.0014D$ 之内(D 为边长,单位为米)或满足城乡规划主管部门规定的条件时,可按设计边长标注,否则按实测边长标注。

2)建筑面积测算

规划核实测量建筑面积测算执行国家标准 GB/T 50353—2013《建筑工程建筑面积计算规范》。

(1)计算建筑面积的房屋的条件。

计算建筑面积的房屋一般应具备以下条件:

①有上盖;

②有围护;

③结构牢固,属于永久性的建筑物;

④结构净高在 1.20 m 以上;

⑤可作为人们生产或生活的场所。

(2)依据层高计算全面积、半面积的认定标准。

层高在 2.20 m 以上的计算全面积;层高在 2.20 m 以下的,结构净高在 1.2 m 至 2.1 m 的计算半面积。

(3)建筑空间计算面积的办法。

①阳台:主体结构内的阳台计全面积;主体结构外的阳台(飘阳台)计半面积。

②门廊:有围护结构或结构内的门廊计全面积;主体结构外的门廊按顶板投影面积计半面积。

③建筑物的室内楼梯、电梯井、提物井、管道井、通风排气竖井、烟道:按建筑物的自然层计算建筑面积。

④室外楼梯:按自然层计半面积。

⑤走廊:封闭或室内的走廊计全面积;室外走廊(挑廊)计半面积。檐廊:有围护设施或柱的檐廊计半面积。

⑥架空通廊:有顶盖、有围护结构的计全面积;有顶盖、无围护结构、有围护设施的计半面积。

⑦雨篷:有柱雨篷,进深不小于 2.1 m 的无柱雨篷计半面积。

⑧地下室出入口:有顶盖、有围护结构的计半面积。

⑨车棚、货棚、站台、加油站、收费站等:有顶盖、无围护结构的按顶板投影面积计半面积。

⑩凸窗:窗台与室内地面高差在 0.45 m 以下且结构净高在 2.10 m 以上的凸(飘)窗计半面积;净高在 2.10 m 以下的、窗台与室内地面高差在 0.45 m 以上的不计面积。

(4)不计算建筑面积的范围。

①与建筑物内不相连通的建筑部件；

②骑楼、过街楼底层的开放公共空间和建筑物通道；

③舞台及后台悬挂幕布和布景的天桥、挑台等；

④露台、露天游泳池、花架、屋顶的水箱及装饰性结构构件；

⑤建筑物内的操作平台、上料平台、安装箱和罐体的平台；

⑥勒脚、附墙柱、垛、台阶、墙面抹灰、装饰面、镶贴块料面层、装饰性幕墙，主体结构外的空调室外机搁板(箱)、构件、配件，挑出宽度在 2.10 m 以下的无柱雨篷和顶盖高度达到或超过两个楼层的无柱雨篷；

⑦窗台与室内地面高差在 0.45 m 以下且结构净高在 2.10 m 以下的凸(飘)窗，窗台与室内地面高差在 0.45 m 及以上的凸(飘)窗；

⑧室外爬梯、室外专用消防钢楼梯；

⑨无围护结构的观光电梯；

⑩无顶盖的室外楼梯最顶一层；

⑪建筑物以外的地下人防通道，独立的烟囱、烟道、地沟、油(水)罐、气柜、水塔、贮油(水)池、贮仓、栈桥等构筑物。

八、容积率、绿地率的计算

1. 容积率的计算

容积率是指一定用地范围内，计入容积率的总建筑面积与建设用地面积的比值。容积率的计算公式如下：

$$\text{容积率} = \frac{\text{计容建筑面积总和}}{\text{规划建设用地面积}} \tag{10-2}$$

建设用地面积以各地城乡规划主管部门审批的建设用地红线图的面积为准(不包括城市道路用地、河道用地、绿地)。

计入容积率的建筑面积(简称计容面积)计算规则以各市城乡规划主管部门的计容建筑面积计算规则为准。一般计算方法如下。

(1)根据建筑层高折算计容面积，如一些城市规定，住宅建筑层高超过 4.5 m 的，按投影面积的 2 倍计算建筑面积。

(2)建筑面积计算规则中明确不计算建筑面积的内容均不计算容积率。此外，不计入容积率的内容还有：

①地下层、半地下层的车库及设备用房；

②地面以上的公共架空层的公共活动空间；

③结构转换层、避难层的结构转换空间、避难空间；

④屋顶的楼梯间、电梯间、水箱间；

⑤地下车库出入口车道的首层部分；

⑥建筑首层采取骑楼设计并作为公共通道的；

⑦骑楼 2 层及以上仍为公共步行系统的部分；

⑧上部有建筑的首层消防通道。

(3)凡上述不需计算建筑容积率内容的条款中未提及的部分均应计算容积率，其计算容积率的面积与建筑面积一致。

2.绿地率的计算

绿地率计算以1∶500数字地形图作为底图，将宅间绿地、植草砖地及屋顶绿地等突出显示，并计算绿地面积总和，绿地面积总和与建设用地面积比值即为绿地率。绿地率计算公式如下：

$$绿地率 = \frac{绿地面积总和}{规划建设用地面积} \times 100\% \tag{10-3}$$

对于绿地面积计算，各个城市有不同的标准。绿地面积计算可按以下执行：

(1)以行车内部道路或消防通道与建筑物、地界或规划道路红线围合而成的花圃草地，作为绿化景观组成部分的小品、亭台、小型健身设施、硬化广场等硬质景观，可一并计入面积，但不宜超过绿地面积总和的30%。

(2)居住区、居住小区、居住组团内配套室外体育活动场地中满足不少于1/3用地在标准的建筑日照阴影范围线之外，可按其面积的50%计入绿地面积。

(3)建设工程对其地下、半地下设施实行覆土绿化，覆土厚度应达到1.0 m，同时符合公共绿地相关日照、规模要求时，方可按全面积计入绿地面积。

(4)采用植草砖等生态措施的场地按其水平投影面积的1/2计入绿地面积，但计入绿地面积的植草砖面积不得大于绿地总面积的15%。

(5)绿化覆土厚度达到0.6 m，方便居民出入的建筑屋顶绿化，经城乡规划主管部门同意可将建筑屋面地栽绿地面积(每块不得小于100 m^2)按照不同建筑高度折算系数折算成绿地面积。如某城市规定建筑屋顶绿化计入绿地面积的方法：屋面标高与基地面的高差小于等于5.0 m，有效折算系数为0.8；屋面标高与基地面的高差大于5.0 m、小于等于12.0 m，有效折算系数为0.6；屋面标高与基地面的高差大于12.0 m、小于等于24.0 m，有效折算系数为0.4；屋面标高与基地面的高差大于24.0 m，有效折算系数为0。

(6)人工景观水体面积可计入居住区配套绿地，但计入绿地面积的人工景观水体面积不得大于绿地总面积的30%；居住区内的游泳池、消防水池以及城市规划控制的自然河沟等水体不计入配套绿地面积。

(7)宅旁(宅间)绿地面积计算起止界为：绿地边界对宅间路、组团路和小区路计算至路边，当小区路设有人行便道时计算至便道边；沿居住区路、城市道路则计算至红线；对房屋计算至墙脚(散水)，对其他围墙院墙计算至墙脚。

(8)悬空建筑物(如阳台、雨篷、挑空楼)距地面垂直高度大于5 m时，下方空间的绿地可计入绿地面积，架空层下绿地不计入绿地面积。

(9)落地绿地均按以上规则计算绿地面积。落地面积是指覆盖各类生长机质，上部无建筑物、构筑物遮挡，适于栽植各类植物的用地。

九、竣工核实现场照片拍摄

对建成的现状建筑物及相关设施进行拍照，为竣工规划核实测量留下现场真实的证据，拍摄内容主要有：建筑立面及城市景观，指立面材质、色彩、夜间泛光照明、广告、沿街阳台封闭、室外工程（包括广场、道路及休闲设施、无障碍设施）等；配套的公共设施，如活动室、卫生站、物业室、幼托、公厕、门卫、收发室、垃圾转运站等；市政公共设施，如配电、电信、电视、煤气调压、安防、围墙。照片拍摄后进行编号，并附拍摄位置示意图。

需要注意的是：

（1）所附建筑高度照片应明确标示出测高位置及室外地坪，对于建筑面积特殊区域应单独附照片并配以文字说明。

（2）绿地照片应选项目（小区）有代表性绿地，每个类型绿地一般不少于 1 张。

（3）车位照片应选项目（小区）有代表性车位，每个类型车位一般不少于 1 张。

十、建设工程竣工核实测量质量检查

建设工程竣工核实测量质量检查包括以下内容：

（1）检查做图根控制测量时是否按规范及项目技术设计书要求施测，核对图根控制测量前的检查点数据，分析比对实测数据是否超限。

（2）核对外业记录手簿是否记录规范，是否有涂改及违规操作，是否按照设计书要求操作，检查测回归零差、$2c$ 较差、i 角误差等是否超限，计算录入计算机是否有误，查看全站仪实测数据，检查测站及后视设置是否正确，是否按设计书要求返测两图根控制点间边长及高差，分析其数据是否超限。

（3）检查建筑高度测量是否在建筑不同位置实测，实测两次数据较差是否超限。

（4）建筑长宽标注、四至距离标注是否与建设工程规划许可证附图标注位置一致，是否存在错标漏标，建筑高度高程测量位置是否与建筑单体设计图一致，标注位置是否与测量位置一致。

（5）应对 1∶500 现状竣工地形图进行 100％的图面检查，检查所测地形图内容是否完整，重点检查测区内的建筑物、内部道路、绿地范围线、地上停车位范围线，影响计算绿地率的其他建筑设施、电力设施、消防设施等。检查图廓内外整饰是否合乎规定，图名、图号、比例尺、测绘日期等是否正确。

（6）检查规划审批用地范围内新建绿地面积统计过程中是否出现绿地轮廓画错，绿地分块是否存在遗漏，绿地面积统计是否符合设计规范要求，有效绿地折算系数是否正确等。

（7）检查机动车停车位大小尺寸与实测是否一致，个数统计是否正确，成果报告是否按设计要求出具。

十一、建设工程竣工核实测绘成果报告编制

（1）建筑物图形绘制及高程、高度计算至少 1 人绘制计算，1 人检查数据，确保无数据计算及绘图错误后，出具现状竣工测绘成果报告。

（2）建筑物平面外形设计为正交的，宜按正交绘制，并标注其结构及层数。

（3）建设工程竣工核实测绘成果报告编制要求：

①竣工核实测绘成果报告作为规划管理的技术依据，应客观、准确地反映建设工程的

现状，报告内容应全面、清楚，方便规划审批部门判断。

②竣工核实测绘成果报告采用 A3 纸张，为方便判图，比例尺不应小于 1∶2000，成果报告可分页重叠部分图形出图。

③竣工核实测绘成果报告应比对建设工程规划许可证附图中的单体建筑物（含地下室）尺寸及控制间距尺寸标注位置，在同一位置详细标注现状尺寸，建筑物的高程、高度应标注在实际测量位置，所有尺寸标注至厘米。

④竣工核实测绘成果报告应将规划许可证中建筑物显示为红色，其余建筑物显示为黑色，以突出重点。

⑤若城市规划“六线”在审批后进行了调整，调整前后的“六线”应一同反映到现状竣工核实测绘成果报告中，注明调整日期并分别标注现状间距，调整前、后的“六线”分别以虚线、实线绘制。

⑥文字说明应对每栋建筑物分别叙述尺寸、位置信息，采取数据对照的形式，审批数据在前，现状数据在后，平面位置数据和楼高度、高程数据分开叙述。

⑦地下车库机动车停车位应单独出具报告，应根据停车位长宽尺寸大小分类以不同颜色显示，并注明停车位尺寸。

(4)报告书中文字叙述要简洁明了，不能模棱两可，说明要准确无误。要认真翔实地填写不一致对照表：不一致的地方要有图形和数据对照，必须真实，严禁错误数据的产生。测绘成果报告书是整个竣工核实测量数据的载体，应记载详细、数据真实、图表清晰。具体内容主要包括：

①项目概况。

②实测间距、平面尺寸表与附图。

③实测绿化面积表。

④实测建筑高程成果表。

⑤实测机动车泊车位统计表。

⑥实测道路面积图与统计表。

⑦实测建筑密度核算成果表。

⑧实测容积率核算成果表。

⑨规划竣工核实测量技术总结报告。

(5)建设工程竣工测绘的质量控制与成果。

建设工程竣工测绘应进行外业抽查和 100％内业检查，做好质量检查记录并对发现的问题及时采取相应的措施。

建设工程竣工测绘的成果应包含以下内容：

①建设工程竣工核实测绘成果报告；

②建设工程竣工核实测绘面积汇总表；

③建设工程竣工核实测绘总平面图；

④建设工程地下空间竣工核实测绘图；

⑤建设工程单体竣工核实测绘成果图表。

思考与练习题

1. 建设工程规划核实分为哪些环节？
2. 建设工程的规划核实内容有哪些？
3. 放线核实测量的主要工作内容有哪些？
4. ±0.000 标高测量可采用哪些方法？
5. 建筑物平面位置验测包括哪些内容？

项目 11 房地产测量与地籍测量

【学习目标】

1. 知识目标

(1)理解房地产测量的特点;

(2)理解地籍测量的特点;

(3)掌握房地产测量的内容及方法;

(4)掌握地籍测量的内容及方法。

2. 能力目标

(1)能够进行一般的房地产测量;

(2)能够进行一般的地籍测量。

3. 素养目标

通过本项目学习,理解工匠精神的内涵,培育工匠精神。

任务 1 概　　述

房地产是房屋和承载房屋的土地的合称,房产和地产密不可分,因而有关房产和地产的测量合称为房地产测量。房地产测量的任务是采集和描述有关房地产的位置、面积、形状和其自然、人文状况,以及权属及其变更的信息,从而为房地产的开发利用、税费征收、市场交易、产权产籍管理,以及城镇的规划建设提供依据。房地产测量的主要内容包括房地产调查、房地产控制测量、房地产碎部测量(含房地产界址点测量、房产图测绘、面积量算、变更测量)及房地产簿册的编制等。

地籍是以土地的权属为单位,对其土地的位置、界址、面积、质量、权属等属性及其现状和变更等所做的记录、界定和描述。地籍管理是国家对国土进行科学管理的基础工作,而地籍测量则是地籍管理的重要依据。地籍测量的主要内容包括地籍调查、地籍控制测量、地籍碎部测量(含权属界址点测量、地籍图测绘、土地面积的量算和统计),以及地籍簿册的编制等。

房地产测量和地籍测量也都必须遵循“由整体到局部,从控制到碎部”的原则。房地产测量和地籍测量中的控制测量主要是建立基本平面控制网,在基本平面控制网的基础上,还应进行图根控制测量,即采用图根导线测量、GNSS 定位测量的方法予以加密。这些和一般大比例尺地形图测绘的控制测量基本相同。

任务2　房地产调查

房地产调查分房屋用地调查和房屋调查两部分，主要调查每个权属单元的位置、界线、权属、数量、产权性质和利用状况等基本情况以及地理名称和行政境界等。

一、房地产权属单元划分与编号

1. 丘与丘号

房地产的权属以丘为单位。所谓“丘”是指以地界线封闭的地块，相当于地籍管理中的宗地。单个权属单元的地块为独立丘，多个权属单元合在一起的地块为组合丘。丘的界线尽量以固定界标划分，若无固定界标则以自然分界划分。丘的编号按市、市辖区(县)、房产区、房产分区、丘五级编号，其格式为：

市代码(2位)＋市辖区(县)代码(2位)＋房产区代码(2位)＋房产分区代码(2位)＋丘号(4位)

房产区和房产分区均以两位自然数01～99顺序编号，未划分房产分区时的房产分区编号用“01”表示；

丘的编号在所属房产分区内，从北向南、从西至东，按反S形，以4位自然数0001～9999顺序编列。

2. 幢与幢号

幢是指一座独立的，包括不同结构、不同层次的房屋。幢的编号是以丘为单位，自进入大门开始，从左至右，从前至后，按反S形，以自然数1，2，…顺序编列。幢号一般注在房屋轮廓线内的左下角，并加括号表示。

3. 房产权号

通常情况下，房屋都是建在本单位或本人的用地范围内，但也有少数情况是将房屋建在他人的用地范围内，这种情况应在幢号后面加编房产权号，房产权号用标识符A表示；多户共有的房屋，在幢号后面加编共有权号，共有权号用标识符B表示。

二、房屋用地调查

房屋用地调查以丘为单位进行，内容包括用地座落、产权性质、用地等级、税费、用地人、用地单位所有制性质、来源、界标、用地面积和用地纠纷等基本情况。房屋用地调查的项目如“房屋用地调查表”(见表11-1)所列，应以丘为单位，实地调查，逐项填写。具体说明如下：

(1)座落。房屋用地座落指房屋用地所在街道的名称和门牌号。座落在小的里弄、胡同或小巷里，应加注附近主要街道名称；若缺少门牌号，应借用毗连房屋门牌号，并加注东、南、西、北方位；座落在两个以上街道或有两个以上门牌号时，应全部注明。

(2)产权性质。房屋用地的产权性质分国有和集体两类。城市的土地一般为国家所有,农村和城市郊区的土地,除由法律规定属于国有的外,属于集体所有,宅基地和自留地也属于集体所有,集体所有的应注明土地所有单位的全称。

(3)用地等级。经调查确认的房屋用地等级应符合国家土地管理部门制定的有关土地等级划分的标准或规定。

表 11-1 房屋用地调查表

市区名称或代码________ 房产区号________ 房产分区号________ 丘号________ 序号________

<table>
<tr><td colspan="2">座落</td><td colspan="7">区(县) 街道(镇) 胡同(街巷) 号</td><td>电话</td><td></td><td>邮编</td><td></td></tr>
<tr><td colspan="2">产权性质</td><td colspan="2"></td><td>产权主</td><td colspan="2"></td><td>土地等级</td><td></td><td>税费</td><td></td><td rowspan="7">附加说明</td><td rowspan="7"></td></tr>
<tr><td colspan="2">使用人</td><td colspan="2"></td><td>住址</td><td colspan="3"></td><td colspan="2">所有制性质</td><td></td></tr>
<tr><td colspan="2">用地来源</td><td colspan="6"></td><td colspan="2">用地用途分类</td><td></td></tr>
<tr><td rowspan="4">用地状况</td><td rowspan="2">四至</td><td>东</td><td>南</td><td>西</td><td>北</td><td rowspan="2">界标</td><td>东</td><td>南</td><td>西</td><td>北</td></tr>
<tr><td></td><td></td><td></td><td></td><td></td><td></td><td></td><td></td></tr>
<tr><td rowspan="2">面积/m²</td><td colspan="2">合计用地面积</td><td colspan="3">房屋占地面积</td><td colspan="2">院地面积</td><td colspan="2">分摊面积</td></tr>
<tr><td colspan="2"></td><td colspan="3"></td><td colspan="2"></td><td colspan="2"></td></tr>
<tr><td>用地略图</td><td colspan="12"></td></tr>
</table>

调查者: 年 月 日

(4)税费。房屋用地的税费是指房屋用地的使用人按规定的标准,每年度向税务部门缴纳的费用。

(5)使用权主。房屋用地的使用权主是指房屋用地的产权主的姓名或单位名称。

(6)使用人。房屋用地的使用人是指房屋用地的实际使用人的姓名或单位名称。

(7)来源。房屋用地的来源是指取得土地使用权的时间和方式(如转让、出让、征用、划拨等),应有证件作为依据。需注明证件名、发证单位、发证时间及证件编号,用地来源若有两种以上应全部注明。

(8)四至。房屋用地四至是指用地范围与四邻接壤的情况,分别注明东、南、西、北方向邻接丘号或街道的名称。

(9)界标。房屋用地范围的界标是指用地界线上的各种标志,如道路、河流等自然界线,房屋墙体、围墙、栅栏等围护物,以及界碑、界牌等。

(10)用途分类。房屋用地用途一般按两级分类,一级包括商业金融业用地、工业与仓储用地、市政用地、公共建筑用地、住宅用地、交通用地、水域用地、农用地、特殊用地及其他用地等 10 大类,二级又分商业服务业、旅游业等 24 小类。一幢房屋楼上、楼下用途不同的,以第一层房屋用地为准;第一层有多种用途的,以主要用途为准。

(11)面积。用地面积包括房屋占地面积、院地面积、分摊面积等,即权属单位(或个人)使用土地的面积,以丘为单位进行调查。有围墙(院墙)的,以其围墙以内(包括围墙墙身所占)的土地计;无围墙封闭的,以道路、河流等自然界线或土地划拨时的界碑、界桩等标志以内的土地计。

(12)用地略图。用地略图应以示意图的形式表示房屋用地的位置、界线、四至关系、共用院落的界线,以及界标的类别和归属,并注记界线的边长。用地界线是指房屋用地范围的界线,包括共用院落的界线,由产权人(或用地人)指界与邻户认证确定。若无确切的证据或有争议,应根据实际使用范围标出争议部位,按未定界处理。

三、房屋调查

房屋调查的内容包括房屋的权属、位置、数量、质量和利用状况等五个方面。房屋调查的具体项目如房屋调查表(见表11-2)所列,应以幢为单位,实地调查,逐项填写。

表11-2 房屋调查表

市区名称或代码________ 房产区号________ 房产分区号________ 丘号________ 序号________

<table>
<tr><td colspan="2">座落</td><td colspan="9">区(县) 街道(镇) 胡同(街巷) 号</td><td colspan="3">邮政编码</td><td colspan="2"></td></tr>
<tr><td colspan="2">产权主</td><td colspan="4"></td><td colspan="2">住址</td><td colspan="8"></td></tr>
<tr><td colspan="2">用途</td><td colspan="4"></td><td colspan="2">产别</td><td colspan="2"></td><td colspan="3">电话</td><td colspan="3"></td></tr>
<tr><td rowspan="5">房屋状况</td><td rowspan="2">幢号</td><td rowspan="2">权号</td><td rowspan="2">户号</td><td rowspan="2">总层数</td><td rowspan="2">所在层次</td><td rowspan="2">建筑结构</td><td rowspan="2">建成年份</td><td rowspan="2">占地面积/m²</td><td rowspan="2">使用面积/m²</td><td rowspan="2">建筑面积/m²</td><td colspan="4">墙体归属</td><td>产权来源</td></tr>
<tr><td>东</td><td>南</td><td>西</td><td>北</td><td></td></tr>
<tr><td></td><td></td><td></td><td></td><td></td><td></td><td></td><td></td><td></td><td></td><td></td><td></td><td></td><td></td><td></td></tr>
<tr><td></td><td></td><td></td><td></td><td></td><td></td><td></td><td></td><td></td><td></td><td></td><td></td><td></td><td></td><td></td></tr>
<tr><td></td><td></td><td></td><td></td><td></td><td></td><td></td><td></td><td></td><td></td><td></td><td></td><td></td><td></td><td></td></tr>
<tr><td colspan="2" rowspan="2">房屋权属界线示意图</td><td colspan="10" rowspan="2"></td><td colspan="3">附加说明</td><td></td></tr>
<tr><td colspan="3">调查意见</td><td></td></tr>
</table>

调查者: 年 月 日

具体说明如下:

(1)座落。房屋座落指房屋所在街道的名称和门牌号。座落在小的里弄、胡同或巷里,应加注附近主要街道名称;若缺少门牌号,应借用毗连房屋门牌号,并加注东、南、西、北方位;座落在两个以上街道或有两个以上门牌号时,应全部注明。

(2)产权主。产权主是指房屋所有权人的姓名,分私人所有、单位所有和房地产管理部门直接管理三类。

(3)产别。房屋产别是根据产权不同而划分的类别,如一级分类分为国有房产、集体所有房产、私有房产、联营企业房产、股份制企业房产、港澳台投资房产、涉外房产及其他房产等。

(4)产权来源。房屋产权来源是指产权主取得房屋产权的时间和方式(如继承、分拆、买受、受赠、交换、自建、翻建、征用、收购、调拨、价拨和拨用等)，应尽可能以证件作为依据。凡有证件的，应注明证件名称、发证单位、发证时间及证件编号;无证件的，应尽可能将权属变化情况叙述清楚。产权来源若有两种以上，应全部注明。

(5)总层数与所在层次。房屋层数是指房屋的自然层数，一般按室内地坪±0.000 以上计算;采光窗在室外地坪以上的半地下室，其室内层高在 2.2 m 以上的，计算自然层数。房屋总层数为地上层数和地下层数之和。假层、附层(夹层)、阁楼(暗楼)、装饰性塔楼以及突出地面的楼梯间、水箱间不计层数。所在层次是指本权属单元的房屋在该幢楼房中的第几层，地下层以负数表示。

(6)建筑结构。房屋建筑结构是指根据房屋的梁、柱、墙等主要承重构件的建筑材料划分类别，按照国家统计局标准，将房屋建筑结构分为钢结构、钢和钢筋混凝土结构、钢筋混凝土结构、混合结构、砖木结构和其他结构等六类。一幢房屋有两种以上结构时，应以面积大的为准。

(7)建成年份。房屋建成年份是指房屋实际竣工年份，拆除翻建的房屋，应以翻建竣工年份为准。

(8)用途。房屋用途是指房屋的实际用途，一般按二级分类。一级分为住宅，工业、交通、仓储，商业、金融、信息，教育、医疗卫生、科研，文化、娱乐、体育，办公，军事和其他等 8 大类，二级又分为成套住宅、非成套住宅、集体宿舍等 30 小类。一幢房屋有两种以上用途的，应分别注明。

(9)墙体归属。房屋墙体归属是指房屋四面墙体所有权的归属，分三类，墙体为一家所有时为自有墙;墙体为两家共有的为共有墙;墙体为别人家所有的为借墙。

任务 3　房地产测量

房地产碎部测量主要包括房地产界址测量、房产图测绘及面积测算等工作。

一、房地产界址测量

1. 界址点测量

土地权属分界线上的拐点(即转折点)称为界址点。界址点的准确定位是房地产权属管理的重要前提，一般均需采用地面测量，提供解析坐标，才能满足其精度和管理使用的要求。

界址点测量应从邻近的平面控制点或高级界址点起始，以极坐标法或交会等方法解析测定，也可以在全野外数据采集时和其他房地产要素同时测定，并根据测量结果编制界址点坐标成果表和绘制界址点略图。如果分界标志为地物，应采用与邻近的界址点或较永久性地物进行联测的方法测定，测量结果亦应标示在分丘图上。

2. 丘界线测量

丘界线的边长可由相邻界址点的解析坐标反算，也可用钢尺丈量。对不规则的弧形丘界线，可按折线分段丈量。测量结果应标示在分丘图上，作为计算丘面积及复核检测时的依据。如果丘界线与区、县、镇等行政境界线重合，则以境界线代替丘界线。

二、房屋及其附属设施测量

房屋测量主要是按规定的精度要求测定其平面位置。独立成幢房屋，以房屋四面外墙勒脚以上轮廓为界；毗连房屋四面墙体，应区分自有、共有或借墙，以墙体所有权范围为界；架空房屋以房屋外围轮廓的投影为界，且以虚线表示底层向内凹进的边墙，最后逐幢、逐户绘制成图，并注明房屋的产别、建筑结构和层数等。房屋各种附属设施测量，其外侧界为：檐廊、挑廊至外轮廓水平投影，门廊、柱廊至柱或围护物外围，独立柱的门廊至顶盖投影，阳台至底板投影，门墩至墩外围，门顶至顶盖投影，室外楼梯和台阶至外围水平投影。

其他不属于某个房屋，也不计算房屋建筑面积或工矿专用设施等独立地物的测量，应根据地物的几何图形测定其定位点及其外侧界。共有部位测量前，应由有关使用权主或部门对共有部位进行认定，经实地调查后予以确认。

三、房产图测绘

房产图是房产产权、产籍管理的基本图件，用于全面或逐幢、逐户反映房屋的建筑、产权和土地使用状况以及土地使用面积的计算和统计，与房产产权档案、房产卡片、房产簿册等资料一道，成为产权登记、产权变更等房产产权管理的重要依据。房产图一般分为房产分幅平面图（简称分幅图）、房产分丘平面图（简称分丘图）和房屋分层分户平面图（简称分户图）三种。分幅图一般采用 50 cm×50 cm 正方形图幅，比例尺根据建筑物的密集程度在 1∶1000～1∶500 中选择；分丘图根据丘面积的大小，选择 1∶1000～1∶100 的比例尺；分户图根据房屋面积的大小，选择 1∶200～1∶100 的比例尺。房产图测绘可采用国家统一坐标系，也可采用地方坐标系。房产图的测绘除大面积的分幅图，可采用航测成图的方法，也可采用数字化测图的方法。通常只测平面位置，除有特殊要求，一般不测高程。

1. 房产分幅图测绘

分幅图是全面反映较大范围内房屋及其用地的位置、形状、面积和权属情况的基本图，也是测绘分丘图和分户图的基础资料。分幅图可以在已有地籍图的基础上加房产调查的成果制作而成，也可以地形图为基础进行测制，还可以单独测绘。凡测区内的测量控制点、行政境界、丘界、房屋及其附属设施和房屋围护物、宗地号、幢号、房产权号、门牌号、房屋产别、结构、层数、房屋用途和用地分类等，都应根据调查资料，用相应的数字、文字或符号在分幅图上予以表示，此外，与房地产管理有关的地形要素如铁路、道路、桥梁、水系、城墙等地物亦应测绘于图上。

2. 房产分丘图测绘

分丘图既是房产分幅图的局部明细图，也是房产权证的附图，可利用房产分幅图，结合房地产调查资料，修补、绘制而成，每丘一张。图上除表示分幅图的内容外，还应表示房屋界址点与点号、界址线、房屋边长、用地面积、建筑面积、建成年份、墙体归属和四至关系等各项房产要素。分丘图测绘应注意:其坐标系统应与分幅图的坐标系统一致;本丘与邻丘墙体毗连时,自有墙量至墙体外侧,共有墙量至中间墙体厚度的 1/2 处;房屋权界线与丘界线重合时,用丘界线表示;房屋轮廓线与房屋权界线重合时,用房屋权界线表示;四周应表示邻丘的主要地物,并注明邻丘产权所有单位(或所有人)的名称。界址边长和房屋边长应量至厘米;分丘图地物点相对于邻近控制点的点位误差应小于图上 0.5 mm。

3. 房产分层分户图测绘

分层分户图是在分丘图基础上,以户为单位(如为多层房屋,则分层),表示每户房屋产权人权属范围的细部图,用作房屋所有权证的附图。图中表示的主要内容包括座落、幢号、户号、室号、结构、层数、房屋权界线、四面墙体的归属和楼梯、走道等共有部位,以及房屋的边长和建筑面积等。边长应实际丈量,取至 0.01 m。不规则图形的房屋除丈量边长外,还应通过加量对角线将其分解成若干三角形,并根据三角形的三边长度确定拐角的点位。产权面积应包括套内建筑面积和共有分摊面积。分户图的方位应使房屋的主要边线与图框边线平行,并在适当位置加绘指北方向的符号。

四、房产面积测算

房产面积的测算包括房屋面积测算和用地面积测算,其中房屋面积测算包括房屋建筑面积、使用面积、共有建筑面积、产权面积等测算。共用建筑内,各自使用的房产面积有明显范围的,先划分各自使用界线,并计算其面积,剩余部分按建筑面积分摊。

房屋使用面积系指房屋户内全部可供使用的空间面积,按房屋的内墙面水平投影计算。房屋产权面积系指产权主依法拥有房屋所有权的房屋建筑面积。房屋共有建筑面积系指各产权主共同占有或共同使用的建筑面积。

房产面积测算结果应以幢为单位进行面积汇总和进行分类面积(包括分层面积、分户面积及建筑占地面积等)的统计。房产面积以平方米为单位,取至 0.01 m^2。测算的面积数据除注记于房产图的相应位置,还应登记在册,经审查批准后即具有法律效力,为房屋产权产籍管理,房地产开发利用、交易、征收税费及城镇规划建设提供数据和资料。

1. 房屋的建筑面积

房屋建筑面积系指房屋外墙(柱)勒脚以上各层的外围水平投影面积,包括阳台、挑廊、地下室、室外楼梯等,且具备上盖,结构牢固,层高 2.20 m 以上(含 2.20 m),有实际使用功能的永久性建筑。

计算房屋建筑面积一般应具备以下条件:

(1)具有上盖;

(2)具有墙、栏杆等围护物;

(3)结构牢固,属于永久性的建筑物;

(4)层高(地面到楼面、楼面到楼面、楼面到屋顶面之间的垂直距离,房屋的顶面或平台面不应包括隔热层厚度)在 2.20 m 以上;

(5)可作为人们生产或生活的场所。

成套房屋的套内建筑面积由套内房屋使用面积、套内墙体面积、套内阳台建筑面积三部分组成。

(1)套内房屋使用面积为套内房屋使用空间的面积，以水平投影面积按以下规定计算：

①套内使用面积为套内卧室、起居室、过厅、过道、厨房、卫生间、厕所、贮藏室、壁柜等空间面积的总和。

②套内楼梯按自然层数的面积总和计入使用面积。

③不包括在结构面积内的套内烟囱、通风道、管道井均计入使用面积。

④内墙面装饰厚度计入使用面积。

(2)套内墙体面积是套内使用空间周围的围护或承重墙体或其他承重支撑体所占的面积，其中各套之间的分隔墙和套与公共建筑空间的分隔墙以及外墙(包括山墙)等共有墙，均按水平投影面积的一半计入套内墙体面积。套内自有墙体按水平投影面积全部计入套内墙体面积。

(3)套内阳台建筑面积均按阳台外围与房屋外墙之间的水平投影面积计算。其中封闭的阳台按水平投影全部计算建筑面积，未封闭的阳台按水平投影的一半计算建筑面积。

2. 房产面积测算的要求

(1)测量过程应遵循先整体、后局部，先外后内的原则。

(2)房屋外部测量，以外墙勒脚以上外围轮廓的水平投影为准；房屋内部测量，以房屋基本单元数据为准。房屋外廓的全长与室内分段丈量之和(含墙身厚度)的较差在限差内时，应以房屋外廓数据为准，分段丈量的数据按比例配赋。超差应进行复量。

(3)已竣工房屋存在不规则形状时，应采用解析方法实测该形状若干特征点或拐点的坐标。

(4)当房屋的边长较长且直接测量有困难时，可选择采用解析方法实测房角点坐标后计算相应边长值。

(5)房角点应选取房屋的相同参考点，位置一般应位于墙体 100 cm±20 cm 高处，测量边长应处于水平状态。

(6)房屋边长均应独立测量两次，两次读数较差在规定的限差以内，取中数作为最后结果；房屋各类建筑面积应独立测算两次，其较差应在规定的限差以内，取中数作为最后结果。

(7)房产面积测算的精度按表 11-3 执行。

表 11-3　房产面积的精度要求

精度等级	限差/m^2	中误差/m^2
一级	$0.02\sqrt{S}+0.0006S$	$0.01\sqrt{S}+0.0003S$
二级	$0.04\sqrt{S}+0.002S$	$0.02\sqrt{S}+0.001S$
三级	$0.08\sqrt{S}+0.006S$	$0.04\sqrt{S}+0.003S$

注：S 为房产面积，m^2。

3. 房屋建筑面积测算的有关规定

按国家现行标准《房产测量规范 第 1 单元：房产测量规定》(GB/T 17986.1—2000)，房屋建筑面积测算范围可以分计算全部建筑面积、计算一半建筑面积(折算系数为 0.5)

和不计算建筑面积三类。各类面积必须独立测算两次，最终结果保留两位小数，单位为平方米(m^2)，满足相应的精度要求。测绘仪器必须在检定的有效期内才能使用。

1)计算全部建筑面积的范围

(1)永久性结构的单层房屋，按一层计算建筑面积；多层房屋按各层建筑面积的总和计算。

(2)房屋内的夹层、插层、技术层及楼梯间、电梯间等其高度在 2.20 m 以上部位计算建筑面积。

(3)穿过房屋的通道，房屋内的门厅、大厅，均按一层计算面积。门厅、大厅内的回廊部分，层高在 2.20 m 以上的，按其水平投影面积计算。

(4)楼梯间、电梯(观光梯)井、提物井、垃圾道、管道井等均按房屋自然层计算面积。

(5)房屋天面上，属永久性建筑，层高在 2.20 m 以上的楼梯间、水箱间、电梯机房及斜面结构屋顶高度在 2.20 m 以上的部位，按其外围水平投影面积计算。

(6)挑楼、全封闭的阳台按其外围水平投影面积计算。

(7)属永久性结构有上盖的室外楼梯，按各层水平投影面积计算。

(8)与房屋相连的有柱走廊，两房屋间有上盖和柱的走廊，均按其柱的外围水平投影面积计算。

(9)房屋间永久性的封闭的架空通廊，按外围水平投影面积计算。

(10)地下室、半地下室及其相应出入口，层高在 2.20 m 以上的，按其外墙(不包括采光井、防潮层及保护墙)外围水平投影面积计算。

(11)有柱或有围护结构的门廊、门斗，按其柱或围护结构的外围水平投影面积计算。

(12)玻璃幕墙等作为房屋外墙的，按其外围水平投影面积计算。

(13)属永久性建筑有柱的车棚、货棚等按柱的外围水平投影面积计算。

(14)依坡地建筑的房屋，利用吊脚做架空层，有围护结构的，按其高度在 2.20 m 以上部位的外围水平投影面积计算。

(15)有伸缩缝的房屋，若其与室内相通的，伸缩缝计算建筑面积。

2)计算一半建筑面积的范围

(1)与房屋相连有上盖无柱的走廊、檐廊，按其围护结构外围水平投影面积的一半计算。

(2)独立柱、单排柱的门廊、车棚、货棚等属永久性建筑的，按其上盖水平投影面积的一半计算。

(3)未封闭的阳台、挑廊，按其围护结构外围水平投影面积的一半计算。

(4)无顶盖的室外楼梯按各层水平投影面积的一半计算。

(5)有顶盖不封闭的永久性的架空通廊，按外围水平投影面积的一半计算。

3)不计算建筑面积的范围

(1)层高小于 2.20 m 的夹层、插层、技术层以及层高小于 2.20 m 的地下室和半地下室。

(2)突出房屋墙面的构件、配件、装饰柱、装饰性的玻璃幕墙、垛、勒脚、台阶、无柱雨篷等。

(3)房屋之间无上盖的架空通廊。

(4)房屋的天面、挑台、天面上的花园、泳池。

(5)建筑物内的操作平台、上料平台及利用建筑物的空间安置箱、罐的平台。

(6)骑楼、过街楼的底层用作道路街巷通行的部分。

(7)利用引桥、高架路、高架桥、路面作为顶盖建造的房屋。

(8)活动房屋、临时房屋、简易房屋。

(9)独立烟囱、亭、塔、罐、池及地下人防干、支线。

(10)与房屋室内不相通的房屋间伸缩缝。

4.房屋共有建筑面积的计算与分摊

1)分摊原则

(1)产权各方有经公证的合法权属分割文件或协议的,按文件或协议进行分摊。

(2)产权各方无经公证的合法权属分割文件或协议的,按建筑面积比例进行分摊。

(3)房屋共有建筑面积分摊以幢为单位,位于本幢房屋内并为本幢服务的共有建筑面积,由本幢房屋分摊。

2)分摊公式

共有建筑面积按比例分摊的计算见公式(10-1)、公式(10-2)。

$$\delta_{S_i} = K \cdot S_i \tag{10-1}$$

$$K = \frac{\sum \delta_{S_i}}{\sum S_i} \tag{10-2}$$

式中:K ——面积的分摊系数;

S_i ——各单元参加分摊的建筑面积(m^2);

δ_{S_i} ——各单元参加分摊所得的分摊面积(m^2);

$\sum \delta_{S_i}$ ——需要分摊的分摊面积总和(m^2);

$\sum S_i$ ——参加分摊的各单元建筑面积总和(m^2)。

3)共有建筑面积的分摊

(1)共有建筑面积的内容。

楼房不可缺少的辅助建筑面积,为各权属单元提供服务,由各权属单元按建筑面积比例分摊。但有些面积由权属单元分摊不合理,因而亦存在不应分摊的共有建筑面积。

(2)应分摊的共有建筑面积。

①楼梯间、电梯井、管道井、垃圾道、公共走廊、公共门厅、公共大厅、变电房、水泵房、水箱间、值班警卫房、专用设备房、为整幢大楼服务的公共用房等。

②套(单元)与共有建筑面积之间的分隔墙,以及外墙(包括山墙)水平投影面积一半的建筑面积应列入共有建筑面积进行分摊。

(3)不应分摊的共有建筑面积。

①作为人防工程的地下室、半地下室。

②用作公共休憩、绿化等场所的架空层。

③大楼内的机动、非机动车库。

④避难层、避难间、转换层、电信机房、联通机房、网络机房、人防通信、警报工作间。

⑤为建筑造型而建，但无实用功能的部分。

⑥用作公共事业的市政建设的建筑物。

⑦作为配套公共服务设施移交项目：

a. 医疗设施：社区卫生服务中心、残疾人康复服务中心等。

b. 行政管理设施：街道办事处、社区服务中心、派出所等警务用房、消防站、社区居委会等。

c. 邮政及市政公用设施：公交站场、垃圾压缩站、公共厕所、环境卫生站、邮政所等。

d. 市场经营设施：肉菜市场等。

⑧建设工程规划许可证附图或建设工程规划验收合格证附图等规划报建、验收审批资料中列为公共服务设施的项目。

⑨违章建的公共建筑。

不应分摊的共有建筑面积，若使用到其他功能的共有建筑面积时，需按其建筑面积比例参与分摊。

4）共有建筑面积的分摊方法

大型的多功能综合楼，要准确、高效地对其进行分摊计算，必须按一定的分摊步骤进行：

(1)确定一幢房屋共有建筑面积的范围和名称。

(2)对共有建筑面积进行分类，确定应分摊的共有建筑面积和不应分摊的共有建筑面积。

(3)按使用功能划分功能区。

(4)按共有建筑面积的服务范围自上而下、由整体到局部的顺序，即按幢共有建筑面积、功能区间共有建筑面积、功能区共有建筑面积、层间共有建筑面积、层内共有建筑面积、层内局部共有建筑面积的顺序逐级分摊，下一级的共有建筑面积参与上一级的共有建筑面积分摊。

5. 用地面积测算

1）用地面积测算的范围

用地面积以丘（宗）为单位进行测算，包括房屋占地面积、其他用途的土地面积测算，各项地类面积的测算。丘（宗）有固定界标的按固定界标划分，没有固定界标的按自然界标划分。

2）不计入丘内用地面积的范围

(1)无明确使用权属的冷巷、巷道或间隙地。

(2)市政管辖的马路、街道、巷道等公共用地。

(3)公共使用的河涌、水沟、排污沟。

(4)已经征用、划拨或者属于原房地产记载的范围，经过规划部门核定需要作市政建设的用地。

(5)其他按规定不计入用地的面积。

任务4 地籍调查

一、土地调查概述

土地是人类生存和社会发展必不可少的自然资源。为了对土地进行科学的规划、管理和保护，首要的任务就是开展全国范围内的土地调查。所谓土地调查就是对土地的权属、利用类型、面积、质量及分布进行的调查，这些调查的成果将为在掌握土地的自然和社会经济状况的基础上，制订发展计划、合理开发土地、组织财政税收以及建立土地市场等方面提供基本资料和政策依据。《中华人民共和国土地管理法》规定，土地调查包括土地权属调查(即地籍调查)、土地利用现状调查、土地条件调查和土地利用动态监测。

1. 土地权属调查

土地权属调查(即地籍调查)，其目的是对土地所有权人(或使用权人)所拥有土地的位置、界址、权属性质、用途及所有权人(或使用权人)的名称等进行调查核实、丈量、记录，经所有权人(或使用权人)认定，从而为土地登记、权属审核发证提供具有法律效力的调查文书凭据。

2. 土地利用现状调查

土地利用现状调查是指在全国范围内，为查清土地的利用现状而进行的全面的土地资源普查。我国国土管理部门于2001年制定的全国土地分类体系，将所有的城乡土地根据其自然、经济、用途等特征的综合评价划分为三级，各级所含用地的类别名称和编号简列于表11-4。

表11-4 全国土地分类的编号和名称

一级类		二级类		三级类							
编号	名称	编号	名称	*1	*2	*3	*4	*5	*6	*7	*8
1	农用地	11	耕地	灌溉水田	望天田	水浇地	旱地	菜地			
		12	园地	果园	桑园	茶园	橡胶园	其他园地			
		13	林地	有林地	灌木林地	疏林地	未成林造林地	迹地	苗圃		
		14	牧草地	天然草地	改良草地	人工草地					
		15	其他农用地	畜禽饲养地	设施农业用地	农村道路	坑塘水面	养殖水面	农田水利用地	田坎	晒谷场等用地

续表

一级类		二级类		三级类							
编号	名称	编号	名称	*1	*2	*3	*4	*5	*6	*7	*8
2	建设用地	21	商服用地	商业用地	金融保险用地	餐饮旅馆业用地	其他商服用地				
		22	工矿仓储用地	工业用地	采矿地	仓储用地					
		23	公用设施用地	公共基础设施用地	瞻仰景观休闲用地						
		24	公共建筑用地	机关团体用地	教育用地	科研设计用地	文体用地	医疗卫生用地	慈善用地		
		25	住宅用地	城镇单一住宅用地	城镇混合住宅用地	农村宅基地	空闲宅基地				
		26	交通运输用地	铁路用地	公路用地	民用机场	港口码头用地	管道运输用地	街巷		
		27	水利设施用地	水库水面	水工建筑用地						
		28	特殊用地	军事设施用地	使领馆用地	宗教用地	监教场所用地	墓葬地			

续表

一级类		二级类		三级类							
编号	名称	编号	名称	*1	*2	*3	*4	*5	*6	*7	*8
3	未利用地	31	未利用土地	荒草地	盐碱地	沼泽地	沙地	裸土地	裸岩石砾地	其他未利用土地	
		32	其他土地	河流水面	湖泊水面	苇地	滩涂	冰川及永久积雪			

注:表中三级类用地的编号由该用地所属的二级类编号"*"+自然序号组成;空白栏无用地名称,也无用地编号;各类用地的具体含义详见国土资源部制定的"全国土地分类(试行)"表。

土地利用现状调查一般以县为单位进行,其重点就是按土地利用分类,分县查清各类用地的数量和分布、土地的权属状况和利用状况,在此基础上,进行土地分类面积量算,并按行政辖区逐级汇总得出各乡、县、地、省和全国的土地分类面积及土地总面积。

3.土地条件调查

土地条件调查是指对土地的土壤、植被、地形、地貌、气候及水文地质等自然条件和对土地的投入、产出、收益、交通、区位等社会经济条件的调查,以便弄清土地的质量及其分布,因此又称土地质量调查。

4.土地利用动态监测

土地利用动态监测是指运用现代科技手段对区域性的土地利用变化情况,特别是城镇建设用地的变化情况进行连续的跟踪监测。

二、地籍调查分类

(1)地籍调查按工作对象的不同分为城镇地籍调查和农村地籍调查。城镇地籍调查的单元是宗地,所谓"宗地"是被权属界址线所封闭的地块(相当于房地产管理中的丘)。城镇地籍调查的主要内容包括城镇规划用地范围的确认调查、宗地权属状况的确认调查、宗地权属界址点和界址线的确认调查,以及地籍测量、宗地面积的汇总和城镇土地分类面积的统计等。由于城镇土地以建设用地为主,权属性质绝大部分为国有,因此城镇地籍调查中主要是确定土地的使用权单位和个人。

农村地籍调查的主要内容包括查清各级行政区内的土地权属界线及其土地面积,又可细分为村组集体土地、村庄及城镇建设区以外的乡镇建设用地、工矿企事业或部队用地、国营农林牧副渔场用地、集镇村庄内居民用地及其他用地等的权属界线和面积。由于农村土地以农用土地为主,权属性质绝大部分为集体组织所有,因此居民或企事业单位的用地都不仅应确定土地的使用权单位和个人,还应确定土地的所有权单位。

(2)地籍调查按时间任务的不同分为初始地籍调查和变更地籍调查。初始地籍调查是指初始土地登记前进行的地籍调查,一般包括上述各项地籍调查应有的内容。初始地籍调查面广量大，应予以严密的组织和周到的安排。变更地籍调查是指当土地的权属和利用状况在一段时间发生变化后，为了维护地籍调查资料的现势性和宗地权属状况在法律上的连续性而对地籍资料和宗地状况进行的更新，其内容主要是针对宗地的地籍要素所发生的变化进行调查，属于地籍管理部门的日常工作。

三、地籍调查内容

地籍调查的项目如地籍调查表（见表 11-5）所列，应以宗地为单位，实地调查，逐项填写。具体说明如下：

表 11-5　地籍调查表

土地使用者	名称				
	性质				
上级主管部门					
土地座落					
法人代表或户主			代理人		
姓名	身份证号码	电话号码	姓名	身份证号码	电话号码
土地权属性质					
预编地籍号			地籍号		
所在图幅号					
宗地四至					
批准用途		实际用途		使用期限	
共有使用权情况					
说明					

界址标示																
界址点号	界标种类						界址间距/m	界址线类别					界址线位置			备注
	钢钉	水泥桩	石灰桩	喷涂				围墙	墙壁				内	中	外	

续表

界址线		邻宗地			本宗地		日期
起点号	终点号	地籍号	指界人姓名	签章	指界人姓名	签章	
界址调查员姓名							

注：下续还有宗地草图及调查记事、勘丈记事和调查结果审核意见等表格栏，此处从略。

(1)土地使用者名称。企、事业单位应为单位全称，并与单位印章名称一致；个人应为户主姓名，并与身份证及户口簿一致。

(2)土地使用者性质。单位分“全民”“集体”“三资”“外资”等；个人独资或私人合营企业、商店填“个体”；个人住宅填“个人”。

(3)上级主管部门。填土地使用单位的上一级有法人资格的主管部门(不要越级)名称，“个体”“个人”不需填主管部门。

(4)土地座落。土地登记申请的宗地所在的区、街(路、巷)及门牌号，实地核实后填入。

(5)法人代表或户主。前者指使用土地具有法人资格的单位主要负责人，后者指个人土地使用者本人。

(6)代理人。指法定代表人的代理人。

(7)土地权属性质。分“国有土地使用权”“集体土地所有权”和“集体土地建设用地使用权”。

(8)预编地籍号与地籍号。前者指权属调查前，用大比例尺地形图或按街坊现状绘制的宗地关系图作为工作图，在工作图上预先编制的代用地籍号；后者指权属调查最后确定的正式地籍号，二者可以不一致。编制地籍号的规定如下。①一般城镇以镇为单位，按街坊、宗地两级编号；较大城市以行政区为单位，按街道、街坊、宗地三级编号。街坊一般按道路、街巷、河流为界划分。②地籍号统一自左至右、自上而下由“1”号开始顺序编制街道、街坊、宗地号。街道号在区范围内统一编排，街坊号在街道(镇)范围内统一编排，宗地号在街坊内统一编排。③界址点可在一个街坊内统一编号，但应在街坊内宗地权属调查结束后，以街坊为单位在修正后的工作图上进行。界址点号可以跳号但不能重号。

(9)所在图幅号。为本宗地所在基本地籍图的图幅号，不填图名。一宗地跨多幅图时，所有图幅号应全部填写。

(10)宗地四至：采用界址线方向说明，而不能以东、南、西、北方向区分。如1—2为某某路，2—3为某某单位(或个人)，其中1、2、3为该宗地界址点点号。

(11)批准用途与实际用途。前者以土地征(拨)用地批文的用途为准；后者指调查时的土地实际使用情况，按照城镇土地分类含义，填写至三级类。如一宗地有两种以上用途，应填写主要的一种用途，但同时应说明其他用途，并在宗地草图上绘出不同用途的界线。

(12)使用期限。为政府明确批准的使用期限，尚未明确的暂不填写。

(13)共有使用权。共用宗地需说明共用户数和名称、各自独立使用的面积、共同使用的土地面积、协议和分摊方法以及各户分摊的面积等。

(14)说明栏。填写临时占用土地的面积和用途;出租土地的面积、用途、出租证件和承租者;一块宗地两种用途的填写各自面积以及其他权利等事项。

(15)界址标示。包括界址点号(指宗地草图的界址点编号,顺时针排列)、界标种类(指界址点点位设置的界标物)、界址间距(指本宗地两相邻界址点的间距)、界址线类别(指界址线落在何种地物上)、界址线位置(指界址线落在该地物的具体位置),若为空地,则该栏不填。

(16)备注栏。对界址点、线的位置做必要的补充说明,如界址点不在地物的特征部位,应注明点位至两个以上永久性地物的准确距离。

四、地籍调查步骤

(1)接受申请文件。土地使用权登记申请书及权源证明材料是进行权属调查的依据,应首先对其进行核对和清点。

(2)预编地籍号。在工作图上划分调查范围,预编宗地的地籍号。

(3)过录地籍调查表。将申请文件上的土地使用者名称、权属性质、法人代表等文字数据逐项过录到地籍调查表上,以便进行现场调查核定。

(4)指界通知。按调查计划、工作进度、时间安排,通知土地权属者(或使用人)准时到现场接受调查和指界。

(5)实地调查。携带土地使用权登记申请书和勘丈工具,到实地对照地籍调查表中的项目逐一进行调查。

(6)界址调查。由本宗地土地权属者(或使用人)和相邻宗地土地权属者(或使用人)到现场共同指界,无争议后在地籍调查表上签名盖章。指界人应为户主或法人代表,也可以是委托代理人,需现场出示身份证明或委托书。经界址调查认定的宗地权属界址点,需按规定埋设相应的标志。确定界址点一般应注意:

①土地使用权定界是以每宗地的权属范围为准,不一定与建筑物或构筑物的占地范围重合。

②宗地界址线必须封闭。

③界址点应为权属界线的转折点,一般两相邻界址点之间应为直线。

④两宗地间的小地块、狭缝不能作为通道用时,应协商划分确权,不能留空。

⑤三宗地以上公共界址点应准确定位。

⑥临街(路)界址线均以实际使用的合法围墙或外侧基脚为准;临街、巷的晒台、雨篷没有落地建筑物一般以墙基脚确定界址线,有落地建筑物的以建筑物基脚确定界址线。

⑦土地使用权证明文件上四至界线与实际用地界线一致,但实际面积与批准面积不一致时,按实际四至界线定界址点。

(7)勘丈。使用钢卷尺对宗地的边界进行现场丈量,读数取至厘米,同一条边长应以不同零点丈量两次,符合限差要求则取其中数填入地籍调查表。

(8)绘制宗地草图。宗地草图是描述宗地位置、界址点、界址线和相邻关系的实地记录，是处理土地权属纠纷、验证宗地档案的重要原始资料，还可为地籍基本图测绘的装绘成图和检核宗地的几何关系、边长面积等提供数据。宗地草图应依据丈量结果和宗地现状按概略比例尺现场绘制，其主要内容应包括：本宗地与邻宗地的宗地号、门牌号、使用者名称，本宗地界址点、界址点号、界址线及其边长、相邻宗地间的分隔界址线段及主要邻近地物和其间的距离，以及确定本宗地界址点位置、界址边方位所必需的建筑物和构筑物等。宗地草图的比例尺一般为 1∶100～1∶500。

(9)成果资料的检查与提交。地籍调查外业结束后，应认真组织自查、互查和专职抽查，确保成果资料的质量。严格检查通过后，应由地籍调查负责人对调查结果是否合格予以评定，签署意见。应提交的成果资料有地籍调查法人代表身份证明书、指界委托书、违约缺席定界通知书存根、界址边长勘丈记录表、地籍调查表(含宗地草图)、编有地籍号及宗地界址点号的工作图或街坊工作图等。

任务 5　地籍图测绘

地籍图测绘的主要内容包括行政界线、权属界址点、界址线、地类界线、块地界线、保护区界线，建筑物和构筑物，道路和与权界线关联的线状地物，水系和植被，同时调查房屋结构与层数、门牌号码、地理名称和大的单位名称等。地籍测量成果应能满足地籍图编制、面积量算、统计的要求。

一、地籍图的精度要求

《地籍调查规程》(TD/T 1001—2012)第 5.3.2.2 条同时规定了解析法测量界址点的精度和图解法获得界址点的精度。解析法是指采用全站仪、GPS 接收机、钢尺等测量工具，通过全野外数字测量技术获取界址点坐标和界址点间距的方法。解析法测量界址点的精度要求见表 11-6。

表 11-6　《地籍调查规程》(TD/T 1001—2012)规定解析法测量界址点的精度要求

级别	界址点相对于邻近控制点的点位误差、相邻界址点间距误差/cm	
	中误差	允许误差
一级	±5.0	±10.0
二级	±7.5	±15.0
三级	±10.0	±20.0

注：1. 土地使用权明显界址点精度不低于一级，隐蔽界址点精度不低于二级。

2. 土地所有权界址点可选择一级、二级、三级精度。

图解法是指采用标示界址、绘制宗地草图、说明界址点位和说明权属界线走向等方式描述实地界址点的位置，由数字摄影测量加密或在正射影像图、土地利用现状图、扫描数字化的地籍图和地形图上获取界址点坐标和界址点间距的方法。图解界址点坐标不能用于放样确定实地界址点的精确位置。

对于地物点的平面精度要求，则依测图比例尺大小而有所不同。《地籍调查规程》(TD/T 1001—2012)第 5.3.3.1 条也提出了相应的要求。

我国《城市测量规范》(CJJ/T 8—2011)第 6.1 条规定的关于数字线划图的测图标准与上述类似，同时还规定了图上高程注记点的精度(相对于邻近图根点的高程中误差)。城市建筑区及平坦地区不大于 15 cm，其他地区等高线插求点的高程中误差，根据地形类别中的平地(地面坡度 $\alpha<2°$)、丘陵($\alpha=2°\sim6°$)、山地($\alpha=6°\sim25°$)、高山地($\alpha\geqslant25°$)，分别为 $H/3$、$H/2$、$2H/3$、H，这里 H 为图的基本等高距。

二、地籍图的基本内容

地籍图的基本内容主要包括地籍要素、地物要素和数学要素。

1. 地籍要素

地籍图中的地籍要素包括各级行政境界线、界址要素、地籍号、地类、土地座落、土地权属主名称、土地等级、宗地面积等。

(1)各级行政境界线。主要包括国界线，省、自治区、直辖市界线，地区、盟、自治州、地级市界线，县、旗、县级市、区界线，乡、镇、街道界线及国有农、林、牧、渔场界线。不同等级的行政境界线相重合时只表示高等级行政境界线，境界线在拐角处不得间断，应在转角处绘出点或线。

(2)界址要素。主要包括宗地的界址点、界址线，地籍区、地籍子区、地籍街坊界线与名称，城乡接合部的集体土地所有权界线(村界线)等。在地籍图上界址点用直径 0.8 mm 的红色小圆圈表示，界址线用 0.3 mm 的红线表示。当土地权属界址线与地籍区(街道)或地籍子区(街坊)界线重合时，应结合线状地物符号突出表示土地权属界址线，行政界线可移位表示。

(3)地籍号。宗地的地籍号由区县编号、街道号、街坊号及宗地的顺序号(简称宗地号)组成。在地籍图上只注记街道号、街坊号及宗地号。街道号、街坊号注记在图幅内有关街道、街坊区域的适当显眼位置，宗地顺序号注记在宗地内。在地籍图上宗地号和地类号的注记以分式表示，分子表示宗地号，分母表示地类号。对于跨越图幅的宗地，在不同图幅的各部分都需注记宗地号。如果某街道、街坊或宗地只有比较小的区域在本图幅内，相应的编号可以注记在本图幅的内图廓线外。如果宗地面积太小，在地籍图上可以用标识线在宗地外空白处注记宗地号，也可以不注记宗地号。

(4)地类。在地籍图上按最新的《土地利用现状分类》(GB/T 21010)规定的土地利用分类编码，注记地块的地类，应注记地类的二级分类。对于宗地较小的住宅用地，可以省略不注记，其他各类用地一律不得省略。

(5)土地座落。由行政区名、街道名(或地名)及门牌号组成，门牌号除在街道首尾及拐弯处注记外，其余可跳号注记。

(6)土地权属主名称。选择较大宗地注记土地权属主名称。

(7)土地等级。对于已完成土地定级估价的城镇，在地籍图上绘出土地分级界线及相应的土地等级注记。

(8)宗地面积。每宗地均应注记面积,以平方米(m^2)为单位,一般注记在表示宗地号和地类号的分式右侧。

2. **地物要素**

(1)作为界标物的地物(如围墙、道路、房屋边线及各类栅栏等)应表示。

(2)房屋及其附属设施。房屋以外墙勒脚以上外轮廓为准,正确表示占地状况,并注记房屋层数与建筑结构。装饰性或加固性的柱、垛、墙等不表示,临时或已破坏的房屋不表示,墙体的凸凹部分小于图上 0.4 mm 的不表示。落地阳台、有柱走廊及雨篷、与房屋相连的大面积台阶和室外楼梯等应表示。

(3)工矿企业露天构筑物、固定粮仓、公共设施、广场、空地等绘出其用地范围界线,内置相应符号。

(4)铁路、公路及其主要附属设施,如站台、桥梁、大的涵洞和隧道的出入口应表示,铁路路轨密集时可适当取舍。

(5)建成区内街道两旁以宗地界址线为边线,道牙线可取舍。

(6)城镇街巷均应表示。

(7)塔、亭、碑、像、楼等独立地物应择要表示,图上占地面积大于符号尺寸时应绘出用地范围线,内置相应符号或注记。公园内一般的碑、亭、塔等可不表示。

(8)电力线、通信线及一般架空管线可不表示,但占地塔位的高压线及塔位应表示。

(9)地下管线、地下室一般不表示,但大面积的地下商场、地下停车场及与他项权利有关的地下建筑应表示。

(10)大面积绿化地、街心公园、园地等应表示。零星植被、街旁行树、街心小绿地及单位内小绿地等可不表示。

(11)河流、水库及其主要附属设施(如堤、坝等)应表示。

(12)平坦地区不表示地貌,起伏变化较大地区应适当注记高程点,必要时应绘制等高线。

(13)地理名称应注记。

3. **数学要素与图廓注记**

(1)图廓线、坐标格网线的展绘及坐标注记。

(2)埋石的各级控制点位的展绘及点名或点号注记。

(3)图廓外测图图名、图幅编号、接图表、比例尺、坐标系统、高程系统、测图单位、工作日期等注记。

三、地籍图测绘的方法

1. 全野外数字化测图

野外采集数字化成图是目前普遍采用的一种地籍测量成图方法。它是利用全站仪、GPS 等大地测量仪器,在野外采集有关的地籍要素和地物要素,及时记录在数据终端(或直接传输给便携机),然后在室内通过数据接口将采集到的数据传输给计算机,使用专门的成图软件对数据进行处理,经过人机交互的屏幕编辑,最终形成地籍图数据文件,并根据需要打印输出。

2. 数字摄影测量测制地籍图

采用数字摄影测量系统进行大面积的数字化测量，不仅能完成地籍线划图的测绘，还可以得到各种专题的地籍图。由于地籍测量的精度要求较高，数字摄影测量主要以大比例尺航空像片为数据采集对象，通过专业数字摄影测量的数据处理软件，完成地籍测量的内、外业各项工作。

数字摄影测量得到的地籍图信息丰富，实时性强，既具有线划地图的几何特征，又具有数字直观、易读的特点；内业成图时不受通视条件的限制，可以确保地籍图上的界址点数量充足完善。除要用 GNSS 进行像控和地籍权属调查外，大部分工作均是在室内完成，既减轻了劳动强度，又提高了工作效率。

3. 编绘法成图

当区域内已经测制有比较完善的大比例尺地形图时，在此基础上按地籍测量的要求将地形图编绘成地籍图。

四、土地面积分类统计

土地面积量算结束后，应进行分类统计，包括各街坊宗地面积统计和市、区、街道及街坊内按城镇土地分类的各类土地面积统计，并提交相应的宗地面积计算表、宗地面积汇总表和地类面积统计表等成果。

五、宗地图的编绘

宗地图是以宗地为单位在地籍图的基础上编绘而成，是描述宗地位置、界址点、界址线和相邻宗地关系的实地记录，是土地证书和宗地档案的附图。宗地是指被权属界线封闭的地块，在地籍测绘工作的后期阶段，当对界址点坐标进行检核确认准确无误后，并且在其他的地籍资料正确收集完毕的情况下，依照一定的比例尺编绘宗地图。在不动产管理的日常工作中，如果发生土地权属变化、新增建设项目用地等情况，也会实地测量宗地图，并及时对分幅地籍图进行补充更新。宗地图的比例尺可根据图纸的大小（有 A3、A4 两种）进行调整，特别大的宗地另行编辑。做到点、线清晰，各种注记清楚，宗地四至关系正确。

宗地图样图如图 11-1 所示。

1. 宗地图的内容

（1）本宗地所在的地籍图号；

（2）本宗地编号、门牌号、权利人名称（姓名）；

（3）本宗地界址点、界址线，界址点号，界址线边长；

（4）本宗地内建筑物、构筑物轮廓线，计算建筑占地面积所需的距离、边长；

（5）本宗地土地利用类别、宗地面积、建筑占地面积；

（6）相邻宗地界址线、宗地号、门牌号、权利人及相关地物；

（7）指北方向、比例尺，绘制人员及日期。

2. 编绘宗地图的基本要求

（1）宗地界址线走向正确，四至关系明确无误。

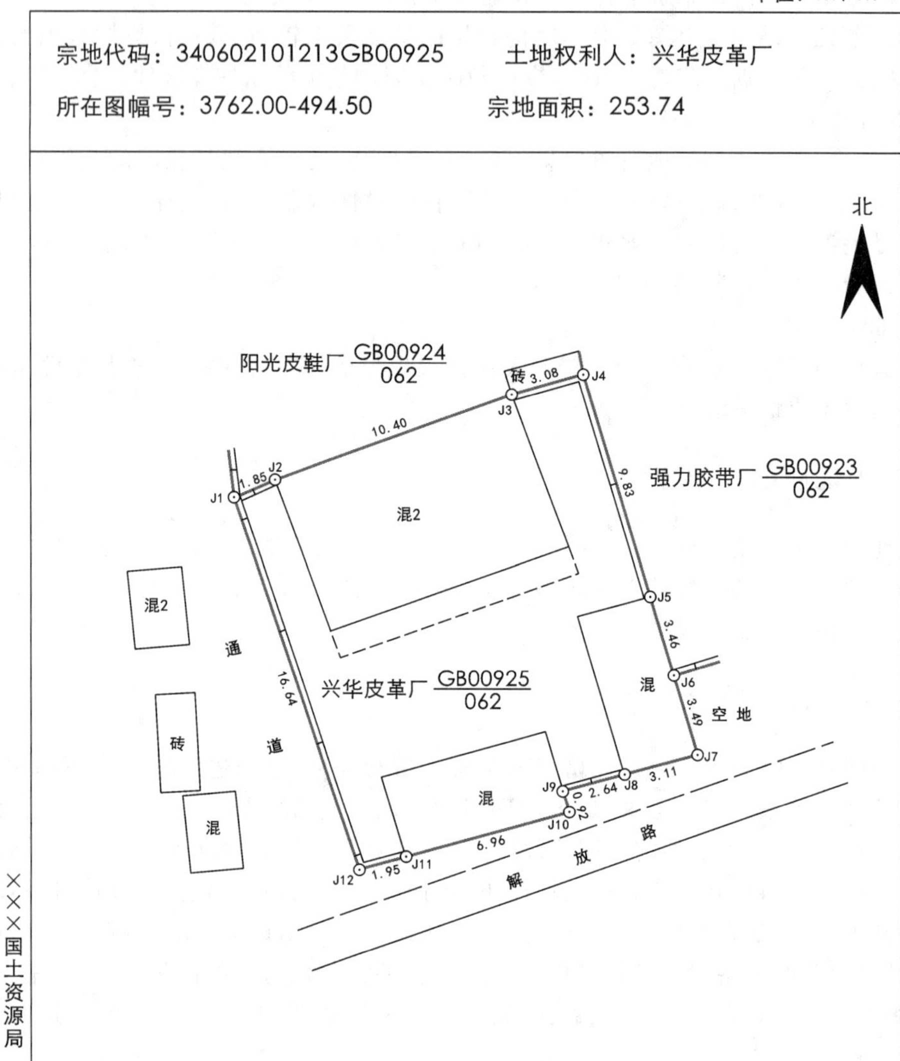

图 11-1 宗地图样图

(2)各项注记正确齐全，与地籍图、宗地草图及地籍簿册一致。本宗地边长注记至 0.01 m。面积用分数表示，注记在本宗地内部适中位置，其中分母为宗地面积，分子为建筑占地面积，面积注记至 0.1 m²。土地利用类别注记至二级分类。

(3)宗地外轮廓及内部房屋、建筑物等形状正确，比例恰当。

(4)宗地图一律用双色绘制。在宗地图上，本宗地的界址点、界址线用红色，其他用黑色表示。

(5)图幅规格：一般为 16 开或 32 开幅，较小、较大宗地可适当缩放。

(6)本宗地界址点用 1.5 mm 直径的小圆圈表示,本宗地界址线用 0.3 mm 的实线绘出,边长注记至 0.01 m,面积注记至 0.1 m^2。

思政导读

准确而完整的房地产测绘成果是审查确认房屋的产权、产籍,保障产权人合法权益的重要依据,也是发展房地产业,进行城市建设和管理的必不可少的基础资料。因此,房地产测量人员应秉持求真务实的工作作风,保证测绘成果的真实性、准确性。

求真务实就是追求真实、实事求是的态度和行动。求真务实的核心思想是以事实为依据,以实际效果为导向,避免主观臆断和空谈理论,注重解决问题的实际需要和现实状况。这种追求真实和务实的态度,对于工作、学习和生活都有很大的积极作用,可以帮助人们更好地认识和应对周围的环境和问题,提高工作效率和质量,增强个人综合素质和竞争力。

思考与练习题

1. 什么是房地产？房地产测量的任务是什么？主要包括哪些内容？

2. 什么是地籍？地籍测量的任务是什么？主要包括哪些内容？

3. 全国土地的分类体系对我国土地的级别是怎样划分的？

4. 土地权属调查(即地籍调查)的内容包括哪些？地籍调查有哪些具体步骤？

5. 房地产中的丘、幢和房产指什么？地籍中的街道、街坊和宗地如何划分？房地产的权属主和使用人及土地权属者和使用人有何区别？

6. 房地产图和地籍图的基本要素各有哪些？和地形图又有哪些区别？如何确定房地产分幅图、分丘图和分层分户图的比例尺和图幅大小？

7. 房地产和地籍面积量算有何具体要求？什么是房屋的建筑面积和使用面积？不同房屋建筑面积的量算方法有何不同？共用面积的分摊原则是什么？

8. 地籍图的基本内容有哪些？三种成图方法有何区别？

9. 地籍界址点一般分几类？应达到什么精度？解析法测定界址点的常用方法有哪些？

10. 宗地图的内容有哪些？

项目 12　摄影测量与遥感在工程测量中的应用

【学习目标】

1.知识目标

(1)理解摄影测量与遥感的相关基本理论知识;

(2)熟悉无人机航测基本知识;

(3)理解利用无人机倾斜摄影技术测绘地形图的技术流程;

(4)理解机载激光雷达获取数字地面模型的技术流程。

2.能力目标

(1)掌握摄影测量与遥感的基本知识;

(2)掌握利用无人机倾斜摄影技术测绘地形图的方法;

(3)掌握机载激光雷达获取数字地面模型的技术方法。

3.素养目标

通过本项目学习,理解工匠精神的内涵,培育工匠精神。

任务 1　摄影测量与遥感技术

一、摄影测量与遥感概述

遥感(remote sensing),通常是指通过某种传感器装置,在不与研究对象直接接触的情况下,获得其特征信息,并对这些信息进行提取、加工、表达和应用的一门科学技术。

作为一个术语,遥感出现于 1962 年,而遥感技术在世界范围内迅速发展和广泛使用,是在 1972 年美国第一颗地球资源技术卫星(Landsat-1)成功发射并获取了大量的卫星图像之后。近年来,随着地理信息系统技术的发展,遥感技术与之紧密结合,发展更加迅猛。

遥感技术的基础,是通过观测电磁波,从而判读和分析地表的目标以及现象,其中利用了地物的电磁波特性,即“一切物体,由于其种类及环境条件不同,因而具有反射或辐射不同波长电磁波的特性”,所以遥感也可以说是一种利用物体反射或辐射电磁波的固有特性,通过观测电磁波,识别物体以及物体存在环境条件的技术。

摄影测量是当前遥感技术的最常见应用。国际摄影测量与遥感学会 ISPRS (International Society of Photogrammetry and Remote Sensing)1998 年给摄影测量与遥

感的定义是:摄影测量与遥感是从非接触成像和其他传感器系统,通过记录、量测、分析与表达等处理,获取地球以及环境和其他物体可靠信息的工艺、科学与技术。其中,摄影测量侧重于提取几何信息,遥感侧重于提取物理信息。也就是说摄影测量是从非接触成像系统,通过记录、量测、分析与表达等处理,获取地球及其环境和其他物体的几何、属性等可靠信息的工艺、科学与技术。

摄影测量的特点是对影像进行量测与解译等处理,无须接触物体本身,因而较少受到周围环境与条件的限制。被摄物体可以是固体、液体或气体,可以是静态的或动态的,也可以是遥远的、巨大的(宇宙天体与地球)或极近的、微小的(电子显微镜下的细胞)。按照成像距离的不同,摄影测量可分为航天摄影测量、航空摄影测量、近景摄影测量和显微摄影测量等。

通过摄影测量获取的影像是客观物体或目标的真实反映,其信息丰富、形态逼真,可以从中提取所研究物体大量的几何信息与物理信息,因此,摄影测量可以广泛应用于各个方面。按照应用对象的不同,摄影测量可分为地形摄影测量与非地形摄影测量。地形摄影测量的主要任务是测绘各种比例尺的地形图及城镇、农业、林业、地质、交通、工程、资源与规划等部门需要的各种专题图,建立地形数据库,为各种地理信息系统提供三维的基础数据。非地形摄影测量用于工业、建筑、考古、医学、生物、体育、变形观测、事故调查、公安侦破与军事侦察等各种方面。其对象与任务千差万别,但其主要方法与地形摄影测量一样,即从二维影像重建三维模型,在重建的三维模型上提取所需的各种信息。

传统的摄影测量三维模型重建也考虑物体表面纹理的表达,例如地面的正射影像就是地表的真实纹理,但是大多数的应用中,较少考虑物体表面纹理的表达。随着社会、经济与科技的发展,三维模型真实纹理的重建,在摄影测量的任务中变得非常重要了。在一些应用中,需要利用不同的摄影方法完成真实纹理的重建,例如城市的三维建模,可能需要航空摄影与近景摄影相结合才能完成。

摄影测量的技术手段有模拟法、解析法与数字法。随着摄影测量技术的发展,摄影测量也经历了模拟摄影测量、解析摄影测量与数字摄影测量三个发展阶段。

近年来,遥感技术取得了飞速的发展,尤其是灵活机动、具有快速响应能力的轻小型航空飞行器在最近几年迅速成长,无人机摄影测量成为航空遥感领域的重要发展方向。小型无人机可以携带多光谱相机、雷达等多种观测载荷,可以满足高精度、低成本、迅速地针对待测区域进行观测的需求。基于近年发展成熟的倾斜摄影测量数据处理软件,可以实现对目标的多角度观测,进行目标区域的三维重建,得到真实感强、纹理精细、大区域的三维重建模型。

二、摄影测量基础知识

1. 空中摄影

为了测绘地形图与获取地面信息,空中摄影测量要按《航空摄影技术设计规范》(GB/T 19294—2003)要求进行,并确保航摄像片的质量。在执行航测任务时,飞机要严格按照规定的航高和设计的方向直线飞行,并保持各航向相互平行,如图 12-1 所示。

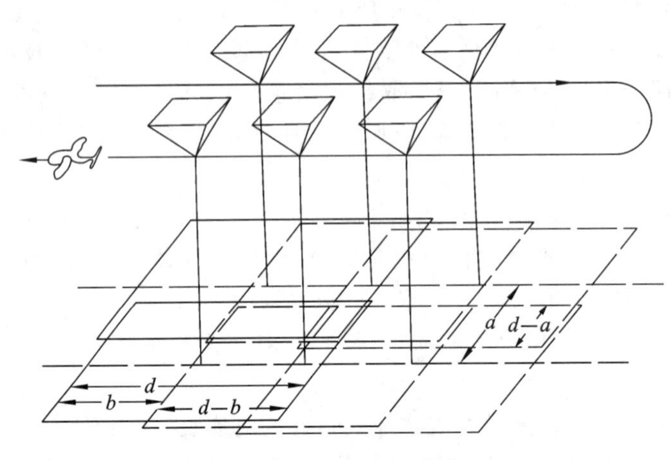

图 12-1　空中摄影方式

空中摄影是采用竖直摄影方式，即摄影瞬间，相机的主光轴近似与地面垂直，主光轴在曝光时会有微小的倾斜，按照规定的要求，像片倾角为 2°～3°。这种摄影方式称为竖直摄影。

1)摄影比例尺

摄影比例尺是指航摄影像上线段 l 与对应地面上线段 L 的水平距离之比。由于摄影像片存在一定的倾角，地形有起伏，因此航摄比例尺在像片上是处处不相等的。摄影比例尺是把摄影像片当成水平像片，地面取平均高程，这时像片上的线段 l 与地面上相应线段 L 之比，称为摄影比例尺，即：

$$1/m = l/L = f/H \tag{12-1}$$

式中：H——相对于测区平均水平面的航高；

f——航摄机主距；

m——像片比例尺分母。

航高是指摄影飞机在摄影瞬间相对于某一水准面的高度，从该水准面起算，向上高度值为正号，根据水准面选取的不同，航高可以分为相对航高和绝对航高。

相对航高是指摄影时相机物镜相对于某一水准面的高度，称为摄影航高，是相对于被摄区域内地面平均基准面的设计航高，是确定飞机飞行的基本数据，按 $H = mf$ 得到。

绝对航高是相对于平均海平面的航高，是指摄影物镜在摄影瞬间的真实海拔数据。通过相对航高 H 和摄影地区地面平均高度 $H_{地}$ 计算得到，即 $H_{绝} = H_{地} + H$。

2)摄影比例尺的选择

摄影比例尺的选择要考虑成图比例尺、摄影测量内业成图方法和成图精度等因素，还要考虑经济性和摄影资料的可使用性。摄影比例尺可分为大、中、小三种。为充分发挥航摄像片的使用潜力，考虑上述因素，一般应选择较小的摄影比例尺。航空摄影中航摄比例尺与成图比例尺之间的关系参照表 12-1 进行选择。

表 12-1　航摄比例尺与成图比例尺的关系

<table>
<tr><th>比例尺类别</th><th>航摄比例尺</th><th>成图比例尺</th></tr>
<tr><td rowspan="3">大比例尺</td><td>1∶2000～1∶3000</td><td>1∶500</td></tr>
<tr><td>1∶4000～1∶6000</td><td>1∶1000</td></tr>
<tr><td>1∶8000～1∶12000</td><td>1∶2000</td></tr>
<tr><td rowspan="3">中比例尺</td><td>1∶15000～1∶20000(像幅 23×23)</td><td>1∶5000</td></tr>
<tr><td>1∶10000～1∶25000</td><td rowspan="2">1∶10000</td></tr>
<tr><td>1∶25000～1∶35000(像幅 23×23)</td></tr>
<tr><td rowspan="2">小比例尺</td><td>1∶20000～1∶30000</td><td>1∶25000</td></tr>
<tr><td>1∶35000～1∶55000</td><td>1∶50000</td></tr>
</table>

摄影比例尺越大，像片的地面分辨率越高，有利于影像的解译与提高成图精度，但是摄影比例尺过大，则要增加费用和工作量，因此摄影比例尺要根据测绘地形图的精度要求和获取地面信息的需要，按测图规范进行选取。航摄比例以项目规划设计所需地形图比例和精度要求为准，应根据大比例尺航测测图的特点，结合摄区的地形条件、成图方法及所用仪器的性能诸因素综合考虑。在确保测图精度的前提下，本着有利于缩短成图周期、降低成本、提高测绘综合效益的原则选择。航摄比例尺分母与成图比例尺分母比值以 4～6 为宜。当航摄比例尺和航摄机选定后，按要求航空影像的地面分辨率应为 20 cm。数码航空摄影的地面分辨率取决于飞行高度。

$$\frac{a}{\mathrm{GSD}}=\frac{f}{H},H=\frac{f\cdot\mathrm{GSD}}{a} \tag{12-2}$$

式中：H——飞行高度；

f——镜头焦距；

a——CCD 元件大小；

GSD——地面分辨率。

3)像片重叠度

为了便于立体测图以及航线间的接边，除了航摄像片要覆盖整个测区外，还要求像片间有一定的重叠。

同一条航线内相邻像片之间的影像重叠称为航向重叠，重叠部分与整个像幅长的百分比称为重叠度，一般要求在 60%以上；两个相邻航带像片之间也需要一定的影像重叠，此部分影像重叠称为旁向重叠，旁向重叠度要求在 30%左右。即航向重叠度：

$$P_x=\frac{p_x}{l_x}\times 100\% \tag{12-3}$$

旁向重叠度：

$$P_y=\frac{p_y}{l_y}\times 100\% \tag{12-4}$$

式中：l_x、l_y——像幅的边长；

p_x、p_y——航向和旁向重叠影像部分的边长。

4)航线弯曲度

航线弯曲度是指航带两端像片主点之间的直线距离与偏离该直线最远的像片主点到该直线的垂距 δ 之比的倒数,一般采用百分数表示。航线的弯曲会影响到航向重叠、旁向重叠的一致性,如果弯曲过大,可能会产生航摄漏洞,甚至影响摄影测量作业。因此,航线弯曲度一般规定不超过 3%。

$$航线弯曲度 = \frac{\delta}{L} \times 100\% \tag{12-5}$$

5)像片旋偏角

相邻像片的主点连线与像幅沿航带飞行方向的两框标连线之间的夹角称为像片的旋偏角。这是摄影时相机定向不准确而产生的,不但会影响像片的重叠度,而且会给内业工作增加困难。因此,像片的旋偏角一般要小于 6°,个别不得大于 8°,并且不能连续有三个像片超过 6°的情况。

6)正射与倾斜

摄影机从飞行器上对地摄影时,根据拍摄时主光轴与水平地面的关系,可分为倾斜摄影和垂直摄影两种。当摄影机主光轴垂直于地面或者偏垂线在 3°以内时,拍摄的像片称为水平像片或垂直像片,航空摄影测量和制图多采用这种像片。当摄影机主光轴偏垂线大于 3°时,拍摄的像片称为倾斜像片。主光轴偏离垂线角度越大,影像的畸变越严重,给图像纠正增加困难,不利于制图使用。

7)垂直投影与中心投影

地形图属于垂直投影,垂直投影的地物的影像是通过相互平行的光线投影到与光线垂直的平面上,因此所得到地图的比例尺处处一致,且与投影距离无关,而航摄像片是地物的中心投影。中心投影,又称透视投影,光线均通过相机透镜中心点,导致比例尺变化、图像变形。地形越高,距相机越近,变形越大,所显示的面积比地形低处相应面积大,且物体顶部向外辐射位移量大,故又称地形位移。可见,对于高物体、图像边缘,均会出现位移量大的像点位移。

8)像片的比例尺

像片的比例尺,即像片上两点之间的距离与对应地面上两点实际距离之比。实际上,由于航摄像片是地面的中心投影,只有当航摄像片水平,地面也是水平面时,中心投影的航摄像片比例尺才等于像距与对应物距之比。像片上的 a、b 两点是地面上 A、B 两点的投影。此时的像片比例尺为:

$$1 : m = ab/AB = f/H$$

式中:H——摄站点 S 相对于地面的航高;

f——主摄影机焦距。

在实际操作中,航摄像片和地面均不可能完全水平,上述的航摄像片比例尺只是一个近似的值,也称为主比例尺。

9)航摄像片和地面上特殊的点和线

航摄像片是地平面的中心投影,两者之间存在着透视变化关系,从几何的角度看像片,其存在许多特殊的点和线,这些点和线对学习与分析像片的某些特征有十分重要的作用。如图 12-2 所示，P 表示倾斜像片，将像片扩大，其与地平面相交的迹线 TT，称为透视轴，两平面的夹角 α 称为像片的倾角。图中 S 为摄影(投影)中心，它至 E 面的垂距 H 称为航高，垂足 N 称为地底点，与像片平面的交点 n 称为像底点。S 点至 P 平面的垂距 f 称为主距，垂足 o 称为像主点。过 S 点作 $\angle oSn$ 的平分线与 P 面的交点 c 称为等角点，与平面的交点 C 称为等角点的共轭点。

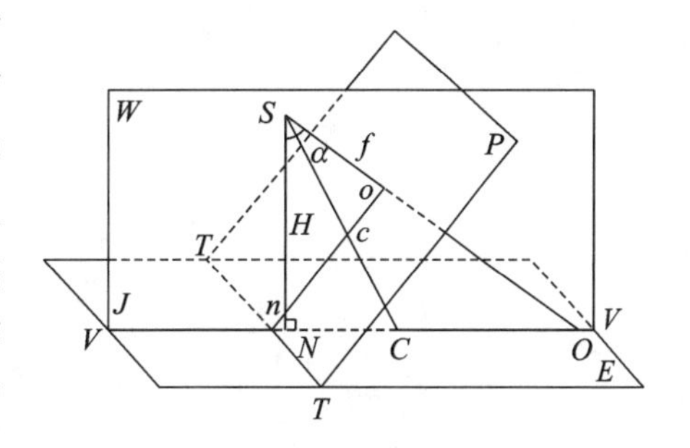

图 12-2　航摄像片及地面上特殊的点和线

2. 共线方程

1)航摄像片的方位元素

航摄像片的内、外方位元素是建立物与像之间数学关系的重要基础。在航测中，将摄影瞬间摄影中心 S、像片 P 与地面(物面)E 的相关位置数据称为航摄像片的方位元素。依据作用不同，航摄像片的方位元素又分为内方位元素和外方位元素。

(1)内方位元素。

表示投影中心对像片的相对位置的参数叫作像片的内方位元素，它们是：像片的主距 f，像主点在像片标框坐标系中的坐标 x_0，y_0。

(2)外方位元素。

外方位元素是确定摄影光束在地面辅助坐标系中的位置时需要的元素，共有三个线元素和三个角元素。其中，线元素是摄站在地面辅助坐标系中的坐标 X_S、Y_S、Z_S，用以确定摄影光束在地面辅助坐标系中的顶点位置；三个角元素用来确定摄影光束在地面辅助坐标系中的姿态。

在恢复内外方位元素后，投影光线 Sa 通向地面点 A，即构成三点共线。

2)共线条件

共线条件是中心投影构像的数学基础，也是各种摄影测量处理方法的重要理论基础。共线方程是解析摄影测量中最基本的公式，应用于摄影测量各个方面，如数字测图、空间后方交会、空中三角测量解算和数字正摄纠正等。

3)共线方程

共线方程是描述像点 a、投影中心 S 和对应地面点 A 三点共线的方程。

如图 12-3 所示，假定 S 为摄影中心点，主距为 f，在地面摄影测量坐标系中，其坐标为(X_S,Y_S,Z_S)，物点 A 是坐标为(X_A,Y_A,Z_A)在地面摄影测量坐标系中的空间点，a 是 A 在影像上的构像，它对应的像空间坐标系中的坐标为$(x,y,-f)$，像空间辅助坐标系的坐标为(X,Y,Z)。S、A、a 三点位于一条直线上，共线条件方程式为：

$$\left.\begin{aligned} x-x_0&=-f\frac{a_1(X_A-X_S)+b_1(Y_A-Y_S)+c_1(Z_A-Z_S)}{a_3(X_A-X_S)+b_3(Y_A-Y_S)+c_3(Z_A-Z_S)}\\ y-y_0&=-f\frac{a_2(X_A-X_S)+b_2(Y_A-Y_S)+c_2(Z_A-Z_S)}{a_3(X_A-X_S)+b_3(Y_A-Y_S)+c_3(Z_A-Z_S)}\end{aligned}\right\}\tag{12-6}$$

式中：x，y——像点的平面坐标；

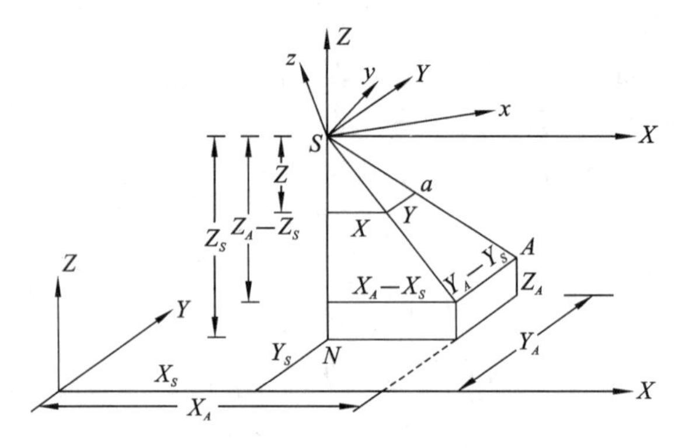

图 12-3　共线条件

x_0, y_0, f——像片内方位元素；

X_S, Y_S, Z_S ——摄站点的地面摄影测量坐标；

X_A, Y_A, Z_A ——物点的地面摄影测量坐标。

三、空中三角测量

1. 空中三角测量的目的和意义

空三加密，也就是解析空中三角测量，指的是用摄影测量解析法确定区域内所有影像的外方位元素。在传统摄影测量中，这是通过对点位进行测定来实现的，即根据影像上量测的像点坐标及少量控制点的大地坐标，求出未知点的大地坐标，使得已知点增加到每个模型中不少于四个，然后利用这些已知点求解影像的外方位元素，因而解析空中三角测量也称摄影测量加密（也有叫电算加密）。空三加密是摄影测量中最重要的技术环节之一。

采用大地测量测定地面点三维坐标的方法历史悠久，至今仍有十分重要的地位。但随着摄影测量与遥感技术的发展和电子计算机技术的进步，用摄影测量方法进行点位测定的精度有了明显提高，其应用领域不断扩大，而且某些任务只能用摄影测量方法才能使问题得到有效的解决。

摄影测量方法测定（或加密）点位坐标的意义在于：

（1）不需直接触及被量测的目标或物体，凡是在影像上可以看到的目标，不受地面通视条件限制，均可以测定其位置和几何形状；

（2）可以快速地在大范围内同时进行点位测定，从而可减少大量的野外测量工作量；

（3）摄影测量平差计算时，加密区域内部精度均匀，并且很少受区域大小的影响。

所以，摄影测量加密方法已成为一种十分重要的点位测定方法。解析空中三角测量的目的可以分为两个方面：一是用于地形测图的摄影测量加密；二是高精度摄影测量加密，用于各种不同的应用目的。它主要有以下几种应用：

（1）为内业立体测图、制作影像平面图和正射影像图提供定向控制点（图上精度要求在 0.1 mm 以内）和内、外方位元素；

（2）取代大地测量方法，进行三、四等或等外三角测量的点位测定（要求精度为厘米级）；

(3)用于地籍测量以测定大范围内界址点的国家统一坐标，即为地籍摄影测量，以建立坐标地籍(要求精度为厘米级)；

(4)单元模型中解析计算大量点的地面坐标，用于诸如数字高程采样或桩点法测图；

(5)解析法地面摄影测量，例如各类建筑物变形测量、工业测量以及用影像重建物方目标等，此时所要求的精度往往较高。

2. 空三加密连接点的类型与设置

在摄影测量作业中，影像之间的联系、影像对的定向等均是通过影像上的连接点(像控点)来实现的。影像坐标量测值的精度，除了取决于摄影机、摄影材料、坐标量测系统和作业员的水平外，还与影像上的连接点的类型和设置有关。

1)像控点刺点

为了避免转刺点误差，对所有控制点和连接点布设地面标识是最好不过的。但是由于它的成本高和不便于作业，目前只在高精度摄影测量平差中及用于科学研究目的时采用。

为了在影像上可以辨认和量测，像控点地面标识的大小需按照影像比例尺来确定。计算标识点直径的经验公式为：

$$d \approx 25\ m_s/10000 \tag{12-7}$$

式中，m_s 为影像比例尺分母。这样在影像上得到的标识的理论直径为 25 μm，但由于受光照条件影响，实际直径要加到 50 μm。表 12-2 为几种影像比例尺摄影时所采用的标识实地大小。

表 12-2　采用的标识实地大小

影像比例尺	标识点直径(实地)
1∶250(地面摄影测量)	4～8 mm
1∶3000～1∶6000	10 cm
1∶10000	20 cm
1∶20000	50 cm
1∶50000	1～2 m

考虑到标识点在影像上的可辨认性，其周围的影像应具有良好的反差，这一点比标识大小的选择更为重要。对黑白软片，标识的颜色最好为白色，亦可为黄色或红色，其背景颜色以绿色或黑色为好。而对于彩红外软片，标识可取玫瑰色或红色。对于彩色片，则宜取红色，其次为黄色和白色。

为了便于辨认，在标识点周围需加辅助标识。标识点和辅助标识之间的间隙至少必须保持在标识点直径的三倍。如果采用立体量测，标识周围应当等高；如果是单像量测，则关系不大。

2)明显地物点刺点

所谓明显地物点是指在实地存在而且不易受到破坏的、在影像上可准确辨认的自然点(房角、围墙及加固坎等线形地物转折角等)。直接选取这些点作为控制点和连接点时，无须在像片或透明正片上刺孔，而只要求绘出唯一确定的点位略图，给出文字说明，并在像片上标明位置所在。在进行量测时,作业人员按此略图和说明来辨认点位。这种方法的优点是不破坏立体观测效应。如果地面明显地物很多,而且选点和量测由同一作业人员完成,它也可能达到接近于标识点的精度。但是,这种方法对于明显地物不多的荒漠地区或未开发地区不可行。此外,该方法作业比较麻烦,在观测时辨认点位要花费更多时间。

利用自然点作为控制点时,有时必须将平面和高程控制点分开,以保证量测精度。例如:平坦地区的道路交叉口,其平面位置不一定很精确,但用作高程控制点是十分好的;而围墙角不宜作为高程控制点,但作为平面控制点很合适。

3)影像匹配转点

这是目前摄影测量作业中采用的最普遍的方法。将立体像对的影像数字化,然后用数字影像匹配方法寻找左右影像的同名像点。惯常的数字影像匹配方法是比较目标区和搜索区内两个点组灰度的协方差或相关系数,在该值为最大的原则下寻求同名像点,实现立体量测的自动化。

3. 光束法区域网空中三角测量

空中三角测量按平差时所采用的数学模型的不同,可分为航带法空中三角测量、独立模型空中三角测量和光束法空中三角测量三类。对于航带法其所解求的未知数少,计算方便快速,但是不如光束法和独立模型法严密,因此主要用于为光束法提供初始值和低精度的坐标加密;独立模型法理论较严密,精度较高,未知数、计算量和计算速度位于光束法和航带法之间;光束法理论最为严密,加密成果的精度较高,但需要解求的未知数多,计算量大,计算速度较慢。对于当前高精度空中三角测量的加密,普遍都是采用光束法区域网平差。

光束法区域网平差是以一张像片组成的一束光线作为平差的基本单元,是以中心投影的共线方程作为平差的数学模型,以相邻像片公共交会点坐标相等、控制点的内业坐标与已知的外业坐标相等为条件,列出控制点和加密点的误差方程式,进行全区域的统一平差计算,解求出每张像片的外方位元素和加密点的地面坐标,如图 12-4 所示。

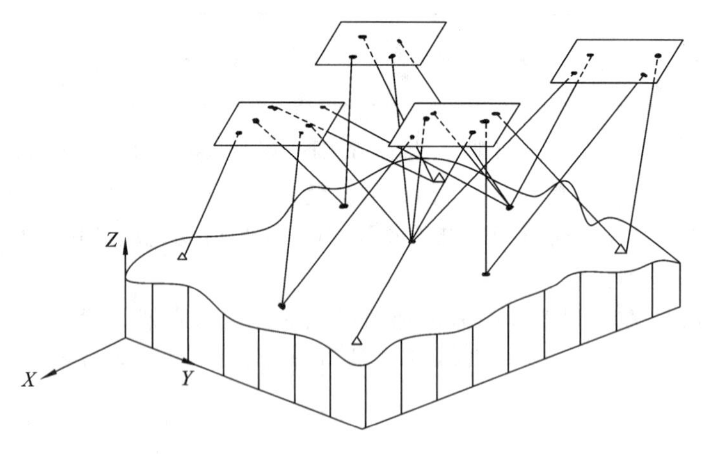

图 12-4　光束法区域网平差

光束法区域网平差主要过程如下:

(1)像片外方位元素和地面点坐标近似值的确定。

对于初始值如何确定，可以采用旧地图获取，也可交替地进行后方交会和前方交会建立航带模型，但是通常采用航带法加密成果作为光束法区域网平差的概值。

(2)逐点建立误差方程式和改化法方程式。

(3)利用边法化边消元循环分块法解求改化法方程式。

(4)求出每张像片的外方位元素。

(5)空间前方交会求得待定点的地面坐标，对于像片公共连接点取其均值作为最后成果。

光束法区域网平差以像点坐标作为观测值，理论严密，但对原始数据的系统误差十分敏感，只有在较好地预先消除像点坐标的系统误差后，才能得到理想的加密成果。对于无人机拍摄的影像要消除畸变差，才能消除影像上像点坐标的系统误差。

对于目前全自动处理的空三软件，则一般是利用影像自动匹配出航向和旁向的像点，将全区域中各航带网纳入比例尺统一的坐标系统中，拼成一个松散的区域网。确认每张像片的外方位元素和地面点坐标的概略位置。然后根据外业的控制点，逐点建立误差方程式和改化法方程式，解求出每张像片的外方位元素和加密点的地面坐标。

4.空三加密的流程

空三加密方式有相对定向和绝对定向两种。相对定向不要求有地面控制点和检查点，空三完成后再进行绝对定位；一般用于无控制点，或控制点难做，影像质量不好时获得更好的匹配效果。一般都采用绝对定向方式，绝对定向要求空三开始前就加入地面控制点和检查点。

生产中空三加密可以通过有关软件实现快速、精确的处理，比如 INPHO、M3D 等。空三加密的作业流程如图 12-5 所示。

收集原始资料 → 转点、选刺点 → 坐标量测 → 平差计算和成果整理

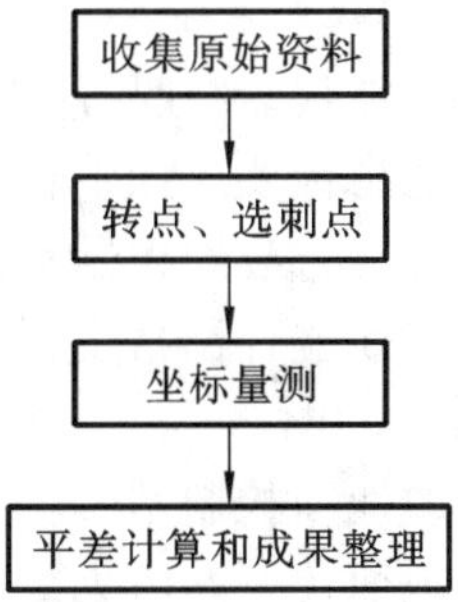

图 12-5　空三加密流程

无人机航测在生产中的运用很广泛，测量上主要有数字正射影像图(DOM)、数字高程模型(DEM)、数字线划地图(DLG)等基础数据框架及实景三维模型的生产。所有以上产品的生产，都是经过空三解算之后进行的。

四、无人机基本知识

无人驾驶飞机简称“无人机”，英文缩写为“UAV”，是利用无线电遥控设备和自备的程序控制装置操纵的不载人飞机。无人机从技术角度定义可以分为无人固定翼机、无人垂直起降机、无人飞艇、无人直升机、无人多旋翼飞行器、无人伞翼机等。

无人机按应用领域，可分为军用与民用。军用方面，无人机分为侦察机和靶机。民用方面，无人机＋行业应用，是无人机真正的刚需；目前在航拍、农业、植保、国土调查、测绘、灾难救援、电力巡检、快递运输、野生动物保护、监控传染病、新闻报道、影视拍摄、自拍等领域的应用，大大地拓展了无人机本身的用途。发达国家也在积极扩展行业应用与发展无人机技术。2013 年 11 月，中国民用航空局下发了《民用无人驾驶航空器系统驾驶员管理暂行规定》，由中国 AOPA 负责民用无人机的相关管理。根据该暂行规定，中国内地无人机操作按照机型大小、飞行空域可分为 11 种情况，其中仅有 116 千克以上的无人机和

4600 立方米以上的飞艇在融合空域飞行由民航局管理，其余情况，包括日渐流行的微型航拍飞行器在内的其他飞行，均由行业协会管理，或由操作手自行负责。

1. 无人机的系统组成

无人机的系统组成如图 12-6 所示。

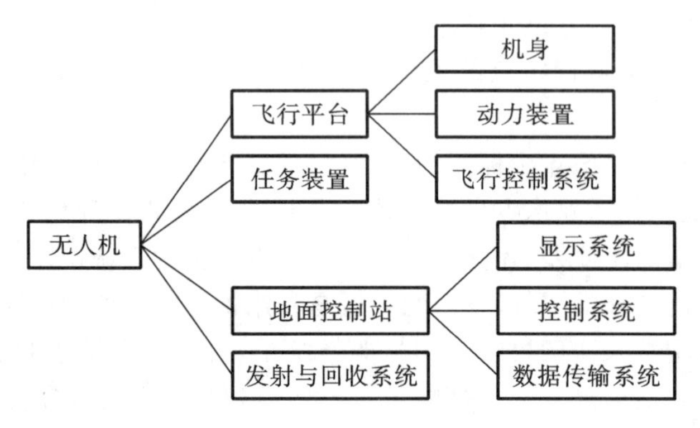

图 12-6　无人机的系统组成

1）飞行平台（载机）

（1）机身。固定翼无人机机身一般由 EPP、EPO、玻璃钢、木材等高强度、低质量的材料构成。多旋翼无人机机身一般以碳纤维材料作为主要材料。

（2）动力装置。固定翼多用无刷电动机、甲醇发动机、汽油机、涡扇发动机、涡喷发动机（后两种多为军用）等作为动力装置。多旋翼无人机多用无刷电动机作为动力装置。

（3）飞行控制系统（飞控系统）。飞控系统用于无人机的导航、定位和自主飞行控制，它由飞控板、惯性导航系统、GNSS 接收机、气压传感器、空速传感器等部件组成。飞控系统性能指标要求如下：

①飞行姿态控制稳度：横滚角应小于 ±3°，俯仰角应小于 ±3°，航向角应小于 ±3°。

②航迹控制精度：偏航距应小于 ±20 m，航高差应小于 ±20 m，航迹弯曲度应小于 ±5°。

2）地面控制站（地面站）

地面控制站由无线电遥控器（见图 12-7）、数传电台（见图 12-8）、增程天线、监控计算机系统（见图 12-9）、地面供电系统以及监控软件等组成。

图 12-7　无线电遥控器

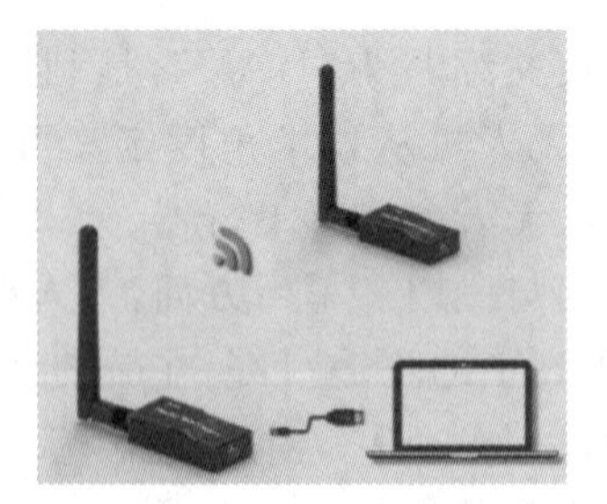

图 12-8　数传电台

图 12-9　监控计算机系统

①监控站主机应选用加固笔记本电脑或同等性能的计算机和电子设备；

②监控数据可以图形和数字两种形式显示，显示做到综合化、形象化和实用化；

③无线电遥控器通道数应多于 8 个，以满足使用要求；

④监控计算机应满足一定的防水、防尘性能要求，能在野外较恶劣环境中正常工作；

⑤监控计算机的主频、内存应满足监控软件对计算机系统的要求；

⑥电源供电系统应保障地面监控系统连续工作时间大于 3 小时。

3)固定翼无人机的发射与回收系统

(1)起飞方式。

①滑跑起飞。优点：无需弹射器。缺点：受场地限制。

②弹射起飞。优点：没有场地限制。缺点：需要购置弹射器。

(2)降落方式。

①滑跑回收。优点：无需回收降落伞。缺点：受场地限制，安全性不如伞降。

②伞降回收。优点：安全可靠，受场地制约影响小。缺点：需要降落伞以及飞控系统支持。

2. 航测无人机安全性要求

(1)无人机应配备伞降设备，在无人机遇到突发故障时，可通过降落伞减缓下降速度，避免或减少对地面目标的冲击和损害，减小飞行平台和机载设备的损伤；

(2)设计飞行高度应高于摄区和航路上最高点 100 m 以上；

(3)设计航线总航程应小于无人机能到达的最远航程；

(4)距离军用、商用机场须在 10 km 以上；

(5)起降场地相对平坦、通视良好；

(6)远离人口密集区，半径 200 m 范围内不能有高压线、高大建筑物、重要设施等；

(7)起降场地地面应无明显凸起的岩石块、土坎、树桩，也无水塘、大沟渠等；

(8)附近应无正在使用的雷达站、微波中继通信、无限通信等干扰源，在不能确定的情况下，应测试信号的频率和强度，如对系统设备有干扰，须改变起降场地；

(9)无人机采用滑跑起飞、滑行降落的，滑跑路面条件应满足其性能指标要求。

3. 航测无人机作业流程

由于航测所需的无人机复杂程度要高于一般航模，各个设备之间需要有良好的兼容性，因此，单独购买设备组装调试难度大，设备之间兼容性存在一定风险，整套设备采购是最好的选择。一般固定翼无人机的作业流程如下：

从接到项目开始，首先是根据用户的需求(成图比例，地面分辨率要达到多少厘米)查看地图，查看地形起伏落差，选择合适的相机、镜头和像片重叠度，并计算无人机的相对航高(航高必须是高差的 6 倍以上)、航线间隔和拍照间隔。根据航线间隔和范围线在地图上画出航线。

外业航摄工作要细心，起飞前检查要仔细，参数设置要正确，操作方法得当。

设备检查。设备从组装开始到完成过程中都要仔细检查配件有无变形，连接是否牢靠，电机转动是否顺滑，舵机工作正常与否，电台通信是否完全正常，GNSS 所搜索到的卫星是否足够，该初始化的数据是否全部完成初始化，航线航点、拍照间隔和拍照点是否正常设置。

相机设定。若巡航速度为 72 km/h，则相机设定为 S 挡，快门为 1/1600 s 到 1/1250 s，用不同的ISO值进行拍照，对比照片选择合适的ISO。

迎风起飞，飞到空中，切返航，检查无人机盘旋状态是否稳定。爬升到目标后切到航线飞行模式，航线中遥控飞手和电脑操作手都要注意观察卫星、飞控和舵机电池电压、地速、空速及高度、飞机姿态及方位等重要数据。

若为了增加续航而拆除伞包，就要采用滑降。选择平坦的草地、水泥地都可以降落。

任务2　无人机倾斜摄影在地形图测绘中的应用

传统的地形测量方法是使用全站仪及RTK进行外业测量，不仅耗时耗力，效率较低，且成本较高。倾斜摄影技术是国际测绘领域近些年发展起来的一项高新技术，它颠覆了以往正射影像只能从垂直角度拍摄的局限，通过在同一飞行平台上搭载多台传感器，同时从一个垂直、四个倾斜等五个不同的角度采集影像，将用户引入了符合人眼视觉的真实直观世界。无人机倾斜摄影测量近年来在地形图测绘中得到广泛应用，相比于传统地形图测绘方式，无人机倾斜摄影具有快速成图、低成本等优势。基于大疆多旋翼M600 Pro无人机倾斜摄影技术进行地形图测绘的具体流程如下。

一、作业准备

1. 获取项目及测区基本信息

获取项目及测区基本信息包括明确任务范围、精度、用途、测区禁飞情况、作业期间天气情况、高差及其变化情况。

2. 航摄设计

1）地面分辨率的选择

各摄影分区基准面的地面分辨率应根据不同比例尺航摄成图的要求，结合分区的地形条件、测图等高距、航摄基高比及影像用途等，在确保成图精度的前提下，本着有利于缩短成图周期、降低成本、提高测绘综合效益的原则进行选择。测图比例尺1∶500，地面分辨率小于等于5 cm；测图比例尺1∶1000，地面分辨率为5～10 cm；测图比例尺1∶2000，地面分辨率为15～20 cm。

2）航摄分区

航摄分区的划分应遵循以下原则：

（1）分区界线应与图廓线相一致；

（2）分区内的地形高差不应大于1/6摄影航高；

（3）在地形高差符合规定，且能够确保航线的直线性的情况下，分区的跨度应尽量划大，且能完整覆盖整个摄区；

（4）当地面高差突变，地形特征差别显著或有特殊要求时，可以破图廓划分航摄分区。

3）分区基准面高度的确定

依据分区地形起伏、飞行安全条件等确定分区基准面高度。摄影分区基准面是将分区个别突出最高点与最低点舍去不计，使分区内高点平均高程与低点平均高程面积各占一半的平均高程平面。基准面高度=(高点平均高程+低点平均高程)/2。

4)航线设计

无人机一般按东西向平行于图廓线直线飞行，亦可作南北向飞行或沿线路、河流、海岸境界等方向飞行。航线范围要覆盖测区范围，同时航线外扩距离不小于飞行高度。

(1)航高计算。

航高即飞行高度，计算飞行高度是航摄时无人机相对于测区基准面的高度，飞行高度差应不大于 5%，同一条航线内飞行高度差不大于 50 m。按式(12-2)计算航高。

(2)像片重叠度。

像片重叠度包括航向重叠度、旁向重叠度。无人机航摄航向重叠度一般应为 60%～80%，最小不应小于 53%；旁向重叠度一般应为 15%～60%，最小不应小于 8%。

在建筑物密集的城市地区，倾斜摄影获取的影像存在严重的地物遮挡现象，为了获取全方位无信息盲点的倾斜影像，同时也为了多视影像的整体平差效果，保证地形图成图精度，应采取大重叠度的影像获取方式。无人机倾斜摄影的航向重叠度一般在 70%～80%之间；旁向重叠度一般在 50%～80%之间，可与航向重叠度相同。

5)航摄时间

航摄时间的选择，既要保证具有充足的光照度，又要避免过大的阴影。为便于后期影像判读与处理，建议高差特大的陡峭山区或高层建筑物密集的大城市在正午前后 1 小时内进行航空摄影，阴影倍数不大于 1 倍。不宜在雨天航摄。风力大于所用无人机的抗风等级时禁止航摄。

二、像控点布测

像控点是摄影测量控制加密和测图的基础，野外像控点目标选择的好坏和指示点位的准确程度，直接影响成果的精度。换言之，像控点要能包围测区边缘以控制测区范围内的位置精度。像控点的作用：一方面，纠正飞行器因定位受限或电磁干扰而产生的位置偏移、坐标精度过低等问题；另一方面，纠正飞行器因气压计产生的高层差值过大等其他因素。像控点的测量主要采用 GPS-RTK 的方法。像控点的布设方案和方法如下。

1. 布设原则

①规则矩形和正方形：小面积区域最少布设 5 个控制点，航飞区域内 4 个角各一个，区域中间 1 个；大面积区域相应增加控制点。

②不规则图形：很多时候我们的飞行区域并不是很规则的图形，这个时候我们就只能根据地形来给它布设控制点了，保证布设的像控点能均匀覆盖整个测区。

③带状河道、公路等区域：这种区域经常采用 Z 形、S 形布设像控点。

2. 布设的密度

像控点布设的密度，首先要考虑测区地形和精度要求。如地形起伏较大，地貌复杂，需增加像控点的布设数量(10%～20%)。

飞机相机像素大小不同，布设控制点的密度也不同，相机像素越高，布设控制点的密度越小(见表 12-3)。飞行高度越低，布设控制点的密度越大。带 PPK(后差分系统)的飞机布设控制点数量比不带 PPK 的飞机减少 80%以上(理论),但带 PPK 的飞机飞行距离和所架设的静态基站间直线距离应保持在 10 km 之内。

表 12-3 像控点的布设密度

影像分辨率	像控点密度	项目类型
1.5 cm	100～200 米/个	地籍高精度测量
2 cm	200～300 米/个	1∶500 地形图测量
3 cm	300～500 米/个	1∶1000 地形图测量
5 cm	500 米/个	常规规划测量设计

3. 点位选择

① 像片控制点的目标影像应清晰,易于判刺和立体量测,如选择交角良好(30°～150°)的细小线状地物交点、明显地物拐角点、原始影像中不大于 3 像素×3 像素的点状地物中心,同时应是高程起伏较小、常年相对固定且易于准确定位和量测的地方,弧形地物及阴影等不应选作点位目标。

②高程控制点点位目标应选在高程起伏较小的地方,以线状地物的交点和平山头为宜;狭沟、尖锐山顶和高程起伏较大的斜坡等,均不宜选作点位目标。

像控点可以是特征地物点,如道路斑马线或标识线角点、有颜色人行道拐角、水泥地面拐角、田埂/地埂/小路交叉口中心点等,也可以是 L 形喷涂标识或标靶板。L 形喷涂标识应用直角模具喷涂,或者用航测专用标识,涂刷大小大于 50 cm,棱角不虚边;涂刷编号字体清晰,字体高度大于 30 cm。无人机标靶板以 60 cm×60 cm 左右的 KT 板制作最好,黑白相间的颜色使得内业刺点的时候更加精准(见图 12-10)。使用无人机标靶板作为像控点时,航摄外业过程中应将其钉紧或压实、压紧于地面。

(a) L形喷涂像控点

(b) 标靶板像控点

图 12-10 无人机航测像控点标识

每个点位做点之记时用手机拍摄最少两张像片,分别为近距离(大概相隔 4 m 距离)一张,远距离(15～20 m 距离)一张。前面一张用于确定像控点具体是对房屋或斑马线等的哪个角,后面远距离那张用于确定是哪个房屋或哪条斑马线等。拍摄时最优拍法是从南往北拍摄(可以固定所有影像为从南往北拍——人站在南方,采集的点位在拍摄人的北方向),这样光照条件最好,可防止逆光拍摄,防止点位看不清,内业人员误判。

三、航摄实施

外业数据采集流程如下:

(1)准备工作:准备工作包括 DJI 无人机螺旋桨和电池安装,DJI GS Pro 软件连接,参数设置,以及在已知点架设基站采集静态数据并量取天线高。

(2)起飞:准备工作结束无误后,开启相机,点击软件起飞触屏,无人机接收到指令开始盘旋爬升至指定航高后飞向航线。飞行高度可以根据项目情况合理选择,本次飞行高度设置为 70 m。

(3)航线飞行:无人机在爬升至指定航高后会根据地面站的设置沿航线飞行,飞行过程中无人机按飞行计划可以选择一定时间差拍摄照片。当无人机中途电量不够时选择一键返航,换上新电池后选择断点飞行。本次航向重叠度设置为 80%,旁向重叠度设置为 70%。

(4)降落:无人机在飞行完成所有航线后,按照规定设置到达返航高度,按照飞行计划缓慢降落至区域规定位置。

航拍任务完成后将航拍影像数据全部导出检查,主要是检查航拍任务执行情况是否与设置一致,检查 POS 数据和 RTK 数据是否正常以及照片是否有曝光过度、模糊不清、抖动等情况出现,若出现上述情况则重新补拍或者重新设置航线飞行,若无质量问题,则可继续飞第二架次。

四、三维模型构建

使用 ContextCapture Center 进行三维建模,流程如下:

(1)新建项目。打开 ContextCapture Center Master 软件,新建工程,填写工程名称,选择工程目录,完成并单击 OK,完成工程的新建。

(2)导入航摄影像。单击 Block_1 区块,选择影像选项卡,单击添加影像,添加整个目录,选择照片所在目录,完成导入。导入完成后,可以看到默认的相机参数、照片名称、对应的位置信息,没有影像组件信息。

(3)导入控制点。选择 Surveys(测量)选项卡,单击编辑控制点,在空间参考系统(SRS)选择像控点的坐标系统,并使用该窗口的文件按钮完成导入。

(4)刺点。选择需要刺点的像控点,在下面的窗口中,选择刺点的照片,根据像控点与照片的对应关系,按 Shift 键的同时单击鼠标左键进行刺点。右侧窗口显示该点的刺点信息,检查并保存完成刺点作业。

(5)提交空中三角测量。选择概要选项卡,单击右侧提交空中三角测量。在弹出的默认对话框中,一般采用默认设置,后提交该步骤,等待完成空中三角测量计算。(注:空中三角测量计算、三维建模任务需要运行 CMD 程序 ContextCapture Center Engine 引擎模块。)

(6)检查空三精度。对空三结果进行简单的检查:在编辑控制点中查看连接精度,红色方框内的数字越小越好;在影像选项卡中,查看影像对应的影像组件是否完整;在 3D 视图选项卡中,查看空三得出的稀疏点云是否符合实际情况。完成简单的检查之后,即表示完成了空中三角测量的计算。

(7)提交建模任务。选择概要选项卡,右下角单击提交新的生产项目。名称根据需要修改;目的一般选择三维网络或正摄影像,可以根据需要选择;格式/选项,一般需要的格式为 3MX、OSGB、OBJ 等;空间参考系统选择与像控点的坐标系统一致;目标可以选择修改输出目录。选择生产完成的空三计算项目，选择概要选项卡，单击 Run LOD generate 重建 LOD，等待完成三维建模。

五、基于 EPS 软件的地形图绘制

在三维测图软件中，通过加载倾斜模型，在三维测图界面内对地物进行绘制。利用三维测图软件对三维实景影像成果绘制数字地形图，主要包含 4 个步骤：

（1）建筑物外部轮廓绘制。利用建筑物侧面形状数据绘制建筑侧面轮廓的基点，形成闭合线状要素，通过三维模型确定建筑物的特征，赋予要素建筑物的属性信息。

（2）线状地物及其他面状地物的绘制。通过倾斜模型进行线状、面状地物的绘制，三维模型上可以直观地展现地物平面位置、高程属性特征等，可快速地提取要素的内容。

（3）高程提取。倾斜模型上具有高程信息，在模型上可以快速地提取需要获取的高程数据。

（4）地形图修饰。绘制完成后对照倾斜摄影模型检查图面注记，修饰地形图要素。

任务 3　机载激光雷达获取数字地面模型

一、机载激光雷达系统组成及原理

激光雷达的基本原理系通过采用激光器向被探测目标发射激光脉冲，经过被探测目标的反射或散射后，激光脉冲返回激光器，通过对返回激光脉冲进行分析来探知被探测目标。根据具体原理的不同，激光雷达可分为测距激光雷达(range finder lidar)、多普勒激光雷达(Doppler lidar)以及差分吸收激光雷达(differential absorption lidar)。测距激光雷达根据作业平台的不同可分为地面激光雷达和机载激光雷达。

机载激光雷达系统通常主要由以下四部分组成：飞行平台、激光扫描仪、定位与惯性测量单元以及控制单元。其中飞行平台既可以是固定翼、多旋翼飞机，也可以是直升机，定位与惯性测量单元则由惯性测量装置(inertial measurement unit，简称 IMU)以及差分 GPS(DGPS)等组成。

机载激光雷达系统工作原理如图 12-11 所示。该系统通过激光扫描仪向地表发射激光脉冲，根据激光脉冲从发射至返回激光扫描仪所经历的时间来确定扫描仪中心至地表激光光斑之间的距离 d，而由 DGPS 确定扫描仪中心坐标(X_0，Y_0，Z_0)，利用 IMU 则可以确定激光扫描仪扫描瞬时的空间姿态参数(φ，ω，κ)。根据这些几何参数以及空间几何关系，即可确定地面激光点的三维坐标(X，Y，Z)。

二、机载激光雷达获取数字地面模型作业流程

下面以多旋翼无人机 M300 为例介绍机载激光雷达获取数字地面模型的作业流程。

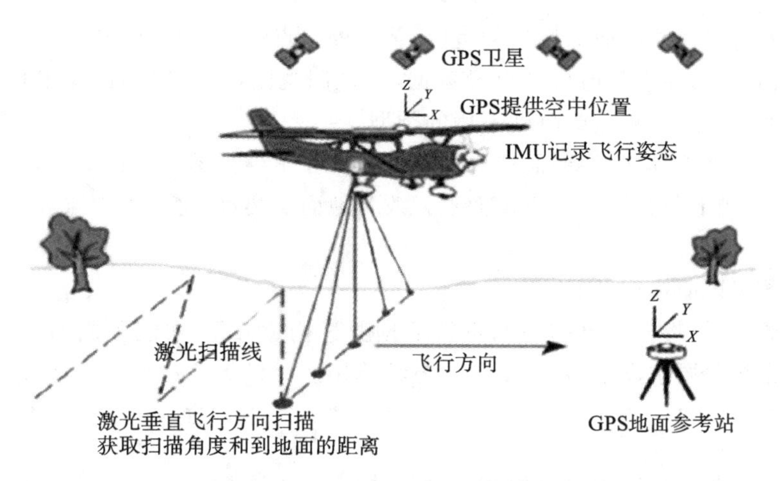

图12-11　机载激光雷达系统原理图

1.机载激光雷达外业

(1)现场踏勘:实地踏勘激光雷达拍摄范围,了解测区禁飞情况、作业期间天气情况、高差及其变化情况。

(2)空域申请:根据测区范围、航线方向及外扩范围确定飞行区域范围(一般是包含测区范围的多边形,或以测区中心东坐标E、北坐标N以及飞行范围半径表示)。

(3)使用RTK采集检查点坐标、高程。检查点应均匀分布,一般位于硬化地面或无植被覆盖的裸露地面,数量根据测区大小、地形情况确定。

(4)摆设地面参考站(基站)。用测钉做好基站点标识,用RTK测量基站点坐标(含经纬度坐标数据);用脚架将RTK接收机摆设在基站点上,对中整平,量取天线高;用手簿将RTK接收机设置为静态采集模式(采集间隔可设置为0.5 s),启动仪器开始采集数据。

(5)组装多旋翼无人机。在测区外空旷处,取出无人机→展开机翼→装1块电池→开机→用遥控器连接无人机→指南针校正→关机→安装激光雷达→安装挂载相机→安装剩余5个电池(安装的电池电量需满格)→电池全部开机→开启无人机RTK。

(6)使用遥控器连接无人机进行航线规划。拖动航线范围调整飞行区域(比测区大)→设置飞行高度→设置航向重叠度60%、旁向重叠度60%→设置相机型号→激光雷达设置(默认)→调整航线角度(如测区为道路、电力线等,应把航线角度调整到与线路平行)→设置返航高度(可设置大于飞行高度10米)→作业前检查→解锁无人机进行飞行。

飞完导出雷达数据(相机采集数据、IMU惯导数据、激光扫描数据、无人机RTK采集的数据等),导出基站静态数据。

2.激光点云处理

1)点云预处理

在点云数据处理软件中,新建工程,导入数据,设置基站相关信息(经纬度、基站仪器高),解算POS数据,进行航带划分,多航带点云融合,融合好后加载点云数据。

利用外业采集的检查点对点云数据精度进行检查,生成控制点报告。

2)点云后处理

(1)点云数据裁剪。在点云数据处理软件中加载点云数据,切换到俯视图,用多边形选择工具选择需构建数字地面模型的范围，裁剪外部点云，导出点云数据。

（2）点云分类。导入裁剪后的点云数据，通过侧视图，用多边形选择工具选择悬在空中较高的非地面点进行删除或改到不用的类型。

启动点云分类工具，开启剖面选取点云功能。在三维视图中拉选剖面，在剖面视图中使用线上分类、线下分类等工具将地面点云改为地面点类型，将非地面点云改到不用的点云类型。

3. 生成数字地面模型(DEM)

点云分类好后，将分类出的地面点云数据通过构建 TIN 功能生成 DEM（TIF 格式；格网间距根据相关要求设定，对于工程土方计算用途可设 XSize、YSize 为 0.5 m）。

思政导读

测绘工作是一项需要耐心和细心的工作，工作中的一点点差错都会给国家和集体带来重大损失，这就要求我们在业务上求精，要科学严谨、求实求精、保障质量、尽善尽美。

工匠精神是一种执着专注、精益求精、一丝不苟、追求卓越的精神。我国自古就有尊崇和弘扬工匠精神的优良传统，从“如切如磋，如琢如磨”“匠心独运”到鲁班制造工具、蔡伦造纸、李春修建赵州桥等，无不是古代工匠精益求精、追求完美的生动体现。新中国成立以来，一代又一代工匠们不懈努力，“两弹一星”、载人航天工程、高铁技术、大飞机设计与制造等，无不展现了我们对工匠精神的传承和发扬。

思考与练习题

1. 什么是摄影测量与遥感？
2. 航高如何确定？
3. 什么是空三加密？空三加密的作用是什么？
4. 试述利用无人机倾斜摄影测绘地形图的作业流程。
5. 激光雷达的基本原理是什么？
6. 简述机载激光雷达获取数字地面模型的作业流程。

项目 13　测绘成果质量管理

【学习目标】

1. 知识目标

(1)掌握测绘成果质量控制的基本概念及其重要性；

(2)了解测绘成果质量控制的主要内容和方法；

(3)掌握测绘成果质量控制的流程；

(4)理解测绘成果质量检查与评定的内容与方法。

2. 能力目标

(1)掌握测绘成果质量控制的主要内容和方法；

(2)掌握测绘成果质量控制的流程；

(3)掌握测绘成果质量检查与验收的方法。

3. 素养目标

通过本项目学习，理解测绘成果质量管理的重要性，培育质量意识。

任务 1　测绘成果质量控制的基本知识

一、测绘成果质量控制概述

测绘成果是由具有测绘资质的测绘单位员工对自然地理要素或者地表人工设施的形状、大小、空间位置及其属性等进行测定、采集、表述，以及对获取的数据、信息等进行处理，形成的数据、信息、图件、系统以及相关的技术资料。它是测绘成果，也需要有相应的质量管理体系对其生产过程及生产成果质量进行控制。在 GB/T 19000—ISO 9000 族标准中，质量控制的定义是：质量管理的一部分，致力于满足质量要求。从上述定义我们可以看出，质量控制是满足顾客、法律、法规等所提出的质量要求；是围绕测绘成果形成过程每一阶段的工作如何能保证做好，对人和设备等因素进行控制；使对成果质量有影响的各个过程都处于受控状态，持续提供符合规定要求的测绘成果。

进度控制、质量控制、投资控制是测绘项目控制的三大目标，其中质量控制是测绘工程项目控制三个目标的核心目标。测绘工程实施阶段是形成最终产品实体的重要阶段，所以，测绘实施阶段的质量控制，是测绘工程项目质量控制的重点。

质量控制是保证测绘生产单位提供满足业主要求成果的有力保障。测绘工程项目必须依据国家和政府颁布的有关标准、规范、规程、规定及工程项目的有关合同文件，对测绘成果形成的全过程，主要是测绘生产实施阶段影响测绘成果质量的各环节上的主导因素进行有效的控制，预防、减少或消除质量缺陷，才能满足对整个项目成果质量的要求。

质量控制有利于提高生产单位的生产能力。健全和不断地完善生产单位的生产组织和人员的优化配置及生产单位质量保证体系，才能增加生产单位的经济效益。

质量控制是目标控制的核心。一方面，在测绘实施过程中进行严格的质量控制，能够保证项目的预定功能和质量要求。另一方面，严格控制质量能起到保障进度的作用。如果在测绘生产过程中发现质量问题及时进行返工处理，虽然需要耗费时间，但可能只影响局部工作的进度，不影响整个工程的进度；或虽然影响整个工程的进度，但是比不及时返工而酿成重大质量问题对整个工程进度的影响要小，也比留下严重的质量隐患到成果使用时才发现造成的损失要小。

思政导读

测绘成果质量不仅关系到各项工程建设的质量和安全，关系到经济社会规划决策的科学性、准确性，而且涉及国家主权、利益和民族尊严，影响着国家信息化建设的顺利进行。因此，提高测绘成果质量是国家信息化发展和重大工程建设质量的基础保证，是提高政府管理决策水平的重要途径，是维护国家主权和人民群众利益的现实需要，也是测绘事业和地理信息产业实现可持续发展的必然要求。

二、测绘成果质量控制的原则

测绘成果的质量控制，一般应该遵循以下原则：

(1)坚持“质量第一、用户至上”的原则。质量关系到成果的实用性和适用性，同时也关系到业主的投资效果，所以，必须坚持把质量第一作为目标质量控制的基本原则。

(2)坚持“以人为本”的管理原则。测绘工程项目都是由人来参与，进行组织、决策、管理和生产的。测绘生产实施阶段的各单位、各部门、各岗位的人员素质和工作能力，都直接或间接地影响成果的质量。所以，在质量控制中，要以人为核心，重点控制人的素质和人的行为，充分发挥人的积极性和主动性，让参与项目的每个人都有质量意识，以达到控制人的质量就是控制成果的质量。

(3)坚持“以预防、预控为主”的原则。测绘成果的质量控制应该是积极主动的，应事先对影响质量的各种因素加以分析控制，而不能消极被动，等出现了问题再进行处理。所以，要重点做好质量的事先控制和事中控制，以预防、预控为主，加强对测绘实施阶段的过程和中间产品的检查和控制。

(4)坚持“质量标准、严格检查”的原则。质量标准是评价产品质量的尺度，严格检查是执行质量标准的准绳。产品质量是否符合合同规定的质量标准要求，应通过严格检查，对照质量标准，符合质量标准要求的才是合格的，不符合质量标准要求的就不合格，必须返工处理。

(5)贯彻“科学、公正、守法”的职业规范原则。质检人员在处理质量问题过程中,必须坚持科学、公正、守法的职业规范,尊重科学,尊重事实,以数据为依据,客观、公正地处理质量问题。

三、测绘成果质量控制的依据

1.工程合同文件

测绘合同规定了参与测绘生产的单位在质量控制方面的权利和义务,有关各方必须履行合同中的各项承诺。

2.设计文件

按照项目的技术设计书或项目的作业指导书进行作业是测绘生产实施阶段质量控制的一项重要原则。因此,经过审批的技术设计书或作业指导书等设计文件,是质量控制的重要依据。

3.法律、法规和规范

国家及地方政府颁布的有关测绘的法律、法规和规范,如《中华人民共和国测绘法》、某某省测绘管理条例等。

4.有关质量检查检验的国家规范和行业标准

技术标准有国家标准、行业标准、地方标准和企业标准之分。它们是建立和维护正常生产和工作秩序应遵守的准则,也是衡量成果质量的尺度。例如国家 2008 年颁布的《数字测绘成果质量要求》(GB/T 17941—2008);国家 2008 年颁布的《数字测绘成果质量检查与验收》(GB/T 18316—2008);国家 2023 年颁布的《测绘成果质量检查与验收》(GB/T 24356—2023)等。

四、影响测绘成果质量的因素分析

测绘项目实施过程中影响质量的主要因素有人、仪器设备、方法、环境和监理。质检人员在质量控制时,必须对什么人、用什么样的仪器设备、采用什么方法、什么样的环境进行控制,而且对影响质量的因素要做到事前控制,这是做好质量控制的关键。

1.人的因素

人的因素主要指领导者(包含行政领导和技术领导)的素质,作业人员的理论、技术水平,责任心,违纪违章等。测绘生产实施阶段,首先要考虑人的因素,因为人是施工过程的主体,工程质量的形成受到所有参加测绘生产实施的领导干部、技术骨干、操作人员的共同作用,他们是形成测绘成果质量的主要因素。首先,应提高他们的质量意识。作业人员应当树立四大观念,即质量第一的观念、为用户服务的观念、用数据说话的观念以及社会效益、企业效益(质量、成本、工期相结合)综合效益观念。其次,提高人的素质。领导层、技术骨干素质高,决策能力就强,就有较强的质量规划、目标管理、组织生产、技术指导和质量检查的能力;管理制度完善,技术措施得力,工程质量就高。作业人员应有精湛的技术技能、一丝不苟的工作作风、严格执行质量标准和操作规程的意识和观念。测绘成果质量的好坏实际上是生产出来的,不是检查出来的,所以作业人员的素质和技术能力直接关系到成果的质量。后勤保障人员应做好生活等各方面的服务保障工作，以出色的工作质量，间接地保障测绘成果质量。提高人的素质，可以依靠质量教育、精神和物质激励的有机结合，也可以依靠培训和优选，进行岗位技术练兵等。

2. 仪器设备因素

测量仪器设备是测绘工程必不可少的，仪器设备的性能、数量对工程质量也将产生影响。如进行控制测量时所用的GPS的性能和指标，直接影响控制测量成果的精度；碎部测量时所用的全站仪的性能和指标，直接影响所测碎部点的精度；内业数据处理所使用的计算机的配置，直接影响数据处理的速度，进而影响人员的投入情况以及投入的现有人员能否满足项目生产进度的需求等。此外，所用测量仪器是否经过指定仪器检定部门的检定，以及测量仪器是否在检定有效期内使用，也会影响测绘成果质量。因此，在测量实施阶段，质检人员必须根据测绘各工序特点、技术设计的要求，以及施测的方法，使测绘生产单位所用的仪器设备处于完好的可用状态，而且能够满足工程质量及进度的要求。

3. 方法因素

方法是指在测绘成果形成过程中测绘生产人员或单位所采用的方法的集合，它是通过生产单位质量管理体系、现场生产组织管理、技术方案等具体制度来体现的。

(1)建立测绘质量管理体系。质量管理体系是保障工程质量的一套完整的质量管理系统，它阐明了测绘生产单位总体管理要求、工程项目管理机构的工作要求以及专项工作要求。

工程项目管理机构制定的质量管理制度必须符合该项目的特点和实际需要，符合有关测绘生产质量管理方面的法律、规范、法规性文件，各项管理制度要齐全完整，不留漏洞，各项工作要求明确，符合项目质量目标，制度之间不能互相矛盾，同时制度本身要有针对性和可操作性。

(2)制定合理的现场生产组织管理制度。现场生产组织管理是指测绘生产单位负责该项目的直接领导对该项目组织生产、工序安排及作业人员等现场调度和管理的情况。负责人对现场生产组织管理工作落实的好坏将直接影响工程的质量、进度目标的实现。同时，现场负责人要制定生产组织管理制度。组织管理制度的主要内容有工程特点、责任人、工期要求、质量目标等。要注重查看工期、质量之间的关系是否合理，质量预控措施是否合理，能否满足成果质量要求，是否符合设计和规范要求等。

(3)编写切实可行的技术方案。技术方案是为了保证成果质量而做出的更详细的技术实施方案，是对组织生产过程中具体技术问题确定明确的施工步骤、方法以及质量控制目标的具体要求。必须结合工程实际，从技术、组织、管理等方面进行分析、综合考虑，落实方案的可行性，确保工程质量。

4. 环境因素

环境是指测区的自然环境、项目管理环境、生产单位劳动环境等，在实际工作中影响项目质量的因素较多，有的将对质量产生重大影响，且具有复杂多变的特点。因此，应根据项目的具体特点和现场环境的具体情况，对影响工程质量的环境因素，采取有效预防控制措施。对环境因素的控制是与现场生产组织管理紧密相连的，要注意生产组织方案中是否考虑了环境对质量的影响。如在夏季是否考虑如何避暑问题，如冬季在比较偏僻的地区如何解决野外作业人员的保暖问题等，这些都将影响作业人员的工作效率和工作的积极性，进而影响工程的质量和进度。

5.质量控制因素

(1)编制质量控制方案。质量控制方案是对质量控制工作做出全面、系统的组织和安排，是指导质量控制工作的纲领性文件。它包括质量控制工作范围和依据、内容和目标、工作程序、机构组织形式和人员配备、工作方法和措施、工作制度等。质量管理者在编制质量控制方案时，应按项目特点、项目要求有针对性地编制质量控制方案，并使其具有可操作性和指导性。在质量控制方案中应确定质量控制机构的工作目标，建立质量控制工作制度、程序方法和措施，明确质量控制机构在工程质量控制实施中应当做哪些工作，由谁来做这些工作，在什么时间和什么地点做这些工作，如何做好这些工作。

(2)编制质量控制细则。质量控制细则是在质量控制方案基础上，结合工程项目的具体专业特点和掌握的工程信息，制订的指导具体质量控制工作实施的文件。因而，质量控制细则必须做到详细具体、针对性强、具有可操作性。质检人员在编制质量控制细则时要抓住影响成果质量的主要因素，制定相应的控制措施，根据生产单位作业工序的特点和质量评定要求，确定相应检验方法和检测手段，明确检测的时间和方式。细则编制完成后，质检人员应明确告诉测绘生产人员或单位质量控制检查的具体内容、时间和方式。测绘生产人员或单位应提前通知质检人员，质检人员应在约定时间内对检查的内容按质量控制细则规定的方法和手段实施质检。

任务 2　测绘成果质量控制的内容、方法和措施

一、测绘成果质量控制的内容

测绘实施阶段质量控制主要是通过生产单位对该项目的预期投入（主要是人员、设备、作业环境等）、组织生产过程和生产出来的测绘成果进行全过程的控制，以期按标准达到预定的成果质量目标。

为完成测绘实施阶段质量控制的任务，应当做好以下工作内容。

(1)做好上岗人员审查工作。从事测绘生产的人员数量必须满足测绘生产活动的需要，没有经过培训或经过培训不合格的作业人员不允许上岗。

(2)做好对投入生产的仪器设备检验情况的审定工作。应对测量仪器的型号、技术指标、精度等级等检查核实，或经法定计量部门的标定证明后，方可进行正式使用。在作业过程中，也应经常检查和了解所用测量设备的性能、精度状况，使其处于良好的状态之中。

(3)做好测绘工程项目的组织落实和制度制定工作。落实从事作业活动的组织者及管理者，并制定相应的制度。直接负责人（包括技术负责人）、专职检查人员，必须到位在岗。健全各种制度，如管理层和作业层各类人员的岗位职责，作业环境的安全、消防规定，资料保密管理规定，人身安全保障措施等相关制度。

(4)做好生产工序过程的质量控制工作,严格执行工序交接检查制度。

(5)做好质量管理制度的落实和执行工作。

(6)做好困难地区、隐蔽地区的质量检查工作。

(7)做好过程成果和中间成果的检查验收工作。不合格的成果不允许进行阶段性验收。

二、测绘成果质量控制的方法

1.两级检查一级验收

测绘成果质量通过两级检查一级验收的方式进行控制,包括过程检查、最终检查和验收检验,各阶段应独立、按顺序进行,不得省略、代替或颠倒顺序。

1)过程检查

过程检查要求如下:

(1)过程检查由测绘单位作业部门承担;

(2)过程检查应实施全数检查;

(3)过程检查完成并确认修改无误的成果方可提交最终检查。

2)最终检查

最终检查要求如下:

(1)最终检查由测绘单位质量管理部门组织实施;

(2)最终检查内业应实施全数检查,野外检查项可采用抽样检查;

(3)最终检查应评定单位成果质量和检验批成果质量等级;

(4)最终检查应编写检查报告;

(5)最终检查完成并确认修改无误的成果方可提交验收检验。

3)验收检验

验收检验要求如下:

(1)由项目委托单位组织验收或委托具有资质的质量检验机构承担验收检验:

(2)验收检验对最终检查进行核验:

(3)验收检验可采用抽样检验;

(4)验收检验应评定单位成果质量、样本质量,判定检验批成果质量;

(5)验收检验应编制检验报告;

(6)验收检验完成并确认修改无误的成果方可提交。

2.质量控制的方法

质量控制要抓主要矛盾和矛盾的主要方面,控制中分清主次,主要矛盾解决了,次要矛盾即可迎刃而解。在测绘生产过程中,对工程项目进行事前、事中、事后全过程的动态控制,以事前、事中控制为主,以事后控制为辅。质量控制方法包括审核技术文件、实地测量平行检验、现场巡视、抽样检测、计算机辅助管理等手段。

对目前的测绘项目来说,旁站监督、现场巡视、实地测量平行检验是测绘项目质量控制的三种最为有效的方式,体现了质量控制的点线面相结合、以数据事实说话的科学工作方法,从而达到对成果质量的有效控制。

1)实地测量平行检验

实地测量平行检验是获取质量检查数据的重要手段。平行检验是质检人员或机构利用一定的检查或检测手段,在测绘生产人员或单位自检的基础上,按照一定的比例独立进行检查或检测的活动。质检人员可以采用与测绘生产人员或单位相同的生产方法(同精度)采集数据,也可以采用高于测绘生产人员或单位精度的方法进行数据采集。然后,依据技术规范或监理细则等技术规程评判部分或某工序合格或不合格,如果不合格,则下达指令要求整改。

2)现场巡视和旁站监督

现场巡视是相对于旁站而言的,是对于绝大多数的测绘项目(除数据整合、数据入库、系统建设等没有外业的项目)都需要进行的一种监督检查手段。质检人员为了了解生产人员或单位各工序作业的具体情况,需要到生产现场进行野外巡视。如测量控制点的选埋情况,调绘底图与实地的一致性,属性调查的正确性与现实性等。在质量控制工作中,巡视是旁站的前提,旁站是质量控制工作中必不可少的一种手段。质检人员不仅要知道何时该去旁站,重要的是要知道旁站时重点检查什么。

旁站监督从词义上解释,是指在生产人员或单位测绘生产过程中,质检人员在一旁守候、监督生产人员或单位操作的做法。由于项目在生产过程中所包含的内容非常丰富,作业区范围一般情况下又相当大,因此质检人员不可能也根本没有必要对每一个生产过程环节都进行旁站监督,而是应该在比较重要的、困难类别较高、容易出现问题的环节进行旁站监督。一般情况下,旁站监督应该是持续时间短的、抽查性质的,有时也可以是随机进行的,而不应该是持续不断的工作。旁站监督的对象可以是作业人员,也可以是管理人员。旁站监督人员需要有实事求是、公正和科学的态度与工作作风。旁站监督所用的方法主要是检查和督导。目前,有不少旁站监督只流于形式,即事无巨细,统统一"站"了之。表面上好像事事处处都有人在,实际上,因为质检人员的人数和精力都有限,不可能一直进行监督。所以,质检人员应该充分发挥旁站监督先行和督导作用,为后续的质量控制工作以及下一步的决策打下基础。

质检人员在进行现场巡视和旁站监督时,为了确保旁站和巡视的工作质量,现场质检人员必须做到"五勤",即"腿勤、眼勤、脑勤、嘴勤、手勤"。具体说,"腿勤"是指质检人员不怕辛苦,加大现场巡视的覆盖面,对于重要工序,坚持全过程旁站,随时发现问题,防止质量失控。"眼勤"是指质检人员在现场巡视过程中,要注意看,要能看到问题,及时采取处理措施。"脑勤"是要求现场质检人员对看到的问题要动脑筋,认真分析,发挥自己的主观能动性,出主意、想办法。"嘴勤"是指质检人员经常不断地、及时地将自己的意图和发现的问题传达给测绘生产人员或单位,督促测绘生产人员或单位采取措施及时解决问题。"手勤"是要求质检人员要将现场看到的以及自己所做的指令,认真记录下来,以书面形式发布。

三、质量控制措施

为了取得目标控制的理想效果,达到质量控制的目标,应当从多方面采取措施实施质量控制,通常可以将这些措施归纳为组织措施、技术措施、经济措施和合同措施。

1.组织措施

组织措施是从质量控制的组织管理方面实施控制，一般应从以下几方面制定具体的措施：

(1)建立质量管理体系(ISO 9001)，完善职责分工及有关质量监督制度，落实质量控制责任。

(2)建立质检机构，由专人负责，围绕质量这一中心展开全面工作。

(3)设立专职人员。根据项目的特点安排各工序的专业工程师负责其质量与进度的控制工作，质检资料收集和整理工作由专职人员负责，工程调度安排由专人负责等。

(4)在质检组织内部做好分工，建立相应的责任制，明确岗位及岗位责任。

(5)协调好各方关系，建立一个和谐、融洽的合作机制。

组织措施是其他各类措施的前提和保障，而且一般不需要增加什么费用，这类措施可以成为首选措施，故应予以足够的重视。

2.技术措施

技术措施不仅对解决项目实施过程中的技术问题是不可缺少的，而且对纠正质量目标偏差也有相当重要的作用。运用技术措施进行质量控制一般要做好以下工作：

(1)在测绘生产单位进入现场前期，生产单位应建立和完善质量保证体系和质量控制措施。

(2)测绘生产实施前严格检查检验所用仪器设备的各种性能和使用期限等，保证生产单位按照工程实施方案、招标文件和投标文件中所承诺的使用设备，同时所用设备必须满足生产实际要求。

(3)以预防为主，加强野外现场巡视，互相沟通情况，掌握生产人员或单位的实际作业能力和由此产生的质量动向，把质量的事后检查把关转为事前的预控和事中的工序检查。

(4)在有限的时间、人力、物力条件下，为能有效地控制成果质量，合理选择质量控制点是做好预控工作的一种手段，针对某些重要工序重点控制人的行为。

(5)将质量目标进行分解，确定阶段性质量控制目标，加大质量检查的技术投入。

(6)通过现场的巡视与旁站，检查测量人员的实际操作状况，判断是否按照正确的工艺流程进行野外生产，便于及时采取措施。

(7)测绘生产实施过程是一个动态过程，运用动态控制的原理，从投入转化到产出，运用反馈原理做好实际值与计划值的比较。

不同的技术措施产生的质量控制效果也是不同的，因此要能提出多种技术方案，同时要对不同的技术方案进行经济分析，达到技术控制质量和经济效益的最优化。

3.经济措施

经济措施是最易为人接受和采用的措施。在市场经济条件下，经济措施是保证质量和进度最有效的措施。严格质检和验收，不符合国家规范、招标投标文件及合同规定质量要求的，予以经济处罚；建立质量奖惩制度等。

经济措施要从全局性和总体性的问题上加以考虑。对将来可能出现或不可预见的必要的投资要以主动控制为出发点，及时采取预防措施。

4. 合同措施

具体归纳为以下几个方面：

(1)将控制质量与合同管理工作结合起来，对合同中的有关质量条款进行集中整理，做细致科学的分析，为质量控制提供合同依据；

(2)利用合同的约束力，调控和调整关系，保障质量工作；

(3)坚持合同的全面履行和实际履行的原则，保障工程质量。

由于投资控制、进度控制和质量控制均要以合同为依据，因此合同措施就显得格外重要。这些合同措施对目标控制更具有全局性的影响。

任务 3　测绘成果生产阶段的质量控制

测绘成果质量是在测绘生产过程中形成的，而不是最后检验出来的，测绘成果形成的整个过程是由一系列相互联系与制约的作业活动所构成的。因此，保证作业活动过程的效果和质量是整个测绘成果得以保证的基础和前提。对于质量控制而言，就要认真地做好作业规范性的检查。

在 GB/T 24356—2023《测绘成果质量检查与验收》中规定了测绘成果两级检查以及验收的制度，即测绘成果质量通过两级检查一级验收的方式进行控制，包括过程检查、最终检查和验收检验，各阶段应独立、按顺序进行，不得省略、代替或颠倒顺序。

一、测绘生产人员自检

1. 测绘生产人员自检系统

测绘生产人员是成果质量的直接实施者和责任者。自检一般表现为以下几点：

(1)参与测绘生产的作业人员在作业结束后必须自检；

(2)不同的作业人员之间必须把经自检合格后的成果进行互检，互检要有相应的检查记录；

(3)不同工序之间的材料交接和转换必须由相关人员进行交接检查，做好交接记录。

2. 生产单位实际作业过程的检查

测绘生产的各个工序进行过程检查，主要检查生产的作业方法、作业流程、生产工艺以及野外实际问题的处理是否符合规范和设计要求。

3. 精度指标的检查

常规测量检核的要素有绝对精度、相对精度、高程精度、属性精度、地理精度、整饰精度、逻辑精度等。

4. 工程进度计划调整的检查

测绘生产过程中，由于种种原因可能会调整工作计划。不论什么原因导致计划调整，测绘生产单位都应做好变更生产计划的准备，这也是做好质量控制，检查生产单位规范性的一项重要内容。

5.仪器设备的检查

仪器设备是测绘生产的基本工具,仪器设备是否符合要求直接影响测绘成果的质量。因此,要对作业过程中的仪器设备进行必要的质量控制。检查的主要内容有:投入生产使用的仪器是否与开工前准备使用的仪器一致;从事生产的人员是否具备操作仪器或使用其他设备的能力等;作业人员实际操作仪器的方法是否得当,如仪器的使用、数据的判读、数据的处理、手簿记录等。

6.现场会议情况的管理

现场例会是成果形成过程中参加生产建设各方沟通情况,解决问题,形成共识,做出决定的主要渠道,也是质检人员进行现场质量控制的重要场所。

通过现场会议,可以根据控制过程中的质量状况,指出存在的问题,测绘生产人员或单位提出整改的意见和措施,并做出相应的保证。由于参加例会的人员一般既有管理人员又有技术人员,所以,对问题达成共识的可能性就大,利于生产的顺利进行。

此外,除了必要的会议以外,还可以召开专题会议,就某个具体的问题进行探讨和决议。各个作业组之间加强交流,互相学习彼此的工作方法和心得。

二、工序成果质量检查

工序成果泛指测绘生产过程中各工序生产出来的阶段性成果,该成果可能是测绘最终成果的组成部分,也可能是生产过程中的一个过程成果。

工序成果质量的检查检验,就是利用一定的方法和手段,对工序操作及其完成成果的质量进行实际而及时的检查,并将所检查的结果同该工序的质量特性的技术标准进行比较,只有作业过程中的中间成果质量都符合要求,才能保证最终测绘成果的质量。

工序成果质量检查要有相应的检查记录,记录检查出来的问题以及处理意见,并记录相应的整改情况。

任务4　测绘成果检查验收阶段的质量控制

一、测绘成果检查验收阶段检查工作概述

1.检查测绘生产单位自查自校程序的完备性

测绘生产单位必须建立内部质量审核制度。经生产部门过程检查的测绘成果,必须通过生产单位的质量检查部门的最终检查,评定质量等级,编写最终质量检查报告。

国家测绘行业标准《测绘成果质量检查与验收》(GB/T 24356—2023)规定:测绘成果的质量检验实行二级检查一级验收制度。采用实地抽查或记录检查的方式,检查测绘生产单位各级检查的执行情况:各作业组是否对成果质量进行了自查互检;作业队是否按规定对成果进行了全数检查;测绘生产单位的质量管理机构是否按照质量体系文件和国家

有关规定进行了最终检查。各级检查、验收工作应独立、按顺序进行，不得省略、代替或颠倒顺序。

2. 检查相关质检人员资质和业务能力

承担大型项目的测绘单位一般技术力量较强，项目主要技术人员合理配备时，一般不会存在问题。但当作业队伍承担项目较多，承诺的主要技术检查人员出现较多的调出时，各级成果检查人员的素质则难以保证。在某个测绘工程项目监理的检查过程中曾经发现，从事最终检查的人员竟然对本项目成果的基本技术要求都没有掌握。应对此加强监督，及早发现，及时沟通解决，避免由于检查走过场而影响成果质量和总体进度。

3. 监督检查工作的完备性

查看检查方法是否正确，检查的技术指标是否全面，技术参数确定是否合理，检查所采用的仪器设备精度指标是否满足精度需要，是否经过法定机构检定合格，成果检查数量是否符合要求，最终检查是否对过程检查记录进行了审核。

测绘项目进入检查验收阶段，检查一般分为三部分：一是对测绘生产单位各级检查工作的检查，二是直接对测绘成果按照相应比例进行抽查，三是督促生产单位对存在质量问题的成果进行修改完善。该阶段的检查工作目的非常明确：判断成果质量是否满足项目设计和所引用国家规范的要求，弥补成果质量当中的不足，保证项目顺利通过验收。在测绘项目的整个监理过程中，该阶段的工作量最大且比较集中，要求监理单位根据需要合理调配各专业的技术人员。针对测绘成果部分质量指标不易量化的专业特点，监理单位应在监理实施细则的基础上结合实际成果检查案例统一尺度。对项目技术文档等资料的检查应由担任高级技术职务的监理工程师进行，对合格品上下质量水平的成果判别工作应由总监理工程师亲自承担。

二、对测绘生产单位自查工作的检查

在测绘生产实施阶段的质量控制工作中，已经对各工序的生产操作进行了旁站监督，对工序质量进行了控制，对工序成果进行了一定比例的抽查，为保证成果质量奠定了基础。多数测绘项目，最后生产工序的质量对成果质量具有直接影响。而最后作业工序的完成意味着成果形成，对最后工序的质量检查往往是伴随成果检查进行的。检查验收是建立在测绘生产单位各级检查修改基础上的，只有测绘生产单位切实履行了各级检查程序，才有可能保证成果质量。因此，在检查验收阶段，应按照有关规定加强对测绘生产单位自查自校和修改完善情况进行检查。

1. 对测绘生产单位自查工作进行检查应具备的条件

为了体现检查的严肃性，分清工作责任，避免多次反复，测绘生产单位应按技术设计要求，在成果资料已经全部完成或某些项目完备的情况下，提请进行检查验收阶段的检查。在项目检查验收阶段提请检查一般应具备以下四个方面的条件。

(1)成果资料齐全完备。测绘生产单位应依据项目技术设计书的规定，上交全部资料。列出详细的成果资料交接清单，各种成果资料应与清单相符合。

(2)测绘生产单位自查资料齐全。测绘生产单位的检查资料，一般指测绘生产单位最后一级检查资料，个别可以是中队一级的检查资料，包括所检查的图件、检查记录、检查数据处理、计算、统计及质量等级认定等资料。

(3)文档资料齐全。测绘生产单位应提交的文档资料主要包括质量检查报告、技术总结报告和技术设计书中规定的各种文字资料。

(4)提交检查验收的书面申请。测绘生产单位应在自检合格的基础上,正式提出书面检查申请。

2.对测绘生产单位自查工作的检查内容

对测绘生产单位提交的各种自查资料进行检查一般包括以下六个方面。

1)检查测绘生产单位自检资料的全面性

要根据技术设计,列出测绘生产单位应进行检查的项目的明细,对照测绘生产单位提交的检查的报告中所列的检查项目,逐项对测绘生产单位提供的成果和检查资料进行对照,看是否缺项。同时对检查的原始资料进行检查,尤其对于各种图件,要看测绘生产单位自检的图纸并对应查看检查记录。

2)检查自查程序是否完备

按照测绘生产质量管理规定,为了保证成果质量,测绘生产单位应实行两级检查制度,即在作业人员自查的基础上,由中队级的专职检查人员对本部门的成果质量进行过程检查,检查合格并经修改完善后由测绘单位质量管理部门进行最终检查。各级检查顺序不能颠倒,不能替代。测绘生产单位自查程序是否完备的检查可以通过了解情况、查看检查报告和检查记录等方法进行。

3)检查测绘生产单位的自查方法是否正确

《测绘成果质量检查与验收》对各种测绘产品的检查方法进行了详细的规定,主要包括哪些成果要进行概查,哪些成果要进行详查,详查比例是否符合要求,哪些成果要在内业进行对照性检查,哪些成果要进行计算核对,哪些成果要进行实地查看,哪些成果要进行外业检测,检查哪些指标参数,采用什么精度等级的仪器设备进行数据采集,数据处理方式方法等。应对此进行全面检查,评判测绘生产单位自查方法是否符合要求。

4)检查成果检查数量是否达到要求

为实现客观准确的对成果质量的判别,堵塞质量漏洞,《测绘成果质量检查与验收》对各级检查各类成果的检查数量或检查比例做出了规定。测绘生产单位应该按照有关要求进行相应规定数量的检查,当发现成果质量不符合有关规范要求时,应加大检查数量。

5)检查自查所反映的精度指标是否满足要求

测绘成果的精度指标是判断成果是否符合要求的最重要指标。当检查方法一致,检查等级相同时,按照数理统计的基本理论,样本数量越多,统计出的各种精度指标可信度越高。一般来说,按照国家检查验收规定,测绘生产单位进行的检查工作量较大。在客观真实的前提下,测绘生产单位进行的各种精度检查特别是现场实际数据能够比较客观地反映成果质量现状,至少可以对检查成果进行一致性比对。

6)检查自查资料的真实性

测绘是对所测区域地形地貌及其他人文景观和社会经济情况的一种客观描述。客观真实是对测绘工作的基本要求,更是测绘质量检查工作的底线。应对测绘生产单位自检自校的成果进行有针对性的抽查,判断自查工作是否认真按规定进行。

3.对测绘生产单位自查成果检查情况的处理

对测绘生产单位自查成果进行检查后的处理对保证测绘项目最后的成果质量是非常重要的。当自查工作完善、成果质量较好时，应认定成果质量符合项目要求，对检查中发现的具体问题进行修改，完善后即可正式上交。当检查发现测绘生产单位的检查工作存在较为严重的问题时，应将存在的问题进行归纳并向测绘生产单位现场负责人进行通报，退回所交资料，责成其重新组织检查。

三、对项目技术资料的检查

与测绘项目有关的技术文档资料主要有技术设计书及其补充规定、质量检查报告、技术总结报告。技术设计书在项目开工前编制审批。质量检查报告和技术总结报告是对测绘项目进行检查总结回顾的技术文档，对于项目验收和成果的长期利用具有重要作用。这里只对测绘生产单位编写提交的两个报告（以下简称“两个报告”）的检查加以阐述。

1.“两个报告”应包括的内容

《测绘成果质量检查与验收》（GB/T 24356—2023）中对质量检查报告和技术总结报告的编写做出了一般性的规定。参照该规定，“两个报告”应包括的内容分述如下。

1）质量检查报告

质量检查报告是检查工作情况的总结文档，是测绘成果质量情况的自我评价。它既是一个独立技术文件，又应与技术设计书、技术总结报告有机结合。质量检查是测绘生产工序的组成部分，质量检查报告应包含生产过程中的各级检查和最终检查，应具有较好的完整性。

质量检查报告一般应包括以下内容：

（1）项目概述，包括测区的自然地理情况、已有资料的分析检测情况；

（2）检查所引用的技术依据；

（3）作业基本情况和生产质量控制措施；

（4）检查情况概述，包括检查方法、检查工作的组织、检查时间、检查人员配置和使用的仪器、检查范围及完成的检查工作量、数据处理统计方式；

（5）各种技术参数成果精度统计、质量情况汇总、附图附表；

（6）检查中发现问题的处理情况；

（7）对有关问题的建议。

2）技术总结报告

技术总结报告是测绘单位在测绘项目完成后从技术角度对项目情况的总结性材料。其内容应包括测绘项目生产技术路线、全过程的生产安排、质量控制及成果质量、数量、样式等方面的情况。技术总结报告侧重反映测绘项目生产中的工序组织、生产方法、有关技术问题的处理、精度指标的保证、存在的问题及建议等。技术总结报告一般应包括以下内容：

（1）概述，包括测区的自然地理情况、工作范围、已有资料的分析检测情况、作业依据；

（2）作业采用的生产技术路线、具体作业方法；

（3）作业使用的各种软硬件设备及其检定情况；

(4)各工序生产实施过程有关情况及采取的质量控制措施；

(5)成果精度统计、质量情况汇总、评定成果质量等级；

(6)成果检查与问题处理情况；

(7)上交资料清单；

(8)有关经验总结和建议。

2.“两个报告”常见的问题

实践表明，相当比例的质量检查报告和技术总结报告编制质量较低，对照项目要求在全面性、针对性和准确性等方面存在较多问题。

1)检查项目少，甚至流于形式

对“两个报告”进行检查时，发现最为严重的问题就是相当一部分测绘生产单位对成果检查工作不够重视，成果检查项目不全、检查数量少。在对“两个报告”进行检查时，应对照技术设计书并参照《测绘成果质量检查与验收》结合具体检查材料逐项进行登记记录，准确掌握测绘生产单位检查工作的真实情况，保证质量检查报告的真实性，进而保证测绘生产单位自检工作的完备性。

2)检查资料无法溯源，数据统计不规范

一些项目的总结报告表明项目经过了两级检查，但没有进一步说明检查内容；表明了内业和外业的检查比例，但没有具体说明检查对象，也没有相应检查记录，这样的检查报告和自检工作缺乏可信度。有的项目总结只是罗列了检查内容，但没有质量情况统计分析，有的项目检查数据统计不够规范，中误差和统计方法存在问题，甚至存在统计数据造假的行为。如果出现上述情况，在对测绘生产单位自查资料和成果进行检查时应加以注意。

3)多数内容照搬技术设计书和其他项目的总结报告

技术设计书是规定如何进行项目生产，“两个报告”是描述如何生产，做到什么程度，还存在什么问题。它们之间的区别是显而易见的，而有的技术总结报告相当一部分照搬技术设计书，利用电子文档进行机械复制。在总结报告中反复出现“应如何做”的语句，技术设计书中的错别字原封不动地带到总结报告中。有的总结报告复制其他类似项目资料，缺少对本项目生产特性的总结，甚至复制到张冠李戴的程度，甲项目的总结报告中反复出现乙项目是如何做的。

4)内容简单，重点问题阐述不清

有的项目“两个报告”内容简单，对作业方法和质量控制手段描述不全，对生产中遇到的质量问题的处理方法缺少介绍，存在对重点技术问题阐述不够清楚的问题，影响今后使用，如航摄时间和调绘截止日期、坐标系统的投影面、控制网起算点优化选取的理由等。一些报告文字表述不够流畅，段落结构不够严谨。

5)审批程序不正确

个别行业测绘单位“两个报告”起草审核签发程序不全，有的根本就没有审核，有的报告加盖内部测绘科室章。

3.编制“两个报告”的要求

1)重视报告的编制工作

“两个报告”是测绘生产单位对所承担项目的质量情况检查和技术工作的总结，是项目验收的重要资料，也是今后使用者分析利用资料的第一手材料。应该说，“两个报告”代表测绘单位的形象，在一定程度上体现测绘生产单位的实力和能力。编制工作中存在的问题，部分是技术方面的问题，受测绘生产单位技术能力的限制，也有相当一部分不是单纯的技术问题，而是工作态度问题，如总结中存在的相关电子文档盲目复制问题。为了项目合同的顺利履行，取得较好的工作信誉，测绘生产单位应切实重视文字总结材料的编制工作。该项工作一般应由测区技术负责人或质量管理部门负责人起草，总工程师审核，分管质量工作的主要领导签发。

2）客观地对项目生产作业和质量情况进行总结

客观地总结分析生产作业情况和质量状况是对“两个报告”的基本要求。技术总结报告应对应技术设计的要求，针对每个工序生产作业的实际情况，讲清楚“怎么做的，做到什么程度，存在什么问题，成果是否符合设计要求，今后成果使用应注意什么”等问题。针对各个工序及最终成果检查的实际开展情况编制质量检查报告，讲清楚“怎么检查的，检查什么了，质量情况怎么样，发现的问题如何处理的”等问题。总之，应使检查者和使用者阅读了“两个报告”后，对项目生产和成果质量情况有一个全面的了解。

3）质量指标总结要全面，数据统计方法要科学，相关图表要齐全

作为技术质量方面的总结材料，“两个报告”应对测绘成果各种指标进行评述，表明每项指标的具体情况。质量检查数据的统计方法要符合行业有关规范和检查验收规定的要求，尤其是地图类成果外业检测数据的统计一定要客观科学。总结文档应注意发挥统计图表的作用，使总结的文字评述与图表统计有机结合。

四、测绘成果验收

1. 测绘成果验收应具备的条件

（1）验收申请。按合同或计划规定，测绘成果经检查合格，测绘生产单位对成果进行修改完善后，测绘生产单位应以书面形式向委托单位或任务下达部门申请验收。验收单位对申请报告、申报材料进行审核后，决定能否进行验收。

（2）成果资料齐全。成果种类、数量满足合同要求，测绘生产单位的检查资料完整，技术文档符合要求，仪器设备检定证书齐全。如成果的覆盖范围、成果资料不符合设计要求或成果未通过检查，验收单位有权拒绝检查验收。

2. 测绘成果验收的原则

测绘成果验收必须坚持实事求是、科学规范、客观公正、注重质量、讲求实效的原则，确保验收工作的严肃性和科学性。对验收过程中出现的法律问题按国家有关法律程序处理。

3. 测绘成果验收的依据

（1）测绘项目任务书、合同书或委托检查验收文件；

（2）有关法规和国家有关技术规定；

（3）技术设计书。

4. 验收工作程序

根据测绘工程项目的规模大小和复杂程度，成果验收可分为一次性验收和首先进行

预检然后再行验收两种方式。不管采用哪种方式，工作程序和实际内容基本一致。

(1)举行验收首次会议，由验收组组长主持，介绍验收组织、工作程序等。

(2)测绘工程项目汇报。测绘生产单位汇报生产组织和技术质量情况，侧重质量控制和成果质量情况。

(3)成果检查。①成果审查和质询，测绘生产单位对验收组成员的提问进行解答。②验收人员审核最终检查记录。③现场对内外业成果进行抽检，抽检数量由验收单位决定。在对单位成果检查情况进行可信验证后，实地抽检数量可减少。④质量情况汇总，做出验收结论。

(4)举行验收末次会议，验收组宣布成果验收结论。

(5)编制验收报告，随成果归档。

五、测绘成果质量检查与评定

1. 术语

(1)测绘成果：通过对自然地理要素或者地表人工设施的形状、大小、空间位置及其属性等进行测定、采集、表述，以及对获取的数据、信息等进行处理，形成的数据、信息、图件、系统以及相关技术资料。

(2)单位成果：为实施测绘成果检查与验收而划分的基本单元。单位成果可以是点、测段、网、幅、区域、行政区划等。

(3)批：按同一生产条件或按规定的方式汇总起来的同一测区、相同规格的同类型单位成果集合。

(4)样本：从检验批中抽取的用于判定批成果质量的单位成果集合。

(5)样本量：样本中单位成果的数量。

(6)全数检查：对检验批中全部单位成果逐一进行的检查。

(7)抽样检查：从检验批中按照一定的抽样规则抽取样本进行的检查。

(8)质量元素：说明质量的定量、定性组成部分，即成果满足规定要求和使用目的的基本特性。

(9)质量子元素：质量元素的组成部分，描述质量元素的一个特定方面。

(10)检查项：质量子元素的检查内容。说明质量的最小单位，质量检查和评定的最小实施对象。

(11)错漏：检查项的检查结果与要求存在的差异。注：根据差异的程度，将其分为A、B、C、D四种错漏类型。

(12)高精度检测：检测的技术要求高于生产的技术要求。

(13)同精度检测：检测的技术要求与生产的技术要求相同。

2. 分批和抽样

1)确定单位成果

测绘成果抽样检验前应明确成果类型、单位成果和质量元素组成。

2)确定检验批和样本量

检验批的样本量按表13-1执行。

表 13-1　批量与样本量对照表

批量	样本量
1～20	3
21～40	5
41～60	7
61～80	9
81～100	10
101～120	11
121～140	12
141～160	13
161～180	14
181～200	15
201～232	17
233～282	20
283～362	24
363～487	30
488～686	40
687～1000	56
≥1001	应分为多个检验批抽取样本，且批次数最小，各检验批批量应均匀

注：当样本量大于或等于批量时，则全数检查。

3)抽取样本

检验批的样本应分布均匀。样本宜采用简单随机抽样方式抽取，也可根据作业单位、工序或生产时间段、地形类别、作业方法等采用分层按比例随机抽样等多种方式抽取。样本内容包括从检验批中抽取的各单位成果的全部资料。

下列资料作为单位成果的补充材料，提取原件或复印件：

(1)设计书、实施方案、补充规定；

(2)技术总结、检查报告及最终检查记录；

(3)仪器检定证书和检验资料复印件；

(4)项目委托书、合同书、任务书；

(5)其他需要的文档资料。

3. 数学精度检测

高程精度检测、平面位置精度检测及相对位置精度检测，检测点(边)应分布均匀、位置明显。检测点(边)数量视地物复杂程度、比例尺等具体情况确定，每个单位成果宜选取20～50 个。

按单位成果统计数学精度困难时可适当扩大统计范围。

高精度检测时，在允许中误差 2 倍以内(含 2 倍)的误差值均应参与数学精度统计，超过允许中误差 2 倍的误差视为粗差。同精度检测时，在允许中误差 $2\sqrt{2}$ 倍以内（含 $2\sqrt{2}$ 倍）的误差值均应参与数学精度统计，超过 $2\sqrt{2}$ 倍的误差视为粗差。

检测点（边）数量少于 20 时，以误差的算术平均值代替中误差；大于 20 时，按中误差统计。

高精度检测时，中误差计算按下式执行。

$$M=\pm\sqrt{\frac{\sum_{i=1}^{n}\Delta_i^2}{n}} \tag{13-1}$$

式中：M——成果中误差；

n——检测点（边）总数；

Δ_i——较差。

同精度检测时，中误差计算按下式执行。

$$M=\pm\sqrt{\frac{\sum_{i=1}^{n}\Delta_i^2}{2n}} \tag{13-2}$$

式中：M——成果中误差；

n——检测点（边）总数；

Δ_i——较差。

4. 质量检查与评价

1）质量检查

质量检查一般采用详查和概查相结合的方式，对样本进行详查，根据需要对样本外成果进行概查。

样本详查应对对应测绘成果的相应成果质量元素和检查项逐个检查样本单位成果，统计存在的各类错漏数量，并评定单位成果质量。

根据需要对样本外成果进行概查时，一般只记录 A 类、B 类错漏和普遍性问题。当单位成果未检出 A 类错漏且 B 类错漏个数少于 4 个时，判概查合格；否则判概查为不合格。

2）单位成果质量评定

（1）评定原则。

单位成果质量水平以百分制表征。

当单位成果中检出 A 类错漏，或质量元素、质量子元素得分小于 60 分，则评定单位成果质量不合格。

（2）质量元素、质量子元素与错漏分类。

单位成果质量元素、质量子元素及权，错漏分类按《测绘成果质量检查与验收》执行。

（3）权的调整原则。

质量元素、质量子元素的权一般不作调整。当仅检查部分质量元素或质量子元素时，依据规定的相应权的比例调整质量元素或质量子元素的权值，调整后的各质量元素、质量子元素权之和应为 1.0。

(4)质量评分方法。

①数学精度评分方法。

采用检测方式评定数学精度得分时，当 $m_0 \geqslant m \geqslant 0.3m_0$ 时按公式(13-3)计算数学精度质量分数 S_1 。

$$S_1 = 60 + \frac{40}{0.7 \times m_0}(m_0 - m) \tag{13-3}$$

当 $m \leqslant 0.3m_0$ 时，$S_1 = 100$ 。

m_0 为中误差允许值，m 为中误差检测值。

多项数学精度评分时，单项数学精度得分均大于 60 分时，取其算术平均或加权平均。

采用错漏扣分方式评定数学精度得分时，按公式(13-4)计算数学精度质量分数 S_1。

$$S_1 = 100 - \left(a_1 \times \frac{12}{t} + a_2 \times \frac{4}{t} + a_3 \times \frac{1}{t}\right) \tag{13-4}$$

式中：a_1 ——质量子元素中的 B 类错漏个数；

a_2 ——质量子元素中的 C 类错漏个数；

a_3 ——质量子元素中的 D 类错漏个数；

t ——扣分值调整系数。

②成果质量错漏扣分方法。

成果质量错漏扣分方法如下：

a. 成果质量按错漏类型扣分，错漏类型与扣分值对照见表 13-2。

b. 一般情况下取 $t=1$；需要进行调整时，可根据困难类别、要素数量等进行调整(平均困难类别 $t=1$)；调整后的 t 值应经过委托方批准。

表 13-2　错漏类型与扣分值对照表

错漏类型	扣分值	错漏类型	扣分值	错漏类型	扣分值	错漏类型	扣分值
A 类	42 分	B 类	$12/t$ 分	C 类	$4/t$ 分	D 类	$1/t$ 分

③质量子元素评分方法。

质量子元素评分方法如下：

a. 数学精度按公式(13-3)执行，即得到 S_1。

b. 其他质量子元素评分，首先将质量子元素得分预置为 100 分，根据②成果质量错漏扣分方法的要求对相应质量子元素中出现的错漏逐个扣分；S_1 的值按公式(13-4)计算。

④质量元素评分方法。

采用加权平均法计算质量元素得分 S_2 ，即按公式(13-5)计算。

$$S_2 = \sum_{i=1}^{n}(S_{1i} \times p_i) \tag{13-5}$$

式中：n ——质量元素中包含的质量子元素个数；

S_{1i} ——第 i 个质量子元素得分；

p_i ——第 i 个质量子元素的权。

⑤单位成果质量评分。

采用加权平均法计算单位成果质量得分 S ，即按公式(13-6)计算。

$$S = \sum_{j=1}^{N} (S_{2j} \times P_j) \tag{13-6}$$

式中：N ——单位成果中包含的质量元素个数；

S_{2j} ——第 j 个质量元素得分；

P_j ——第 j 个质量元素的权。

⑥单位成果质量等级评定。

全部质量子元素（质量元素）得分大于或等于 60 分时，计算单位成果质量得分，并评定单位成果质量等级。质量等级评定方法为：$S \geqslant 90$ 分，评定为优；75 分$\leqslant S < 90$ 分，评定为良；60 分$\leqslant S < 75$ 分，评定为合格；低于 60 分，评定为不合格。

3）样本质量评定

样本中检出不合格单位成果时，评定样本质量等级为不合格。

样本中全部单位成果合格后，根据单位成果质量得分，按算术平均方式计算样本质量得分 S，按单位成果质量等级评定标准评定样本质量等级。

4）检验批成果质量判定

（1）最终检查检验批成果质量等级评定。

最终检查批成果合格后，按以下原则评定检验批成果质量等级：

a. 优级：优良级品率达到 90%以上，其中优级品率达到 50%以上。

b. 良级：优良级品率达到 80%以上，其中优级品率达到 30%以上。

c. 合格：未达到上述标准。

（2）验收检验批成果质量判定。

当检验批详查和概查均为合格时，判为检验批合格，否则判为检验批不合格。若只实施了详查，则依据详查结果判定检验批成果质量，详查合格时，判为检验批合格，否则，判为检验批不合格。

检验中发现伪造成果现象或技术路线存在重大偏差，判为批不合格。

5. 质量等级

最终检查单位成果和检验批成果质量等级采用优、良、合格和不合格四级评定。

验收检验单位成果和样本质量等级采用优、良、合格和不合格四级评定，检验批成果质量等级采用批合格、批不合格判定。

6. 记录和报告

1）记录

记录应符合下列要求：

a. 检查、验收检验记录包括质量情况及其处理记录、质量统计记录等；

b. 记录填写应及时、完整、规范、清晰，经检查者、复核者签字后一般不得更改；

c. 过程检查、最终检查、验收检验应保留全部检查记录文件。

2）报告

检查报告和检验报告应内容完整，随测绘成果一并归档。

7. 质量问题处理

过程检查、最终检查中发现的质量问题应改正。过程检查、最终检查工作中，当对质量问题的判定存在分歧时，由测绘单位质量负责人裁定。

最终检查评定为不合格的单位成果应退回处理，处理后再重新进行检查，直至合格为止。

验收检验判为不合格的批，应将检验批退回处理，并经测绘单位检查合格后再次申请验收，再次申请验收时应重新抽样。

8.报告编制

1)检查报告内容

(1)检查工作概况：包括检查的时间、检查地点、检查方式、检查人员、检查的软硬件设备等。

(2)受检成果概况：包括项目来源、测区位置、测绘单位、单位资质、生产工期、生产方式、成果形式、批量等。

(3)检查依据：列出全部检查依据。

(4)检查内容及方法：阐述成果的各个检查的质量元素及检查方法。如有抽样情况应说明抽样依据、抽样方法、抽样方案等。

(5)主要质量问题及处理：按检查的质量元素，分别叙述成果中的主要质量问题，并举例(图幅号、点号等)说明质量问题处理结果。

(6)质量统计及质量综述。

①按检查的质量元素分类对成果质量进行综合叙述。

②质量统计：检查项及错漏类型数量、质量得分、质量评定。

③其他意见或建议。若无意见或建议，可不列出。

2)检验报告内容

(1)受检成果概况：包括项目来源、测区位置、完成时间、生产方式、成果形式等。

(2)检验工作概况：包括检验委托情况、检验方式(详查、概查)、检验时间、检验地点、检验人员和软硬件设备等情况。

(3)检验依据：包括检验的技术标准、相关政策、判定依据等全部文件资料。

(4)检验内容及方法：包括抽样方法、样本量、检验内容、检验参数及检验方法等。

(5)主要质量问题及处理：包括检出的主要质量问题及处理意见等。

(6)质量综述：包括成果质量的综合描述、质量分析及建议等。

思考与练习题

1.质量控制的一般原则有哪些?

2.质量控制的依据有哪些?

3.测绘成果质量控制的方法有哪些?两级检查一级验收指的是什么?

4.影响质量控制的因素有哪些?

5.测绘成果抽样检验前应明确哪些内容?

6.测绘成果质量检查报告内容有哪些?

参考文献

[1] 宁津生. 测绘学概论[M]. 武汉:武汉大学出版社,2004.

[2] 张正禄. 工程测量学[M]. 3 版. 武汉:武汉大学出版社,2020.

[3] 潘正风,杨正尧,程效军,等. 数字测图原理与方法[M]. 武汉:武汉大学出版社,2004.

[4] 潘松庆. 现代测量技术[M]. 郑州:黄河水利出版社,2008.

[5] 自然资源部职业技能鉴定指导中心. 工程测量[M]. 郑州:黄河水利出版社,2020.

[6] 国家测绘局人事司,国家测绘局职业技能鉴定指导中心. 工程测量(技师版)[M]. 北京:测绘出版社,2009.

[7] 徐绍铨,张华海,杨志强,等. GPS 测量原理及应用[M]. 4 版. 武汉:武汉大学出版社,2017.

[8] 陈兰兰. 建筑工程测量[M]. 武汉:华中科技大学出版社,2016.

[9] 张营,张丽丽. 建筑工程测量[M]. 北京:北京理工大学出版社,2020.

[10] 周建郑. 工程测量(测绘类)[M]. 郑州:黄河水利出版社,2006.

[11] 李生平. 建筑工程测量[M]. 北京:高等教育出版社,2002.

[12] 冷超群,余翠英. 建筑工程测量[M]. 南京:南京大学出版社,2013.

[13] 杨凤华. 建筑工程测量[M]. 北京:北京理工大学出版社,2010.

[14] 李仲. 建筑工程测量[M]. 北京:高等教育出版社,2007.

[15] 张敬伟. 建筑工程测量[M]. 2 版. 北京:北京大学出版社,2013.

[16] 中华人民共和国住房和城乡建设部. 工程测量标准:GB 50026—2020[S]. 北京:中国计划出版社,2020.

[17] 中华人民共和国住房和城乡建设部. 城市测量规范:CJJ/T 8—2011[S]. 北京:中国建筑工业出版社,2012.

[18] 中华人民共和国住房和城乡建设部. 建筑变形测量规范:JGJ 8—2016[S]. 北京:中国建筑工业出版社,2016.

[19] 全国地理信息标准化技术委员会. 国家基本比例尺地图图式 第 1 部分:1∶500 1∶1000 1∶2000 地形图图式:GB/T 20257.1—2017[S]. 北京:中国标准出版社,2017.

[20] 全国地理信息标准化技术委员会. 国家三、四等水准测量规范:GB/T 12898—2009[S]. 北京:中国标准出版社,2009.

[21] 中华人民共和国住房和城乡建设部. 卫星定位城市测量技术标准:CJJ/T 73—2019[S]. 北京:中国建筑工业出版社,2019.

[22] 国家测绘局. 全球定位系统实时动态测量(RTK)技术规范:CH/T 2009—2010[S]. 北京:测绘出版社,2010.

[23] 中华人民共和国住房和城乡建设部.建筑工程建筑面积计算规范:GB/T 50353—2013[S].北京:中国计划出版社,2014.
[24] 国家测绘局.数字测绘成果质量检查与验收:GB/T 18316—2008[S].北京:中国标准出版社,2008.
[25] 全国地理信息标准化技术委员会.测绘成果质量检查与验收:GB/T 24356—2023[S].北京:中国标准出版社,2023.